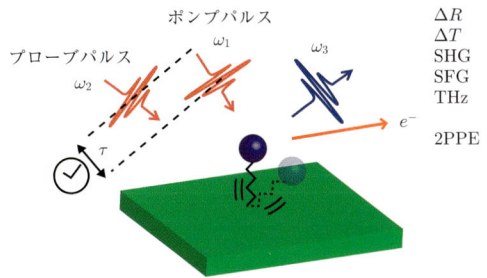

**口絵 1** 超短パルスレーザーを用いたポンプ–プローブ測定の概念図。
（第 4 章図 **4.2** 参照）

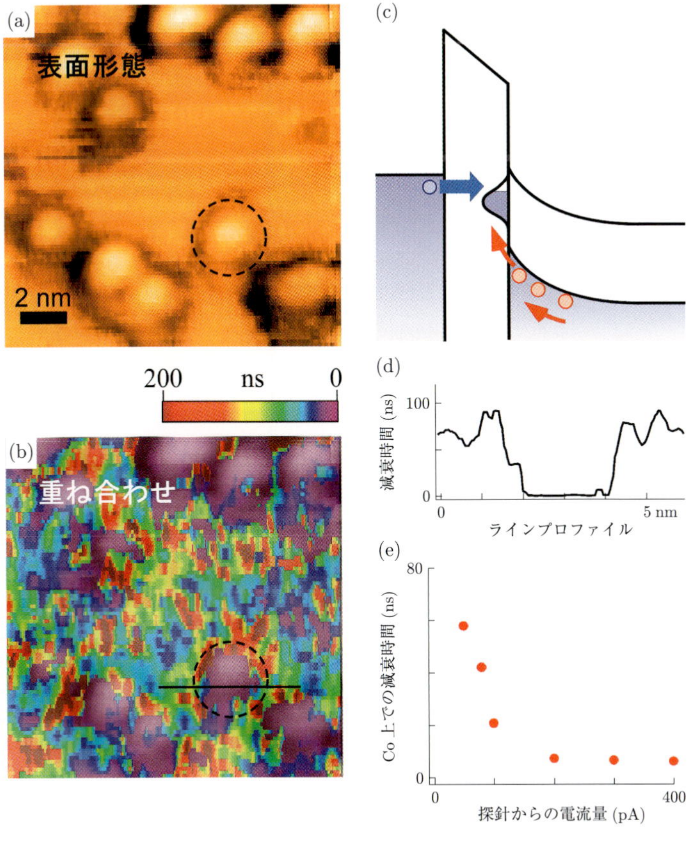

**口絵 2** ナノメートルサイズの Co 粒子を乗せた GaAs 表面の時間分解 STM。
（写真提供：筑波大学 重川秀実先生のご厚意による。）
（第 4 章図 **4.17** 参照）

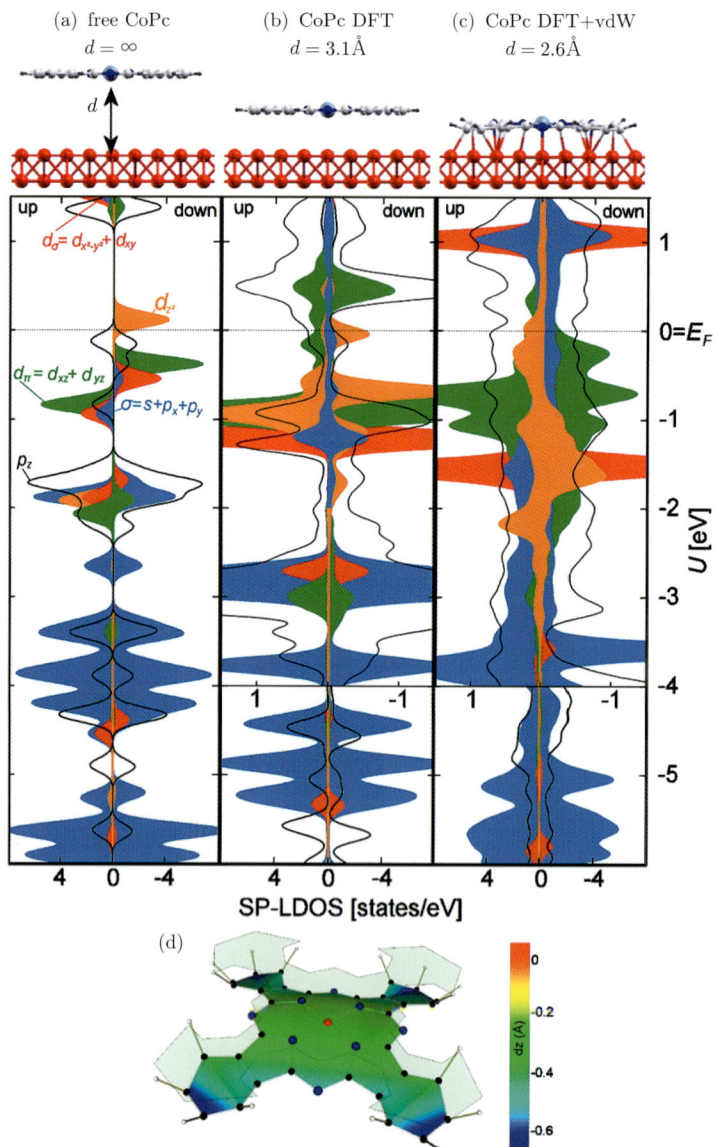

口絵 3　鉄表面上に吸着した CoPc 分子の構造と電子状態。
(出典：J. Brede, N. Atodiresei, S. Kuck, P. Lazic, V. Cacius, Y. Morikawa, G. Hoffmann, S. Blugel and R. Wiesendanger, Phys. Rev. Lett. **105**, 047204 (2010))
(第 6 章図 6.8 参照)

現代表面科学シリーズ

# 表面科学の基礎

日本表面科学会 ［編集］

担当編集幹事 板倉明子

MODERN SURFACE SCIENCE SERIES　Vol.2

2

共立出版

## 現代表面科学シリーズ編集委員会

| | | | |
|---|---|---|---|
| 担当理事 | 田沼繁夫 | 物質・材料研究機構 中核機能部門 |
| 委員長 | 近藤　寛 | 慶應義塾大学 理工学部 |
| | 阿部芳巳 | 株式会社三菱化学科学技術研究センター |
| | 板倉明子 | 物質・材料研究機構 表面物理グループ |
| | 犬飼潤治 | 山梨大学 燃料電池ナノ材料研究センター |
| | 岩本光正 | 東京工業大学 大学院理工学研究科 |
| | 宇理須恒雄 | 名古屋大学 革新ナノバイオデバイス研究センター |
| | 荻野俊郎 | 横浜国立大学 大学院工学研究院 |
| | 久保田純 | 東京大学 大学院工学系研究科 |
| | 粉川良平 | 株式会社島津製作所 分析計測事業部 |
| | 坂本一之 | 千葉大学 大学院融合科学研究科 |
| | 白石賢二 | 筑波大学 大学院数理物質科学研究科 |
| | 菅原康弘 | 大阪大学 大学院工学研究科 |
| | 鈴木峰晴 | パーク・システムズ・ジャパン株式会社 |
| | 永富隆清 | 旭化成株式会社 基盤技術研究所 |
| | 中山知信 | 物質・材料研究機構 国際ナノアーキテクトニクス研究拠点 |
| | 名取晃子 | 電気通信大学 名誉教授 |
| | 福島　整 | 物質・材料研究機構 ナノ計測センター |
| | 本間芳和 | 東京理科大学 理学部 |
| | 松井文彦 | 奈良先端科学技術大学院大学 物質創成科学研究科 |
| | 柳内克昭 | TDK 株式会社 ヘッドビジネスグループ |

（五十音順）

## シリーズ刊行にあたって

　表面科学は物の表面で起こる現象を科学の目で探求する学問だが，この30年あまりの間に，学問としての深化はもちろん，その対象領域の広がりや社会との繋がりの深さにおいて大きな発展を遂げた。表面科学の学問としての発展には，新しい方法論の開発やそれに基づく新概念の提出，新しい表面物質系の発見など幾つかの鍵となるブレークスルーがあるが，それらが上手く絡み合って，昔は想像でしか語ることができなかった表面の世界を，今日では原子レベルで理解し，精密に制御し，新しい物質やエネルギーを生み出す特異な場に造り変えることができるようになった。また，当初は，物の中身ではなく，表面という一見して二義的かつ難解なものを相手にしているように見えた表面科学は，半導体産業の微細加工技術の高度化やナノテクノロジーの登場など，比表面積の大きい微細な物を扱う技術が現代社会のキーテクノロジーになることに伴って，様々な産業分野で大きく貢献するようになった。さらに，今日の社会にとって大きな課題となっているエネルギー問題や環境問題を解決していくための新しい物質系や新技術の開発において，無くてはならない基幹学問の一つになっている。

　このように表面科学の学問的・社会的重要性がますます高まるなかで，日本表面科学会は2009年に設立30周年を迎えた。日本表面科学会では設立30周年を記念して，表面科学に親しみながら現代社会における役割を広く理解してもらうとともに，急速に発展してきた表面科学の最新の学問体系を分かりやすく学んでもらい，大学・大学院での講義や研究・開発の現場での実践に活かしてもらえるようなシリーズを世に送ることを期して，ここに「現代表面科学シリーズ」を刊行することになった。

　本シリーズは，入門編（第1巻），学問編（第2～4巻），生活・実用編（第5巻），演習編（第6巻）の全6巻で構成される。第1巻「表面科学こと始め－開拓者たちのひらめきに学ぶ－」は，表面科学の開拓者が記した原典の解説とその研究にまつわるエピソードの紹介を通して，表面科学の学問としての誕生の様子を様々な角度から学んでいただくと同時に，優れた研究が生まれる瞬間に何が大切なのかを知っていただくことができる巻になっている。第2～4巻は，大学・大学院あるいは講習会等での教科書，ある

いは学生や研究者の自習書として使っていただくことを意図しており，表面科学の学問体系を「表面科学の基礎」，「表面物性」，「表面新物質創製」の3巻で構成し，最新の研究成果も織り交ぜながら分かりやすく丁寧に解説している。第5巻「ひとの暮らしと表面科学」は私たちの実生活の中の色々なトピックを切り口に，表面の様子やその役割を紹介し，表面科学が一見関係なさそうに見えて実は表面科学が重要な役割を果たしている例や，表面科学的アプローチのエッセンスなどを解説している。第6巻「問題と解説で学ぶ表面科学」は第1巻から5巻までで学んだ表面科学の考え方や実験・解析手法を実践で使えるように，重要な概念や実験・解析方法に関する多くの具体的事例を取り上げ，各演習問題とその解説を1ページにまとめて示した演習書になっている。表面の研究をするうえで役に立つ資料集も巻末に添付し，実践の場で読者に役立つ演習書を目指している。

本シリーズが表面科学を体系的に学ぶ助けになるとともに，表面関係の実験や解析をする場合には必携の本となることを期待している。また，表面を専門としない一般の人にとっても，表面の面白さを知る一助になることを願っている。

本シリーズの刊行にあたり，表面科学会内外の様々な分野から数十名にのぼる多くの方々にご執筆いただきました。編集委員会の難しい注文にお応えくださり，素晴らしい原稿をご執筆くださいました皆様方にこの場を借りて篤くお礼申し上げます。また，本シリーズの出版に際しては共立出版のご協力に感謝致します。

現代表面科学シリーズ編集委員会を代表して<br>
近藤　寛

# まえがき

　表面の現象を理解する上で必要な知識は多岐にわたる。理系大学の学部では，将来必要とされる自然科学一般の知識と学部ごとに必要な基礎を身につけ，卒業研究の時点で専門的な「研究」が始まる。このとき初めて表面科学という学問に接する場合が多い。その理由は，表面科学が物理学，化学，材料学，結晶学，真空工学など，広範囲の知識の上にはじめて成り立つ学問だからである。表面科学を専門とする我々が，新入生たちに自分の研究を説明するとき，相手に理解してもらうのに苦労するのも，ある程度の知識がないと，この学問が理解しにくいからである。

　一方，表面科学は広範囲の学問の応用であると同時に，半導体産業の微細加工から，太陽電池，人工心臓や人工関節の開発，また，それらすべてに必須な計測・分析装置にとって必要とされる基礎学問であるともいえる。避けては通れない学問なのである（表面科学の発展分野については，第5巻「ひとの暮らしと表面科学」をご一読いただきたい）。

　本シリーズの第2巻および第3巻は，「学問編」としての表面科学の教科書を企図したものである。表面科学という専門分野への入門書という位置づけである。そのうち第2巻では表面の現象をベースに，表面構造，電子状態，変化と反応の流れという構成となっている。

　第1章「表面の定義と現実の表面」では，真空空間と格子乱れのない結晶との界面である理想表面が，表面緩和や原子の再配列，あるいは吸着物や化学反応によって現実表面となるときに，何が起こり，何を論じていかなければならないかを，基礎理論とともに示している。続く第2章および，第3巻までの総論的な章である。

　第2章「表面の構造」では，表面構造は表面特有の再構成を考慮にいれなければ把握できないことから，結晶学の基礎の部分から，表面ゆえの緩和，再構成やダングリングボンド，吸着物による表面終端に至るまで幅広く説明したのち，半導体表面，金属表面などの実例を示して解説している。

　第3章「表面の電子状態」では，電子分光による表面電子状態の解析を中心に，実際の評価法やそれに用いられるクラスター計算について解説している。

第4章「超高速ダイナミクス」では，表面のダイナミクスにおける最近の超高速現象の研究成果の物理的意味について，手法別に紹介している．同じ現象を追って表面分析をしていても，計測手法が違えば異なる結果が得られることもある．測定原理を知り，得られた情報を的確に把握し，相補的な手法と照らし合わせて現象を判断していくことが，表面研究には重要になる．

第5章「表面の分析法」では，表面を分析・解析するのに必要なテクニックと，その基礎となる理論を，X線，電子，イオン，アトムプローブ，というプローブ別に解説している．本章は実際にこれらの手法・装置を用いて第一線で研究されている5人の先生方にご執筆いただいた．

第6章「表面の計算科学」では，今や表面科学になくてはならない理論計算について解説している．第3章で電子状態理論全般を解説しているのに対して，本章では特にHF法，DFT法の中身を詳しく解説し，DFT法に基づいた表面現象の解析例を挙げて説明している．

本書を大学や大学院，あるいは講習会における表面科学の教科書として，また学生や研究者・技術者の自習書としてご活用いただければ幸いである．

2013年3月

担当編集幹事
板倉 明子

## 担当編集委員

| | | |
|---|---|---|
| 板倉明子 | 物質・材料研究機構 表面物理グループ | (担当編集幹事) |
| 菅原康弘 | 大阪大学 大学院工学研究科 | |
| 田沼繁夫 | 物質・材料研究機構 中核機能部門 | |

## 執　筆　者

| | | |
|---|---|---|
| 吉原一紘 | オミクロンナノテクノロジージャパン株式会社 | (第1章) |
| 虻川匡司 | 東北大学 多元物質科学研究所 | (第2章) |
| 河合　潤 | 京都大学 大学院工学研究科 | (第3章) |
| 北島正弘 | 防衛大学校 応用科学群（現：株式会社ルクスレイ） | (第4章) |
| 福田安生 | 静岡大学 電子工学研究所 | (5.1〜5.6節) |
| 青柳里果 | 成蹊大学 理工学部 | (5.7, 5.8節) |
| 工藤正博 | 成蹊大学 理工学部 | (5.7, 5.8節) |
| 堀尾吉已 | 大同大学 工学部 | (5.9節) |
| 村上健司 | 静岡大学 大学院工学研究科 | (5.10節) |
| 森川良忠 | 大阪大学 大学院工学研究科 | (第6章) |

# 目 次

## 第1章 表面の定義と現実の表面　1
- 1.1 表面と界面 …… 1
- 1.2 理想表面と現実表面 …… 2
  - 1.2.1 理想表面 …… 2
  - 1.2.2 現実表面 …… 3
- 1.3 表面熱力学 …… 5
  - 1.3.1 1成分系の表面熱力学 …… 5
  - 1.3.2 多成分系の表面熱力学 …… 7
- 1.4 吸着等温式 …… 8
  - 1.4.1 ギブズの吸着等温式 …… 8
  - 1.4.2 ラングミュアの吸着等温式 …… 9
- 1.5 ぬれ …… 11
- 1.6 表面拡散 …… 12
- 1.7 表面の機械的性質 …… 16
  - 1.7.1 表面近傍の弾性率 …… 16
  - 1.7.2 摩擦 …… 18
- 1.8 腐食 …… 19
- 1.9 真空 …… 20
- 引用・参考文献 …… 23

## 第2章 表面の構造　24
- 2.1 結晶構造の分類 …… 25
  - 2.1.1 空間格子 …… 25
  - 2.1.2 方位の表し方 …… 26
  - 2.1.3 面の表し方 …… 27
- 2.2 表面の原子配列の特徴 …… 30
  - 2.2.1 理想表面の構造 …… 31
  - 2.2.2 緩和 …… 32
  - 2.2.3 表面再構成構造 …… 34

## 2.3 表面の2次元空間格子 ································· 36
### 2.3.1 2次元ブラベー格子と2次元空間群 ·············· 36
### 2.3.2 表面格子の表記方法 ······························ 37
## 2.4 回折法と逆格子 ············································ 39
## 2.5 様々な表面構造とその起源 ····························· 43
### 2.5.1 清浄表面 ················································ 43
### 2.5.2 吸着表面構造 ········································· 52
## 2.6 現実の表面構造と顕微観測 ····························· 59
引用・参考文献 ···················································· 60

# 第3章 表面の電子状態　　62

## 3.1 電子状態と電子構造 ······································· 62
## 3.2 電子状態密度 ··············································· 63
## 3.3 オージェ電子 ··············································· 66
## 3.4 原子の全エネルギーと1電子軌道エネルギー ······· 68
## 3.5 数値計算 ····················································· 70
## 3.6 クラスター計算とバンド計算 ·························· 74
## 3.7 ケミカルシフト ············································ 77
## 3.8 フェルミ準位とフェルミ分布 ·························· 79
## 3.9 仕事関数 ····················································· 81
引用・参考文献 ···················································· 84

# 第4章 超高速ダイナミクス　　85

## 4.1 はじめに ····················································· 85
## 4.2 電子系のダイナミクス ···································· 87
### 4.2.1 2光子光電子 (2PPE) 分光法 ······················ 87
### 4.2.2 光電子顕微鏡法 (PEEM) ···························· 90
### 4.2.3 光テラヘルツ (THz) 分光法 ························ 92
## 4.3 吸着原子・分子のダイナミクス ······················· 96
### 4.3.1 和周波発生 (SFG) 分光法 ·························· 96
### 4.3.2 第二高調波発生 (SHG) 分光法 ··················· 98
## 4.4 フォノンおよびキャリアダイナミクス ··············101
## 4.5 おわりに ····················································105

引用・参考文献 …………………………………………………… 110

# 第5章 表面の分析法 　　　　　　　　　　　　　　　　　112

## I　X線（紫外線）による表面分析法 ……………………… 112

### 5.1　X線光電子分光法 (XPS) ………………………………… 112
- 5.1.1　原理 ………………………………………………… 112
- 5.1.2　装置（測定法）…………………………………… 114
- 5.1.3　XPS の特徴 ………………………………………… 116

### 5.2　紫外光電子分光法 (UPS) ………………………………… 119
- 5.2.1　原理 ………………………………………………… 119
- 5.2.2　装置（測定法）…………………………………… 119
- 5.2.3　UPS の特徴 ………………………………………… 119

### 5.3　X線吸収分光法 (XAS) …………………………………… 123
- 5.3.1　原理 ………………………………………………… 123
- 5.3.2　装置（測定法）…………………………………… 124
- 5.3.3　XAS の特徴 ………………………………………… 125

引用・参考文献 …………………………………………………… 128

## II　電子線による表面分析法 ………………………………… 129

### 5.4　オージェ電子分光法 (AES) ……………………………… 129
- 5.4.1　原理 ………………………………………………… 129
- 5.4.2　装置（測定法）…………………………………… 132
- 5.4.3　AES の特徴 ………………………………………… 135

### 5.5　逆光電子分光法 (IPES) …………………………………… 135
- 5.5.1　原理 ………………………………………………… 136
- 5.5.2　装置（測定法）…………………………………… 136
- 5.5.3　IPES の特徴 ………………………………………… 138

### 5.6　電子エネルギー損失分光法 (EELS) …………………… 139
- 5.6.1　原理 ………………………………………………… 140
- 5.6.2　装置（測定法）…………………………………… 141
- 5.6.3　EELS の特徴 ………………………………………… 142

引用・参考文献 …………………………………………………… 143

### III　イオンによる表面分析法 ……………………………… **145**

- 5.7　2次イオン質量分析法 (SIMS) ……………………… 145
  - 5.7.1　SIMS の原理および測定上の特徴 …………… 145
  - 5.7.2　質量分析器とイオン源 ………………………… 148
  - 5.7.3　ダイナミック SIMS(DSIMS) …………………… 150
  - 5.7.4　飛行時間型 SIMS(TOF-SIMS) ………………… 151
  - 5.7.5　表面分析のためのデータ解析法 ……………… 153
  - 5.7.6　その他 …………………………………………… 156
- 5.8　イオン散乱分析法（高速，低速，中速） ………… 157
  - 5.8.1　ラザフォード後方散乱法 (RBS) ……………… 158
  - 5.8.2　イオン散乱分光法 (ISS) ……………………… 158
  - 5.8.3　中エネルギーイオン散乱 (MEIS) …………… 159
- 引用・参考文献 …………………………………………… 159

### IV　その他の表面分析法 ……………………………… **162**

- 5.9　低速電子回折 (LEED) および反射高速電子回折 (RHEED) 162
  - 5.9.1　はじめに ………………………………………… 162
  - 5.9.2　電子の波動性 …………………………………… 162
  - 5.9.3　装置 ……………………………………………… 163
  - 5.9.4　2次元結晶からの回折図形 …………………… 165
  - 5.9.5　おわりに ………………………………………… 167
- 5.10　走査型プローブ顕微鏡 (SPM) ……………………… 168
  - 5.10.1　はじめに ……………………………………… 168
  - 5.10.2　基本原理 ……………………………………… 169
  - 5.10.3　おわりに ……………………………………… 173
- 引用・参考文献 …………………………………………… 173

## 第6章　表面の計算科学　　　　　　　　　　　　　175

- 6.1　ハートリー–フォック近似 …………………………… 176
- 6.2　密度汎関数理論 ………………………………………… 182
- 6.3　具体的な計算手法 ……………………………………… 188
  - 6.3.1　擬ポテンシャル法の概念 ……………………… 188
- 6.4　計算の精度 ……………………………………………… 190

|   |   | 6.4.1 | 分子の構造とエネルギー……………………………190 |
|---|---|---|---|
|   |   | 6.4.2 | 表面エネルギーと仕事関数……………………………191 |
|   |   | 6.4.3 | 原子・分子の吸着エネルギー……………………………192 |
|   | 6.5 | 表面・界面の第一原理計算……………………………194 | |
|   |   | 6.5.1 | 物理吸着系……………………………194 |
|   |   | 6.5.2 | 有機/金属界面の電子準位接続……………………………194 |
|   |   | 6.5.3 | 物理吸着系の界面電気二重層……………………………196 |
|   |   | 6.5.4 | 弱い化学吸着系の界面電気二重層……………………………198 |
|   |   | 6.5.5 | 磁性分子の吸着……………………………201 |
|   |   | 6.5.6 | CO 分子吸着……………………………203 |
|   |   | 6.5.7 | 第一原理熱力学計算による表面相と反応性……207 |
|   |   | 6.5.8 | ミクロキネティック・モデリング……………………………210 |
|   |   | 6.5.9 | 電極反応シミュレーション……………………………212 |
|   |   | 6.5.10 | バンドギャップと欠陥準位の問題……………………………214 |
|   |   | 6.5.11 | $TiO_2(110)$ 表面上での蟻酸分解反応……………………………215 |
|   | 6.6 | まとめと今後の展望……………………………217 | |
|   | 6.A | 付録……………………………218 | |
|   | 引用・参考文献……………………………221 | | |

索　引　　　　　　　　　　　　　　　　　　　　　　　**223**

# 第 1 章

# 表面の定義と現実の表面

## 1.1 表面と界面

　表面科学は相間の構造や物性を取り扱う科学である．相間には，固体と液体間，固体と気体（真空）間，固体と固体間，および固体内の結晶粒界等がある．これらの相間は「界面」と総称され，特に固体と気体（真空）間の界面を「表面」という．表面科学を研究するための最も基本的な道具としての超高真空技術が発展した1970年代から，オージェ電子分光法や光電子分光法をはじめとする各種の表面分析法が実用化され，固体表面の研究が急速に進展した．さらに1982年には走査型トンネル顕微鏡が開発され，原子を操作することが可能となり，表面は原子操作の舞台を提供するようになった．現在，表面科学は半導体，電極材料，触媒，潤滑，センサーなどの開発に大きな役割を果たしており，新しい産業の進展には表面科学を基礎とした表面制御が不可欠な技術となっている．

　本章では現実の表面を理解し，制御するために必要となる最も基礎的な事項である表面の構造，表面を対象とした熱力学，吸着や拡散，表面における機械的性質などについて解説する．

---

第1章執筆：吉原一紘

## 1.2 理想表面と現実表面

### 1.2.1 理想表面

単一の原子からなる欠陥のない完全な 3 次元の結晶を考える。ここで ($hkl$) 方位の仮想的な面を考え，結晶内で原子の中央がこの面方位に所属する原子を全て取り除くと表面が現れる。もし，結晶内の全ての位置で原子間距離や原子配列が同一ならば，このとき出現した表面が「理想表面 (ideal surface)」である。図 1.1 に面心立方構造をもつ固体の (100) と (111) 理想

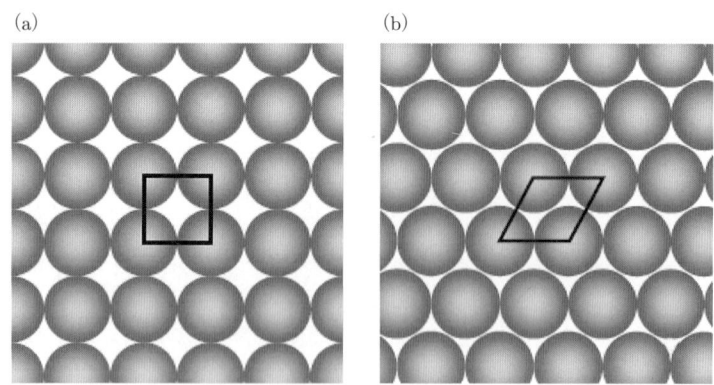

**図 1.1** 面心立方結晶の理想表面の球モデル。(a) は (100) 表面，(b) は (111) 表面。2 次元の単位格子も併せて示してある。

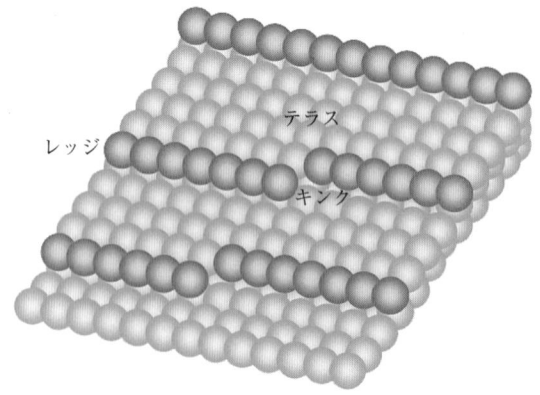

**図 1.2** (100) 面からわずかに方位が傾いた面心立方結晶の表面。

表面の模型図を示す。このような低指数面からわずかに傾きをもつ表面にはテラス (terrace) と呼ばれる平坦な表面部分と，テラスの端であるレッジ (ledge)（ステップともいう）が存在する。図 **1.2** に (100) からわずかに方位が傾いた表面の模型図を示す。通常，レッジは完全な直線ではないので折れ曲がる。その折れ曲がった箇所をキンク (kink) と呼ぶ。理想表面の構造に関しては主に低速電子回折を用いた研究がなされている。

### 1.2.2 現実表面

現実の表面に存在する原子は固体内部とは結合状態が異なるため，全系のエネルギーを最小にするように表面近傍で原子の再配列が起こる。

再配列には
1) 結晶内での対称性や周期性は変化しないが，面近傍の原子間距離が異なる表面緩和。
2) 表面での原子配列が内部とは異なる表面再構成。

の 2 種類がある。これらの表面には固体構成成分以外の成分は存在しないため，「規定表面 (well defined surface)」あるいは「清浄表面 (clean surface)」と称される。

劈開して得られた結晶表面では図 **1.3** に示すように緩和がおき，原子が結晶内部の位置からわずかにずれる。多くの場合，緩和による原子の位置は

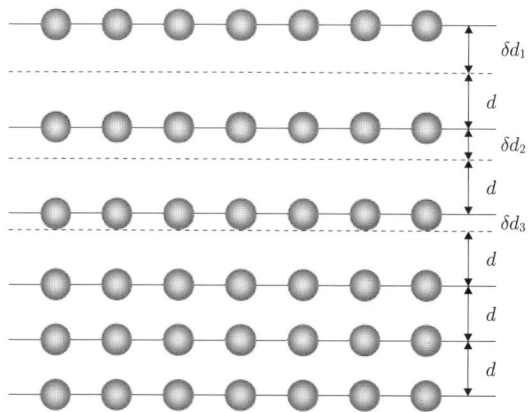

図 **1.3** 表面緩和のモデル。表面に近づくにつれ，格子間距離が大きくなっている。

**表 1.1** 銅の表面の格子間距離の変化の計算結果 [1]。

| 表面 | $\delta d_1/d$ | $\delta d_2/d$ | $\delta d_3/d$ | $\delta d_4/d$ |
|---|---|---|---|---|
| (100) | 0.129 | 0.033 | 0.008 | 0.001 |
| (110) | 0.196 | 0.047 | 0.019 | 0.003 |
| (111) | 0.055 | 0.009 | 0.001 | |

$\delta d_i$ は表面から第 i 番目の層の，結晶内部の表面に垂直方向の格子間距離 ($d$) からのずれ。

表面に垂直方向にずれるが，一部のアルカリハライドでは面に平行な方向にもずれることが示されている。**表 1.1** に銅の各表面の原子の位置の垂直方向のずれが結晶内部に向かって変化する挙動を計算した結果を示す [1]。一般的には原子の位置の垂直方向のずれは最表面で数 % 程度であり，結晶内部に向かって急速に小さくなる。また，最もずれが小さい面は最稠密面である。銅の場合は，垂直方向の原子間距離のずれは結晶内部に向かって単調に減少していくが，アルミニウムの (110) 面の原子間距離は層ごとに振動しながらバルクの値に近づくことが知られている。

表面再構成の例として，白金やパラディウムの面心立方格子の (110) 面は 1 列おきに原子が抜き取られた (1×2) 構造をとる。また，半導体表面では結合が切れたダングリングボンドが存在するが，このダングリングボンドをできるだけ減らすように半導体表面が再構成される。例としてシリコンの (111) 面は (7×7) 構造をとる。

「現実表面 (real surface)」は，理想表面からはずれた規定表面だけではない。気体にさらされた固体表面には吸着が起こり，表面の化学状態は固体内部とは異なったものとなっている。さらに酸化反応のような化学反応が表面で起これば，表面の化学組成や構造は内部とは全く異なったものとなる。また，結晶中に微量の不純物が存在しているときには，しばしば表面に不純物が濃縮し，表面近傍の化学組成が固体内部とは異なる場合がある。これらは全て現実表面である。さらに，表面に物質を蒸着すると，蒸着物質が島状成長，層状成長，エピタキシャル成長，ヘテロエピタキシャル成長，原子層成長などが起こり，新たな表面が形成される。一方，実用環境では材料は種々の環境にさらされ，環境物質との反応や接触した異種材料との間での相互拡散などが起こり，表面や界面は単一物質とは全く異なったものとなる。表面

科学はこのように内部とは異なる表面の組成，構造，物性を解析し，それらを制御して固体に有用な物性を付加する分野である。

ここでは，表面を理解するために必要となる表面科学の最も基礎的な事項について解説する。

## 1.3 表面熱力学 [2]

固体表面に異種原子が吸着するような現象を解析するために，熱力学的に表面を取り扱うことがある。現実には固体の表面層は単層ではなく，表面組成は表面から数層にわたって内部とは異なっている。

### 1.3.1 1成分系の表面熱力学

Gibbsは図1.4に示すように，現実には厚みのある表面層を厚さのない幾何学的表面 (dividing surface) に置き換えた場合に生じる熱力学的諸量を表面過剰量として定義し，熱力学的関係式を導いた。最初に成分数が1の場合を考える。図1.5に示すように相$\alpha$（通常は固相）と相$\beta$（通常は気相）が接触しており，dividing surfaceから十分離れた相$\alpha$内部の成分を$C^\alpha$とし，同様に相$\beta$内部の成分を$C^\beta$とする。任意の熱力学的変数を$P$とすると，

$$P^{\text{total}} = P^\alpha + P^\beta + P^s \tag{1.1}$$

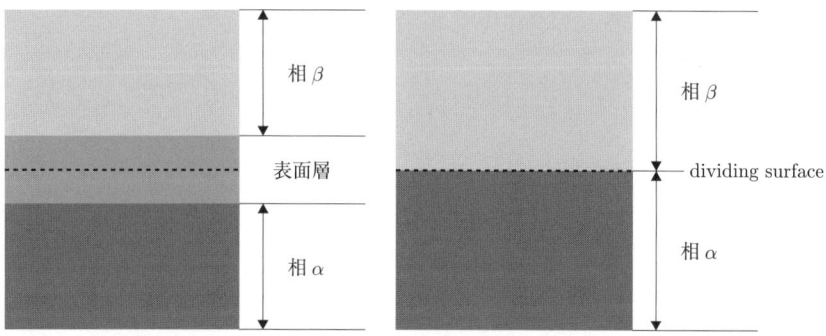

図1.4 dividing surfaceの定義。現実には厚みのある表面層を厚さのない幾何学的表面 (dividing surface) に置き換える。

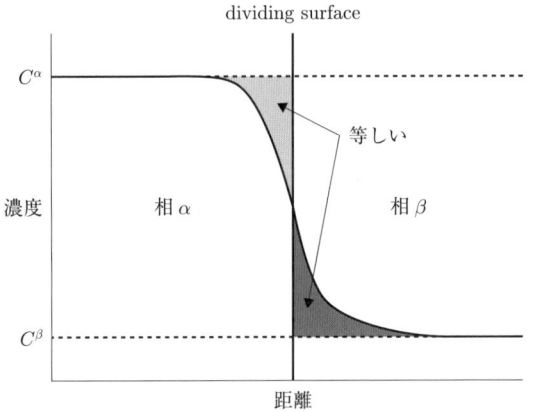

**図 1.5** 成分濃度が相 $\alpha$ と相 $\beta$ の間で変化する様子。表面過剰量が 0 となる位置を dividing surface とする。

ここで $P^\alpha$ と $P^\beta$ は相 $\alpha$ と相 $\beta$ の熱力学的変数，$P^{\text{total}}$ は全系の熱力学的変数で，$P^{\text{s}}$ は表面に関わる熱力学的変数である。これから $P^{\text{s}}$ は仮想的な表面 (dividing surface) が存在する場合に発生する過剰な熱力学量として定義できる。したがって表面過剰エントロピー，内部エネルギー，自由エネルギーはそれぞれ次式のように記述できる。

$$\begin{aligned} S^{\text{s}} &= S^{\text{total}} - (S^\alpha + S^\beta) \\ E^{\text{s}} &= E^{\text{total}} - (E^\alpha + E^\beta) \\ F^{\text{s}} &= F^{\text{total}} - (F^\alpha + F^\beta) \end{aligned} \quad (1.2)$$

吸着や偏析に伴う物質の表面過剰量 $n^{\text{s}}$（モル数）も同様に以下のように記述できる。

$$\begin{aligned} n^{\text{s}} &= n^{\text{total}} - (n^\alpha + n^\beta) \\ &= n^{\text{total}} - (C^\alpha V^\alpha + C^\beta V^\beta) \end{aligned} \quad (1.3)$$

ここで $n^{\text{total}}$ は系に含まれる全モル数で，$n^\alpha$ と $n^\beta$ はそれぞれ相 $\alpha$ と相 $\beta$ に含まれるモル数を示す。$V^\alpha$ と $V^\beta$ はそれぞれの相の dividing surface までの体積で，$C^\alpha$ と $C^\beta$ はそれぞれ均一層の濃度（単位体積あたりのモル数）である。なお，単位面積あたりの表面過剰モル数は $\Gamma$ という記号で表されることが多い。ここで dividing surface をどこに設定するかにより表面

過剰量が異なるという問題がある。この問題を解決するために，表面張力の考え方を導入する。表面張力は温度，体積，モル数を一定に保ったまま新しい表面を作るときに必要となる仕事として以下のように定義される。

$$\gamma = \lim_{dA \to 0} \frac{dw}{dA} \quad (1.4)$$

ここで $dw$ は面積を $dA$ だけ増加するために必要な仕事量である。

一定温度，一定体積のもとでは仕事量は全系のヘルムホルツの自由エネルギーの変化に等しいから

$$\gamma dA = dF^{\text{total}} = d(F^\alpha + F^\beta) + dF^{\text{s}} = \mu d(n^\alpha + n^\beta) + dF^{\text{s}}$$
$$= -\Gamma \mu dA + f^{\text{s}} dA$$
$$\gamma = f^{\text{s}} - \Gamma \mu \quad (1.5)$$

ここで $\mu$ は化学ポテンシャルで，$f^{\text{s}}$ は $F^{\text{s}}$ の単位面積あたりの値で，表面自由エネルギーとも呼ばれる。$\Gamma$ と $f^{\text{s}}$ の値は dividing surface をどこに設定するかにより異なるが，1 成分系の場合は $\Gamma = 0$ となるように dividing surface の位置を決める。この場合には表面張力と表面自由エネルギーは同一となる。

### 1.3.2 多成分系の表面熱力学

多成分系の場合には，第 $i$ 成分の表面過剰モル数 $\Gamma_i$ は $\Gamma_i = n_i^{\text{s}}/A$ と定義する。ここで $A$ は表面積であり，

$$n_i^{\text{s}} = n_i^{\text{total}} - (C_i^\alpha V^\alpha + C_i^\beta V^\beta) \quad (1.6)$$

$n_i^{\text{total}}$ は第 $i$ 成分の全モル数，$C_i^\alpha$ と $C_i^\beta$ は第 $i$ 成分の $\alpha$ 相と $\beta$ 相中のモル濃度，$V^\alpha$ と $V^\beta$ は $\alpha$ 相と $\beta$ 相の dividing surface までの体積である。1 成分系の場合と同様に表面張力は式 (1.7) のように表すことができる。

$$\gamma = f^{\text{s}} - \sum_i \Gamma_i \mu_i \quad (1.7)$$
$$\mu_i = \left(\frac{\partial F^{\text{total}}}{\partial n_i}\right)_{T,v,n_{j \neq i}}$$

式 (1.7) の右辺の第 2 項は特殊な場合を除いて 0 にはならないため，多成分系の場合には表面張力と表面自由エネルギーは必ずしも等しくはならない。

## 1.4 吸着等温式 [2,3]

### 1.4.1 ギブズの吸着等温式

分子の総数が一定の系の場合に，ヘルムホルツ自由エネルギーの微小な変化は

$$\begin{aligned} dF^{\text{total}} &= -S^{\text{total}}dT - PdV^{\text{total}} \\ &= dF^{\alpha} + dF^{\beta} + Adf^{\text{s}} \\ &= dF^{\alpha} + dF^{\beta} + Ad\gamma + A\sum_i \Gamma_i d\mu_i + A\sum_i \mu_i d\Gamma_i \end{aligned} \quad (1.8)$$

全分子数は一定であるから，この微小な変化により分子は2つの相に分配され，表面過剰量が変化する。$\alpha$ 相では

$$dF^{\alpha} = -S^{\alpha}dT - PdV^{\alpha} + \sum_i \mu_i dn_i^{\alpha} \quad (1.9)$$

$\beta$ 相についても同様の式が成立する。これらの式と式 (1.8) から

$$d\gamma = -s^{\text{s}}dT - \sum_i \Gamma_i d\mu_i \quad (1.10)$$

ここで $s^{\text{s}}$ は単位面積あたりの表面エントロピーである。$dT = 0$ とすると，ギブズの吸着等温式が式 (1.11) のように得られる。

$$\begin{aligned} d\gamma &= -\sum_i \Gamma_i d\mu_i \\ \Gamma_i &= -\left(\frac{\partial \gamma}{\partial \mu_i}\right)_{T, n_j, \mu_{j \neq i}} \end{aligned} \quad (1.11)$$

通常，ギブズの吸着等温式は固体と気体の界面における吸着現象を扱う。図 1.6 は銀の表面に酸素が吸着した系の dividing surface の位置を銀の表面過剰モル数がなくなるように設定してある [4]。固体の表面過剰量は $\Gamma_1 = 0$ とおけるから，気体成分2の表面過剰量だけを考えればよい。

$$\begin{aligned} d\gamma &= -\Gamma_2 d\mu_2 \\ \Gamma_2 &= -\left(\frac{\partial \gamma}{\partial \mu_2}\right)_{T, n_1, n_2} \end{aligned} \quad (1.12)$$

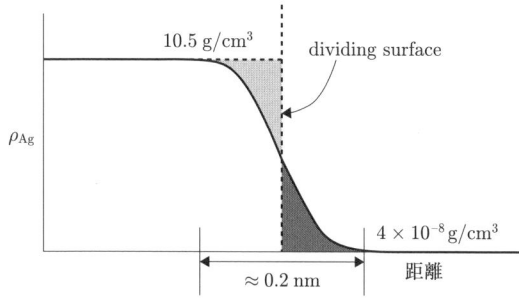

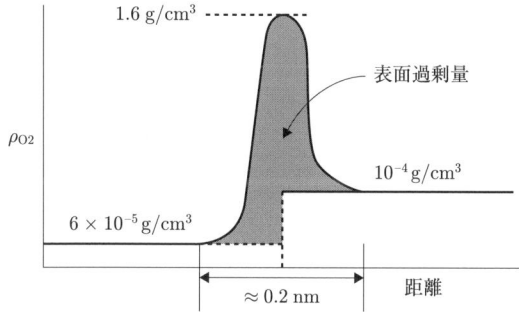

図 **1.6** 銀の表面に酸素が吸着した系の dividing surface の位置。銀の表面過剰量が 0 となる位置を表面 (dividing surface) とし，その位置を基準として酸素の吸着量を算出する。

理想気体ならば圧力 $p_2$ のときには

$$\mu_2 = \mu_2^0 + RT \ln p_2 \tag{1.13}$$

ここで $\mu_2^0$ は 1 気圧，温度 $T$ のときの標準状態の化学ポテンシャルである。これから理想気体のギブズの吸着等温式は式 (1.14) のようになり，吸着量（表面過剰モル数）と表面張力の関係を示している。

$$\Gamma_2 = -\frac{1}{RT} \left( \frac{\partial \gamma}{\partial \ln p_2} \right)_T \tag{1.14}$$

### 1.4.2 ラングミュアの吸着等温式

単分子と固体表面間の相互作用のポテンシャルが距離によってどのように変化するかを模式的に図 **1.7** に示す。分子が吸着したときのポテンシャルの変化は熱振動のエネルギーよりも十分大きいとすると，分子は吸着したサ

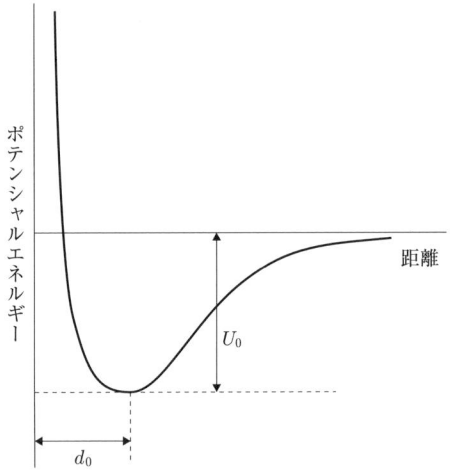

図 1.7　固体表面近傍の原子のポテンシャルエネルギーと距離の関係。

イトに局在化し，3つの独立した振動の自由度を有していると考えてよい。1個の吸着分子の分配関数 $q(T)$ は

$$q(T) = q_x q_y q_z \exp\left(-\frac{U_0}{kT}\right) \tag{1.15}$$

ここで $U_0$ は無限の遠方にあった分子が平衡状態で吸着したときのポテンシャルエネルギーで，$q_x, q_y, q_z$ はそれぞれ1つの方向ごとの調和振動の分配関数である。固体表面には $M$ 個の等価な吸着サイトがあり，そこに $N$ 個の分子が吸着しているとする。吸着した分子同士には何の相互作用もなく，また単分子層以上には吸着しないとすると，吸着した状態の分配関数 $Q(N, M, T)$ は

$$Q(N, M, T) = \frac{M! q(T)^N}{N!(M-N)!} \tag{1.16}$$

気体でいる分子と吸着した分子は平衡に存在しているとすると，吸着分子の化学ポテンシャルは気体の場合と同じになる。化学ポテンシャルは

$$\mu = -kT \left(\frac{\partial \ln Q}{\partial N}\right)_{T,M} \tag{1.17}$$

スターリングの公式を使って

$$\mu = kT \ln \frac{N}{(M-N)q(T)} = kT \ln \frac{\theta}{(1-\theta)q(T)} \tag{1.18}$$

ここで $\theta = N/M$ は表面被覆率である。したがって

$$\frac{\theta}{1-\theta} = q(T) \exp\left(\frac{\mu}{kT}\right) \tag{1.19}$$

一方，気体が理想気体だとすると気体の化学ポテンシャルは

$$\mu = \mu_0(T) + kT \ln p \tag{1.20}$$

ここで $\mu_0(T)$ は気体の標準状態の化学ポテンシャルである。式 (1.19) と式 (1.20) から，ラングミュアの吸着等温式が式 (1.21) のように求まる。

$$\theta = \frac{K(T)p}{1 + K(T)p} \tag{1.21}$$

ここで $K(T) = q(T)\exp(\mu_0(T)/kT)$ で，吸着反応の平衡定数である。ラングミュアの吸着等温式は吸着量（被覆率）と吸着したときのポテンシャルエネルギーの変化との関係を示している。

## 1.5 ぬれ

図 **1.8** に示すように固体と液体が接触し，液体が固体表面を覆う性質をぬれ（湿潤性）という。それぞれ固体と液体の界面張力（$\gamma_{\mathrm{SL}}$），固体と気体の界面張力（$\gamma_{\mathrm{SG}}$），液体と気体の界面張力（$\gamma_{\mathrm{LG}}$）とすると，固体の上を拡張してぬらす場合，各表面張力間の関係は式 (1.22) で表すことができる。

$$F = \gamma_{\mathrm{SG}} - (\gamma_{\mathrm{SL}} + \gamma_{\mathrm{LG}}) \geq 0 \tag{1.22}$$

ここで定義される $F$ を拡張係数と呼ぶ。もし拡張係数 $F$ が $F < 0$ ならば，

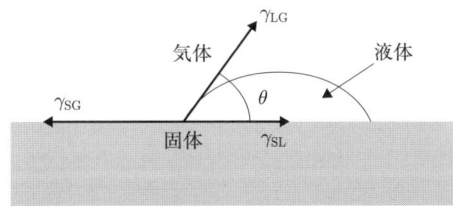

図 **1.8** 固体と液体が接触したときの界面張力のつり合い。

水滴は拡張してぬれずにレンズ状となる。このとき，3つの張力がつり合ったときの状態を接触角 $\theta$ で表すと，式 (1.23) が成立する。

$$\gamma_{\mathrm{SG}} = \gamma_{\mathrm{SL}} + \gamma_{\mathrm{LG}} \cos\theta \tag{1.23}$$

なお，拡張ぬれの場合は $\theta = 0°$ である。たとえばガラス面上で一滴のアルコールが液体膜を作って拡がるように，固体表面は完全に液体でぬれる。接触角 $\theta$ が $0 < \theta \leq 90°$ のときは浸漬ぬれといい，たとえば固体を液中に浸した場合や，毛管内を液が上昇する場合に相当する。なお，接触角 $90°$ は，毛細管内に液体が吸いこまれるか吐き出されるかの境目になる。接触角 $\theta$ が $\theta \leq 180°$ のときは付着ぬれといい，たとえばパラフィン面上に水滴，ガラス面上に水銀を置いた場合に相当する。

表面のぬれ性を制御することは工業的には重要な技術である。そのために界面活性剤が使われる。一般に界面活性物質は1つの分子中に水によくなじむ部分，すなわち親水基と，水になじみにくい部分，すなわち疎水基の両方をもった構造になっている。界面活性剤は気—液界面，固—液界面において界面張力を低下させるため，ぬれ性を向上させる効果がある。具体的には界面活性剤を鏡にぬると曇らなくなることが知られているし，染料の定着を進めるため染め物にも使われるなど，化粧品や農薬，洗剤などに広く応用されている。

## 1.6　表面拡散 [5]

固体結晶の内部の原子の拡散は結晶中の空孔や格子間原子の移動に伴うもので，体拡散 (bulk diffusion) と呼ばれるが，表面での原子の移動は表面拡散 (surface diffusion) と呼ばれ，固体内部とは大きく異なる。図 **1.9** に示すように固体表面には表面空孔 (surface vacancy)，吸着原子 (adatom)，キンク (kink) という欠陥が存在する。これらの欠陥を介して原子が固体表面を移動することにより，表面拡散が起こる。いま，表面の欠陥は図 **1.10** に示すようなポテンシャルの上にあると考える。原子は1つの安定な場所 $i$ から，距離 $l$ 離れた隣の安定な場所 $j$ に鞍部を越えてジャンプする。このジャンプに必要なエネルギーを $\Delta G_{ij}$ とする。表面上での原子のジャンプはその直前に起こったジャンプの方向に影響されずに全くでたらめに起こるとする

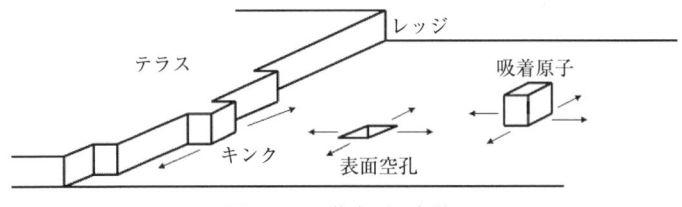

図 1.9 固体表面の欠陥。

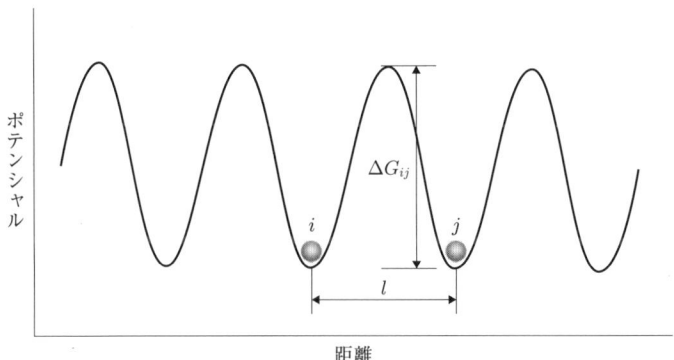

図 1.10 表面で原子が移動する際のポテンシャル変化。

と，時間 $t$ の間に出発点から $m$ 回ジャンプしたときに，その間に原子が移動した距離の 2 乗平均は

$$\langle R_m^2 \rangle = ml^2 \tag{1.24}$$

したがって，表面拡散係数は

$$D_\mathrm{s} = \frac{ml^2}{4t} = \frac{l^2}{4\tau} \tag{1.25}$$

ここで，$\tau$ は原子が安定な場所に滞在している時間である．なお，分母の「4」は表面拡散が 2 次元のためであり，バルク中の場合には「6」である．表面の原子が位置 $i$ から位置 $j$ にジャンプするときの平均のジャンプ頻度は

$$\frac{1}{\tau} = \sum_{j=1}^{N} \beta_{ij} \nu_{ij} \exp\left(\frac{\Delta G_{ij}}{kT}\right) \tag{1.26}$$

ここで $\beta_{ij}$ は位置 $i$ に最隣接する位置 $j$ の数，$\nu_{ij}$ は位置 $i$ にある欠陥が位

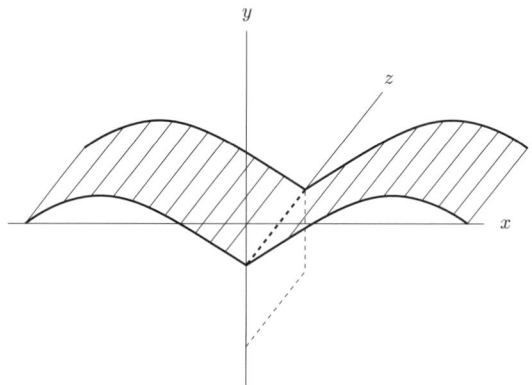

図 1.11　$z$ 軸に平行な表面 $y(x,t)$ を表すための座標。

置 $j$ の方向へ振動する頻度, $N$ は最隣接原子の総数（面心立方格子の (111) 面上の吸着原子の場合は「3」, 表面空孔の場合は「9」）である。したがって, 表面拡散係数は

$$D_\mathrm{s} = \frac{l^2}{4} \sum_{j=1}^{N} \beta_{ij} \nu_{ij} \exp\left(\frac{\Delta G_{ij}}{kT}\right) \tag{1.27}$$

ここで, 表面拡散によって, 表面の形状が変化する様子を解析してみる。表面上の原子の化学ポテンシャル $\mu$ が表面に沿った曲線状の位置の関数として変化し, 原子の移動が表面拡散のみによる場合には, 表面原子の移動速度 $v$ はネルンスト–アインシュタインの式により,

$$v = -\frac{D_\mathrm{s}}{kT} \frac{\partial \mu}{\partial s} \tag{1.28}$$

ここで $s$ は曲線に沿った弧の長さである。表面が平坦であるときの $\mu$ を標準状態として 0 とすれば, 主要曲率が $K_1$ および $K_2$ であるような曲面上の化学ポテンシャル $\mu$ はギブズ–トムソンの式から

$$\mu = \Omega \gamma_\mathrm{s}(K_1 + K_2) \tag{1.29}$$

ここで $\Omega$ は原子体積, $\gamma_\mathrm{s}$ は表面自由エネルギーである。いま図 1.11 に示すように表面が $z$ 軸に平行で, ある時間 $t$ の形状が $y(x,t)$ で表されるとすると, 曲率は $y$–$x$ 面に沿ったものだけを考えればよいので, それを $K$ とす

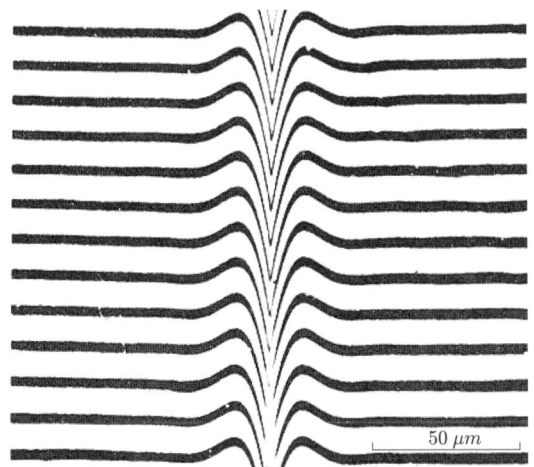

**図 1.12** 多結晶銅を加熱したときに，粒界近傍が盛り上がる現象（粒界溝の成長）を干渉顕微鏡で観察した結果[6]。

ると

$$v = -\frac{D_\mathrm{s}}{kT}\frac{\partial \mu}{\partial s} = -\frac{D_\mathrm{s}\Omega\gamma_\mathrm{s}}{kT}\frac{\partial K}{\partial s} \tag{1.30}$$

表面原子の流れ量（$x$ 方向に垂直な単位面積を単位時間に通過する原子の数）$J$ は，単位面積あたりの原子数を $N$ とすると

$$J = Nv = -\frac{D_\mathrm{s}\Omega\gamma_\mathrm{s}N}{kT}\frac{\partial K}{\partial s} \tag{1.31}$$

表面上の任意の点で，単位面積あたり単位時間に増加する原子の数は $\partial J/\partial s$ であるから，その点での表面の傾斜が小さい場合には，単位面積素が $y$ 方向に上昇する速度は

$$\frac{\partial y}{\partial t} = \Omega\frac{\partial J}{\partial s} = -\frac{D_\mathrm{s}\Omega^2\gamma_\mathrm{s}N}{kT}\frac{\partial^2 K}{\partial s^2} \approx -\frac{D_\mathrm{s}\Omega^2\gamma_\mathrm{s}N}{kT}\frac{\partial^4 y}{\partial x^4} \tag{1.32}$$

この式は結晶の形状が表面拡散によってのみ変化する場合の現象方程式であり，これを初期および境界条件によって解いて $y = y(x,t)$ の形の式を求め，これと実験結果と比較することにより，表面自由エネルギー $\gamma_\mathrm{s}$ があらかじめ求まっていれば，表面拡散係数 $D_\mathrm{s}$ を求めることができる．図 1.12 に銅の吸着原子 (adatom) が表面拡散することにより，多結晶銅の粒界近傍が盛り上がる現象（粒界溝の成長）を干渉顕微鏡で観察した例を示す．この粒界

溝の幅を測定することにより，表面拡散係数を求めることができる[6]。

## 1.7 表面の機械的性質

### 1.7.1 表面近傍の弾性率

近年，薄膜や微小材料の強度を求めることが重要となり，表面近傍の機械的特性を測定する要求が大きくなってきた。表面近傍の硬さや弾性率などの機械特性は，微小な硬い圧子（先端が三角錐や球などの形状をしたダイヤモンド製で，球形圧子の先端径は数 $\mu$m〜数十 $\mu$m）で，材料を押し込んで，そのときの押しみ深さと押し込んだ力との関係を測定することから求めることができる。押し込み深さは数 nm から数 $\mu$m と小さいため，圧痕の観察には原子間力顕微鏡 (atomic force microscope, AFM) を用いることが普通である。図 **1.13** に球形の圧子を平板に押しつけたときに，平板が弾性変形するときの形状の変化を示す。Hertz は平板の接触半径 $a$ と球形圧子の半径 $R$，荷重 $P$ の間には以下のような関係が成立することを見いだした[7]。

$$a^3 = \frac{3}{4}\frac{PR}{E^*} \tag{1.33}$$

$$\frac{1}{E^*} = \frac{1-\nu^2}{E} + \frac{1-\nu'^2}{E'}$$

ここで $E$ と $\nu$ は平板の弾性率とポアソン比，$E'$ と $\nu'$ は圧子の弾性率とポアソン比である。$E^*$ は複合弾性率と称される。通常，圧子はダイヤモンド製なので，上式の第 2 項は無視できるほど小さい。

各場所のくぼみの深さ $h$ は，$r \leq a$ の範囲で，

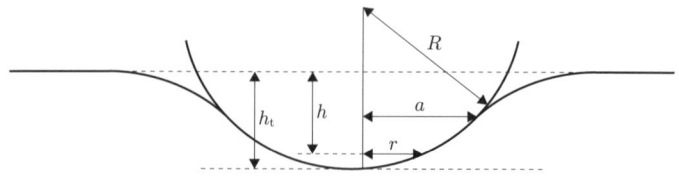

図 **1.13** 球形の圧子を平板に押し込んだときの平板の変形。

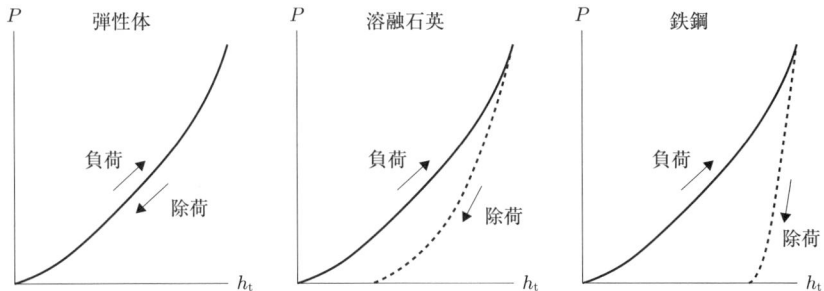

**図 1.14** 様々な材料に球形圧子を押し込んだときの荷重と押し込み深さの関係。縦軸は圧子にかけた荷重，横軸は押し込み深さ。

$$h = \frac{1}{E^*} \cdot \frac{3}{2} \cdot \frac{P}{4a}\left(2 - \frac{r^2}{a^2}\right) \tag{1.34}$$

ここで，$r$ が 0 となるときが最大深さ（押し込み深さ）$h_t$ で，式 (1.35) のようになる。

$$h_t = \frac{1}{E^*} \cdot \frac{3}{4} \cdot \frac{P}{a} \tag{1.35}$$

平均の接触圧は $p_m = \dfrac{P}{\pi a^2}$ であるから，前出の $a$ と $E^*$ の関係式は下式のようになる。

$$a^3 = \frac{3}{4} \cdot \frac{PR}{E^*} = \frac{3}{4} \cdot \frac{\pi a^2 R p_m}{E^*} \tag{1.36}$$

したがって，$p_m = \left(\dfrac{4E^*}{3\pi}\right)\dfrac{a}{R}$ となる。この平均の接触圧のことを indentation stress と呼び，$a/R$ を indentation strain という。これで，stress-strain 曲線を作ることができ，縦軸を $p_m$ とし，横軸を $a/R$ としたときのグラフの傾きから弾性率が求まる。しかし通常は，この押し込み試験方法では形成される圧痕径を直接観察することは困難であるため，直接計測できる荷重 $P$ と押し込み深さ $h_t$ の関係から硬さや弾性率を求めることが行われる。図 **1.14** にいくつかの材料について $P$ と $h_t$ の関係を模式的に示す。図 1.14 で，負荷時と除荷時で曲線が異なる理由は，負荷時には塑性変形が加わって変形することがあるが，除荷時には弾性変形のみで変形が戻るためである。したがって除荷時の曲線は弾性変形を表しているので，この曲線の傾きから弾性率を求めることができる。

## 1.7.2 摩擦 [8]

　ある質量をもった物体を水平方向に引っ張る場合に，表面状態によってその物体を動かすのに要する力が異なる。質量をもった物体が動いているとき，あるいは動かそうとする際に，その物体の進行方向逆向きに働く力を摩擦力という。物体が動いているときに働く力を動摩擦力，静止している物体を動かそうとする際に働く摩擦力を静止摩擦力という。物体の質量が大きい場合，その物体を動かすのにより大きな力を要し，ある限界値以上の力でないと物体は動かない。この物体が静止している限界でかかっている力，すなわち物体が動き出す直前にかかっている力を最大静止摩擦力という。自動車におけるエンジンやトランスミッション，ハードディスク，マイクロマシンなどでは摩擦を軽減することは重要な課題である。

　通常の固体間の滑り摩擦に対しては，クーロン-アモントンの法則と呼ばれる経験則が広い範囲で成り立つことがよく知られている。これは，

1)摩擦力が垂直荷重に比例すること
2)摩擦力が見かけの接触面積によらないこと
3)静止摩擦力が動摩擦力よりも大きいこと
4)動摩擦力は速度によらず一定であること

というものである。これから荷重を $P$，比例定数を $\mu$ とすれば摩擦力 $F$ は

$$F = \mu P \tag{1.37}$$

と表すことができる。この比例定数 $\mu$ を摩擦係数という。

　通常の物体の実在表面には非常に多くの凹凸があり，2つの固体が摺動する際には，面が理想的に接触するのではなく，この凹凸を介して接触する。摺動する面の面積に摩擦力が無関係なのは，マクロレベルの仕上げでは表面に凹凸があり，原子レベルの相互作用の生じるぐらいの距離に近づく部分（真実接触面積）は極めて限られていて，見かけの接触面積が意味をもたないからであると考えられている。そのような2つの表面が接すると，表面に凹凸があるため，その突起部分だけが接触し，本当に接触している部分（真実接触点）の面積（真実接触面積）$A_r$ は見かけ上の接触面積よりも極めて小さい。真実接触点では，これらの物体の原子と面の原子同士がクーロン力によってお互いに引っ張り合う。これが動摩擦力および静止摩擦力を引

き起こす原因である。また，物体が動き出すのは，このクーロン力が切れてしまうからである。2つの物質にずれの力を加えて滑り運動を起こすには，真実接触点におけるクーロン力による凝着を切らねばならず，単位（真実）接触面積あたりの凝着を切るのに必要な力であるせん断強さ$\tau$を用いると，最大静止摩擦力$F_\mathrm{m}$は接触面をせん断する力なので，$\tau A_\mathrm{r}$で与えられる。真実接触点は見かけの接触面積のごく一部の領域であるので，そこでの応力は非常に高く，軟質材料の場合には弾性限界を越えて塑性変形していると予測でき，このときの応力は塑性変形応力（$p$）となり一定である。なお，塑性変形応力は硬さとも称される。ここで，$A_\mathrm{r} = P/p$の関係が成り立つので，荷重$P$を増していくと真実接触面積は荷重に比例して増加する。したがって摩擦力と荷重との関係は次式で与えられ，摩擦係数$\mu$は$\tau/p$である。

$$F_\mathrm{m} = \tau A_\mathrm{r} = \tau \frac{P}{p} = \mu P \tag{1.38}$$

一方，動摩擦の場合には，固体が移動するときに真実接触している箇所が急激に変形し，そこで高速な移動（スリップ）が起こるが，この高速移動はマクロな固体の移動速度とは関係なく，真実接触している箇所ごとに突然起こることになる。このため動摩擦力は基本的には，系全体の滑り速度に依存しない。

## 1.8 腐食 [9]

腐食とは，金属がそれを取り囲む環境によって，化学的あるいは電気化学的に浸食されることである。金属の実在表面は通常，自然酸化膜に覆われている。腐食は金属と環境が接触する表面から進行する。腐食というと，しばしば金属表面のさびや変色と捉えられるが，実際には腐食による損傷はその他種々の形で現れる。腐食は外観の変化や腐食によって生じる物理的性質の変化に従って，以下の5種に分類される。

(1) 全面腐食

一般によく知られている鉄の赤さびや銀の変色はこの種の腐食である。また，各種の金属の高温酸化も全面腐食の例である。

(2) 孔食

孔食は局部的な腐食の形態であって，ある部分の腐食速度が他の部分に比

べて大きい場合に起こる。金属表面の比較的小さな部分が固定したアノードとして働き，相当大きな速度で腐食すると深い孔（食孔）が生じ，腐食部の面積が比較的大きい場合には浅い食孔となる。したがって孔食の程度は，最も深い食孔の深さと，試片の重量減少から換算した平均的な腐食の深さとの比率によって表される。これを孔食係数という。均一な腐食の場合には孔食係数は1になる。

地中に埋められた鉄では浅い食孔が見られ，海水中に浸漬したステンレス鋼は深い食孔を示す。

(3) 脱亜鉛腐食と分金

脱亜鉛腐食は真ちゅうのような亜鉛合金に起こる腐食で，合金中の亜鉛が選択的に腐食され，あとに多孔質の銅と腐食生成物が残る。分金は脱亜鉛腐食と同様，合金中の反応性の大きい成分が選択的に溶解する現象で，この種の腐食を受けた合金は多孔性になる。分金は通常 Au-Cu または Au-Ag のような貴金属合金にのみ起こる。

(4) 粒界腐食

金属の結晶粒界に起こる局部的な腐食である。粒界に存在する物質が粒界と接触していることにより，前者がアノード，後者がカソードとなるために粒界が腐食する。腐食はしばしば非常に急激に起こり，金属の内部に深く進行して，ときには破断に至る。

(5) 腐食割れ

金属が腐食性の環境中で引張応力としての繰り返し応力を受けると，割れを生じることがある。これを腐食割れ，または腐食疲れという。環境が腐食性でない場合には，加えられる応力が疲れ限界と呼ばれる臨界応力以下であれば，反復を無限に繰り返しても金属は破損しない。しかし，環境が腐食性であれば疲れ限界は通常存在せず，極めて小さな応力でもある回数繰り返して加えると金属は破断する。

金属が一定の引張応力の下で特定の腐食環境に置かれると，直ちに，あるいは一定時間後に割れを生じることがある。これを応力腐食割れと呼ぶ。

## 1.9　真空 [10]

清浄な固体表面を取り扱うときには，真空中で行われることが多い。固

体表面の研究でよく使われるのは，超高真空領域という $10^{-5}$ Pa($9.869 \times 10^{-6} \times 10^{-5}$ atm $\approx 10^{-10}$ atm) 以下の真空環境である。この真空環境にはどれだけ気体分子が存在しているかを見積もってみる。分子密度を $n$(個・m$^{-3}$) とすると

$$n = 6.02 \times 10^{23}/0.0224 \times 10^{-10} = 2.69 \times 10^{15} \text{ m}^{-3}$$

超高真空中でも大量の気体分子が飛び回っている。速度が $v$ と $v+\mathrm{d}v$ の間にある分子数 $dN$ は，速度分布関数を $f(v)$ とすると

$$dN = Nf(v) \tag{1.39}$$

気体が熱的に平衡状態であり，しかも流れがない場合，分子同士の衝突が完全弾性衝突であるとすると，速度分布関数はマクスウェル分布で表すことができる。

$$f(v)dv = \frac{4}{\sqrt{\pi}} \left(\frac{m}{2kT}\right)^{\frac{3}{2}} v^2 \exp\left(-\frac{mv^2}{2kT}\right) dv \tag{1.40}$$

ここで $m, k, T$ はそれぞれ分子質量，ボルツマン定数，絶対温度である。したがって，最も実現頻度の高い速度 $v_\mathrm{m}$ は $\partial f(v)/\partial v = 0$ から

$$v_\mathrm{m} = \sqrt{\frac{2kT}{m}} \approx 129\sqrt{\frac{T}{M}} (\text{m/s}) \tag{1.41}$$

ここで $M$ は分子量である。また平均速度 $\bar{v}$ は式 (1.42) のように分布関数 $f(v)$ を重みとして $v$ を平均すれば求められる。

$$\bar{v} = \int_0^\infty vf(v)dv \tag{1.42}$$

室温におけるこれらの速度を窒素の場合について計算してみると

$$v_\mathrm{m} \approx 417 \text{ m/s}$$

$$\bar{v} \approx 472 \text{ m/s}$$

これから $10^{-5}$ Pa という超高真空は，多量の気体分子が高速で動き回っている環境であることがわかる。次にこのような高速の気体分子が実際に固体表面にどれほど衝突するかを見積もってみる。図 **1.15** に示すように，面素片 $dS$ を考え，$dS$ に立てた法線を $z$ 軸とする。十分短い時間 $dt$ 秒間に $dS$ をたたく分子数を求める。$dt$ 秒間に分子同士は衝突しないと仮定すると，$v$

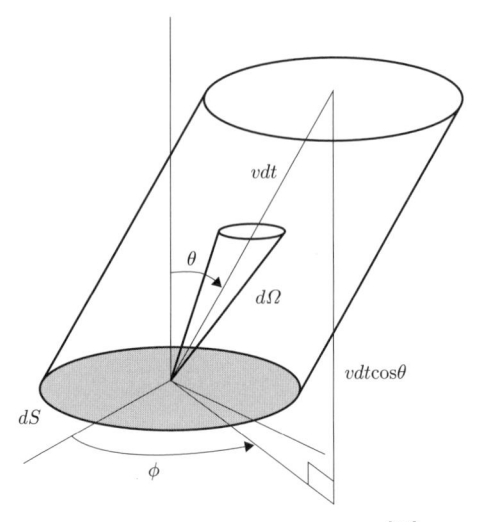

**図 1.15** 壁面への分子の入射頻度[10]。

の方向からやってきて，$dS$ をたたく分子の密度 $dn$ は $d\Omega$ を立体角とすると

$$dn = nf(v)dv\frac{d\Omega}{4\pi} \tag{1.43}$$

したがって，図 1.15 に示す円柱内部における分子の総数 $dN$ は

$$dN = nf(v)dv\frac{d\Omega}{4\pi}dS \cdot v\cos\theta dt = nf(v)dv\frac{\sin\theta d\theta d\phi}{4\pi}dS \cdot v\cos\theta dt \tag{1.44}$$

面素片 $dS$ を $dt$ の間にたたく分子の総数を $N$ とすれば

$$N = \frac{n}{4\pi}\int_0^\infty vf(v)dv\int_0^{2\pi}\int_0^{\pi/2}\cos\theta\sin\theta d\theta d\phi dSdt \tag{1.45}$$

ここで

$$\int_0^\infty vf(v)dv = \bar{v} \tag{1.46}$$

であるから，単位面積，単位時間あたりに壁面に衝突する分子数 $\Gamma$ は

$$\Gamma = \frac{N}{dS \cdot dt} = \frac{1}{4}n\bar{v} \tag{1.47}$$

$\bar{v} \approx 472\,\mathrm{m/s}$, $n = 2.69 \times 10^{15}\,\mathrm{m^{-3}}$ とすると，1 秒間に単位面積に衝突す

る分子数は $\varGamma = 0.25 \times 2.69 \times 10^{15} \times 472 = 3.17 \times 10^{17}$(個/s·m$^2$) である。この値が固体表面に存在する原子の数に比べてどの程度のものであるかを銀の表面を例として計算する。銀 1 mol の質量は 0.10787 kg，密度は $10.49 \times 10^3$ kg/m$^3$ であるから，銀 1 m$^3$ 中の原子数は $6.02 \times 10^{23}/0.10787 \times 10.49 \times 10^3 = 5.85 \times 10^{28}$(個/m$^3$) である。したがって単位面積あたりの原子数は $(5.85 \times 10^{28})^{2/3} = 1.51 \times 10^{19}$(個/m$^2$) となる。仮に銀表面に衝突した分子が表面から離れずにそのまま付着してしまうとすると，$10^{-5}$ Pa の超高真空中では $(1.51 \times 10^{19})/(3.17 \times 10^{17}) = 47.6$ 秒後には，銀表面が全て付着気体で覆われることになる。これから固体表面を観察するのに少なくとも 1 時間は必要だとすれば，少なくとも $10^{-7}$ Pa 程度の超高真空が必要であることがわかる。

真空を得るためには，真空ポンプで排気するが，そのためにはロータリーポンプ，ターボ分子ポンプ，イオンポンプ，ゲッターポンプ，クライオポンプなどを組み合わせて排気することになる。

## 引用・参考文献

[1] P. Wynblatt and N. A. Gjostein: Surface Sci. **12**, 109(1968).
[2] J. M. Blakely: "Introduction to the Properties of Crystal Surfaces", (Pergamon Press, 1973).
[3] R. Defay and I. Prigogine: "Surface Tension and Adsoption", (Longman, 1977).
[4] J. P. Hirth: "Structure and Properties of Metal Surface", (Maruzen, 1973)p.10.
[5] 平野賢一: "薄膜・表面現象", (朝倉書店, 1972) p.210.
[6] N. A. Gjostein: "Metal Surfaces", (American Society for Metals, 1963) chap. 4.
[7] A. C. Fischer-Cripps: "Nanoindentation", (Springer, 2004).
[8] 松川宏: 表面科学 **24**, 328(2003).
[9] H. H. ユーリック，R.W. レヴィー（著），岡本剛（監修），松田誠吾，松島巌（訳）: "腐食反応とその制御", (産業図書, 1980) p.12.
[10] 吉原一紘，吉武道子: "表面分析入門", (裳華房, 2007) p.3.

# 第 2 章

# 表面の構造

　様々な物質は構成する原子の種類と原子の配列で定義することができる。固体物質には結晶であるものと非晶質であるものが存在するが，結晶は原子の規則的な配列や対称性から分類できる。グラフェンのようにはじめから2次元的で表面と基部を明確に分けられない物もあるが，一般に結晶の表面とは結晶が外界に露出する場所であり，結晶基部（バルク）とつながったものである。したがって，表面でも原子は規則的に配列し，表面特有の対称性が存在する。

　図 2.1 は典型的な結晶表面の模式図である。結晶は原子の層が積み重なったものであり，表面に現れた平坦な領域は原子層単位の段差で区切られることになる。この段差をステップと呼び，ステップで区切られた平坦な領域をテラスと呼ぶ。また，テラス上にも吸着原子や島（原子の集合），空孔などの様々な欠陥が存在する。広義には，これらも全部ひっくるめて表面構造であるが，本章では，ステップや欠陥によるものではなく，平坦なテラス上に現れる2次元的な結晶構造を扱う。はじめに3次元の結晶学を簡単に復習し，その切断面である理想表面の説明を行う。次に，表面に特有な構造の特徴について述べる。

---

第 2 章執筆：虻川匡司

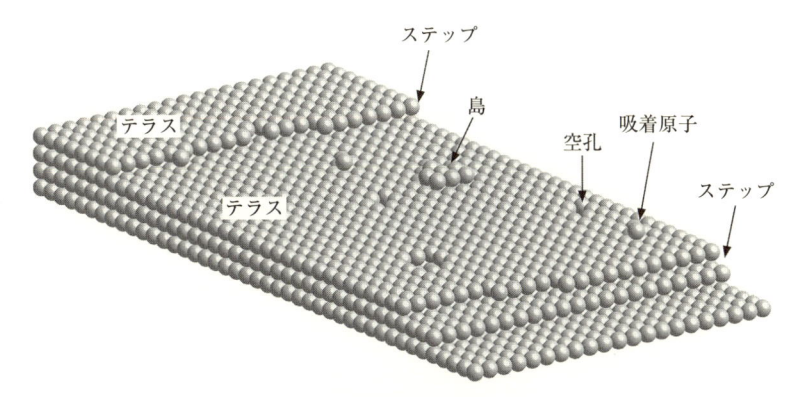

図 2.1 結晶表面の模式図。

## 2.1 結晶構造の分類

我々が目にする結晶は非常に多数の原子からなり，それぞれの原子の配列を考えると $10^{23}$ のオーダーの自由度をもつことになる。幸い，結晶は原子または原子の集団が周期的に配列したものであるので，図 2.2 に示したように基本構造と空間格子に分けて考えることができる。空間格子が決定できれば，結晶のもつ自由度は単位格子に含まれる高々数個の原子からなる基本構造のものだけとなる。

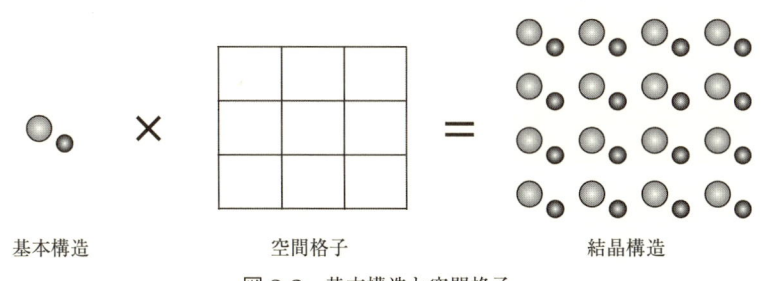

図 2.2 基本構造と空間格子。

### 2.1.1 空間格子

3 次元の空間格子は図 2.3 に示すように 3 つの基本ベクトル $a, b, c$ で定義される点の集まりである。このとき任意の格子点 $R$ は次式のように $a, b, c$

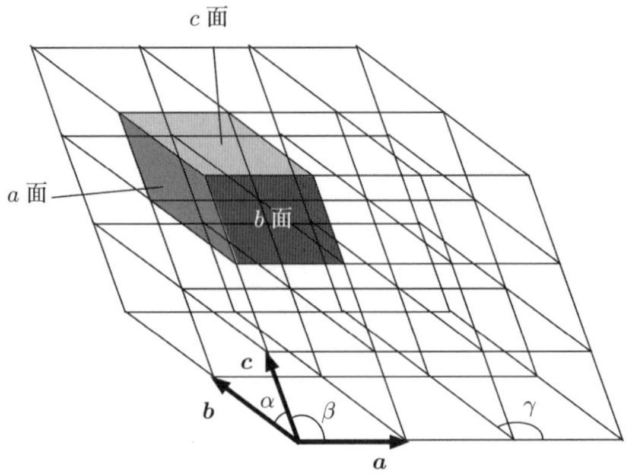

図 2.3 3次元空間格子。

の整数倍の 1 次結合で表される．

$$R = n_1 a + n_2 b + n_3 c \qquad (n_1, n_2, n_3 \text{ は整数}) \qquad (2.1)$$

結晶は，この $a, b, c$ の特徴により表 2.1 の 1 列目のように 7 つの結晶系（7 晶系）に分類される．さらに体心や面心などへのセンタリングを考えると 14 種類の空間格子（ブラベー格子）に分類される．

ブラベー格子に基本構造を配置したものである結晶は，対称性によりさらに分類される．まず，回転対称，鏡映，反転などの点群対称操作をもとに 32 の晶族に分類できる．さらに並進対称性を含む空間群対称要素も加えると（映進面，らせん軸など）230 種の空間群に分類される．このように多数の空間群に分類される結晶それぞれについて，様々な方位の表面を考えることが可能であるため表面の種類は膨大である．

### 2.1.2 方位の表し方

結晶における方位は，単位胞を与える基本ベクトル $a, b, c$ を基準に表される．たとえば，ベクトル $R = ua + vb + wc$ と平行な方位は，その係数を用いて $[uvw]$ と表す．ただし，$u, v, w$ は共通の約数をもたない 3 つの整数である．図 2.4 に基本ベクトル $a, b, c$ をもつ結晶における代表的な方位とその表し方を示す．図に示すように，$a, b, c$ 軸方向は，それぞれ $[100]$，$[010], [001]$ と表される．整数が負の場合は数字の上にバーをつけて $[1\bar{1}0]$ の

表 2.1　7 晶系と 14 種のブラベー格子。

| 結晶系<br>(7 晶系) | P<br>単純 | I<br>体心 | F<br>面心 | C<br>底心 |
|---|---|---|---|---|
| 立方<br>$a=b=c$<br>$\alpha=\beta=\gamma=90°$ | | | | |
| 正方<br>$a=b,c$<br>$\alpha=\beta=\gamma=90°$ | | | | |
| 斜方<br>$a,b,c$<br>$\alpha=\beta=\gamma=90°$ | | | | |
| 六方<br>$a=b,c$<br>$\alpha=\beta=90°$<br>$\gamma=120°$ | | | | |
| 三方<br>$a=b=c$<br>$\alpha=\beta=\gamma(\neq 90°)$ | | | | |
| 単斜<br>$a,b,c$<br>$\alpha=\gamma=90°,\beta$ | | | | |
| 三斜<br>$a,b,c$<br>$\alpha,\beta,\gamma$ | | | | |

ように表す．結晶中には，対称性により等価な方向が複数存在する．たとえば，単純正方格子では $[100],[010],[\bar{1}00],[0\bar{1}0]$ 方向は結晶学的に等価となる．このような場合は代表して $\langle 100 \rangle$ と表すことができる．

### 2.1.3　面の表し方

結晶における面は格子点を通る格子面を用いて表すことができる．格子面は結晶の内部で定義される面であるが，表面はその格子面が露出したものと

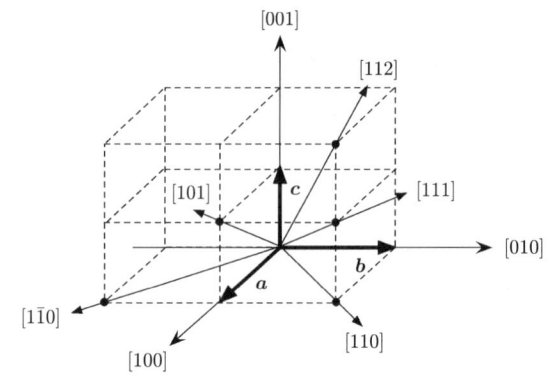

図 2.4　代表的な方位とその表記。

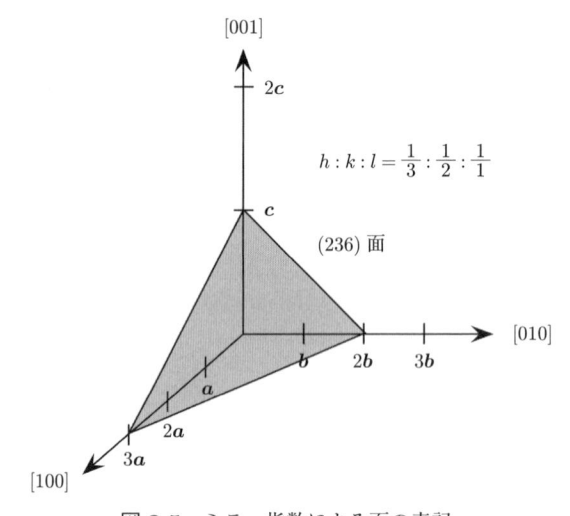

図 2.5　ミラー指数による面の表記。

考えられる．格子面の指定にはミラー指数が用いられる．ミラー指数は，基本ベクトル $a, b, c$ によるそれぞれの軸と，平面が交わる 3 点の座標の逆数をとり，整数比にしたものである．たとえば，図 2.5 に示すように $a, b, c$ 軸とそれぞれ $3a, 2b, c$ で交わる面のミラー指数は，$h : k : l = 1/3 : 1/2 : 1$ を満たす整数の組である．この面は (236) 面と表されることになる．平面が軸に平行な場合は，その軸と無限遠で交わるとしてそのミラー指数は 0 とする．たとえば，$a$ 軸と $b$ 軸に平行な面は (001) 面と表される．

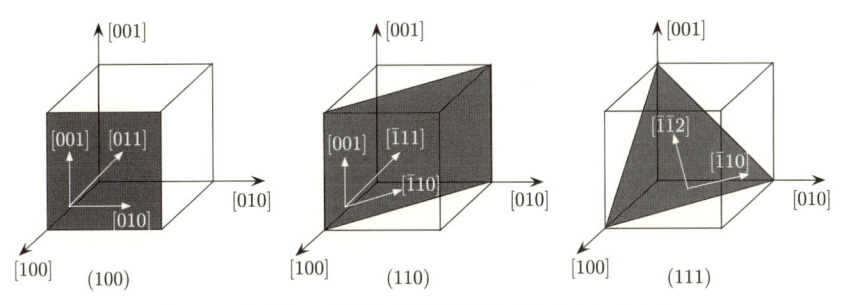

図 2.6　立方晶の代表的な低指数面と面に含まれる方位。

図 2.6 に立方晶における代表的な低指数面である (100), (110), (111) 面を，それぞれの面に含まれる（面に平行な）代表的な方位と共に示す．立方晶においては，$(hkl)$ 面の法線方向が $[hkl]$ 方位と一致するため，特定の方位が面に平行かどうかを簡単に判断できる．たとえば，$(hkl)$ 面内に方位 $[uvw]$ がある場合，面の法線 $[hkl]$ と $[uvw]$ は直交するので，その内積 $[hkl]\cdot[uvw] = hu + kv + lw$ がゼロとなる．ただし，この方法は立方晶以外では使用できないので注意されたい．

ミラー指数は格子面を表すと同時に X 線回折や電子回折等で現れる回折反射を表す指数でもある．回折斑点 $(hkl)$ は，格子面 $(hkl)$ による反射を表している．この場合，ミラー指数は格子面の間隔も指定することになる．たとえば，(100) と (200) は同じ面方位を表すが面間隔は後者が半分である．この場合，ミラー指数 $(hkl)$ で表される面とは，各軸と $a/h, b/k, c/l$ で交わる平面であり，原点からこの面に下ろした垂線の足の長さが面間隔となる．

以上に述べたように 3 次元の方向や面は原理的に 3 つの指数で表すことができる．ただし，六方晶においては指数と実際の方向や面との対応を明確にするために，基本ベクトル $\boldsymbol{a}$ と $\boldsymbol{b}$ で表される面内にもう 1 つの軸 $\boldsymbol{d}$ を便宜的に設けて 4 指数 $(hkil)$ で表す．ただし，$i = -(h+k)$ である．たとえば図 2.7 に示すように六方晶において (100) と $(\bar{1}10)$ は結晶学的に等価な面であるが，この表記では等価であることが明確ではない．この 2 つの面を 4 指数表記で表すと，それぞれ $(10\bar{1}0)$ と $(\bar{1}100)$ となり等価であることが理解しやすい．方向 $[uvw]$ に関しても同様に $[u'v'tw']$ のように 4 指数で表す．方向の 4 指数は，次の 3 つの式

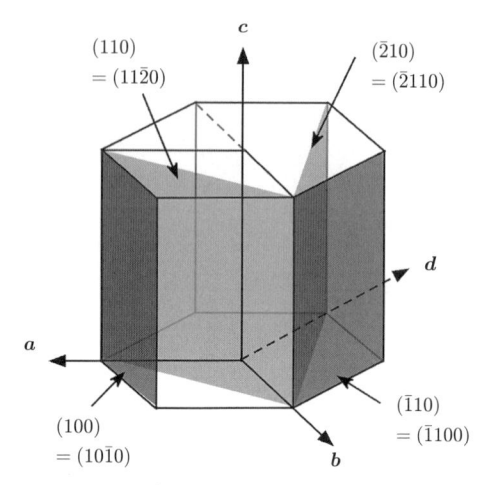

図 2.7 六方晶のミラー指数と 4 指数表記。

$$\begin{cases} u = u' - t; \quad v = v' - t \\ u' + v' + t + w' = 0 \end{cases} \quad (2.2)$$

を満たすように求めた指数（一般に分数になる）を整数に直すことで求められる[1]。

## 2.2 表面の原子配列の特徴

表面は 3 次元の結晶が途切れる場所であり，結晶内部とは異なった対称性をもち，原子の位置や配列も異なっていることは予想に違わない。しかしながら，実際の表面構造を理解する上で，まずは結晶を理想的に切断しただけの理想表面の構造が基礎となる。また，大抵の場合では，理想表面は実際の構造の良い近似を与える。一方，理想表面からの変位は，主に表面に垂直方向への原子位置の変位を伴う緩和と，表面で結合や原子密度や配位数の変化を伴う表面再構成に分類される。真空側に隣の原子が存在しない最表面の原子位置に関しては著しい変位が生じる場合が多いが，最表面から数原子層，すなわち〜1 nm より深い場所では結晶内部とほぼ同じ構造になっていることが知られている。

### 2.2.1 理想表面の構造

理想表面とは結晶をある面方位で切断したものであるが，切断面がその原子面にそって急峻であり，かつ，切断により表面に露出した原子がバルク結晶内にあったときの位置から移動していない表面である．図 2.8 に体心立方格子 (bcc) と面心立方格子 (fcc) における低指数の理想表面を上から見た図を示す．bcc と fcc では，結晶構造の違いにより同じ指数でも表面の原子配列が異なっていることがわかる．これらの表面に見られる対称性は，バルク結晶の対称性を反映したものとなっている．立方晶の中でも対称性の高い bcc や fcc は，図 2.9 に示すような立方体と同じ回転対称軸をもつ．立方体は $\langle 100 \rangle$ 方向に 4 回回転軸，$\langle 111 \rangle$ 方向に 3 回回転軸，$\langle 110 \rangle$ 方向に 2 回回転軸が存在するため，理想的な (001) 面，(111) 面，(110) 面は，それぞれ 4 回対称性，3 回対称性，2 回対称性をもつことになる．実際に図 2.8 に示した bcc，fcc の場合，(001) 面は 4 回対称性，(111) 面は 3 回対称性，(110) 面は 2 回対称性をもっていることがわかる．

以上のように同じ結晶でも方位によって原子配列が異なるので表面の安定

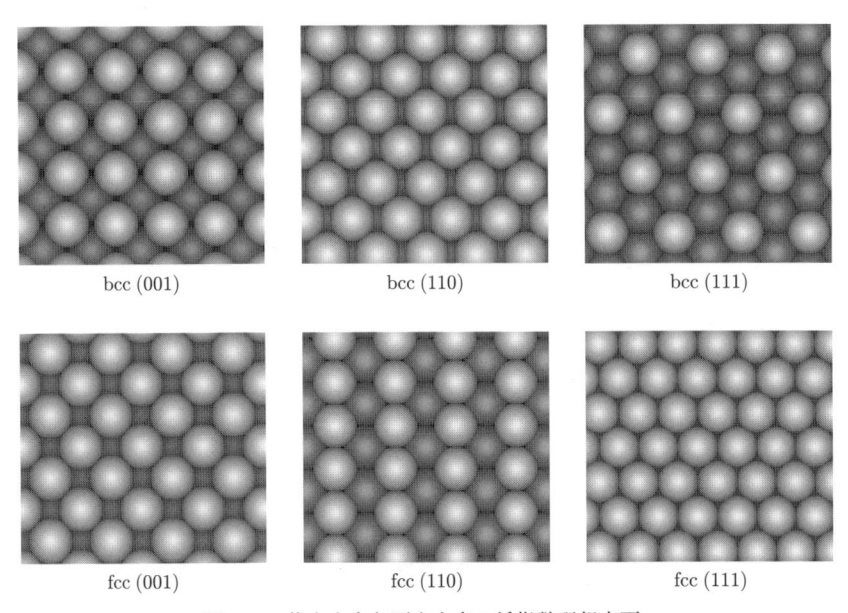

| bcc (001) | bcc (110) | bcc (111) |
| fcc (001) | fcc (110) | fcc (111) |

図 2.8 体心立方と面心立方の低指数理想表面．

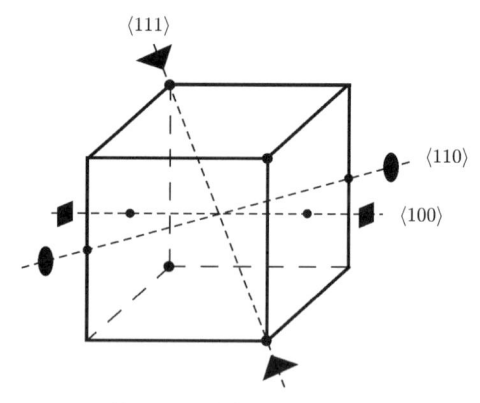

図 2.9 立方体の回転対称軸。

性も面の方位によって異なる．表面の安定度を定性的に考えるときに注目すべき点は，その表面を構成する原子の密度と表面原子が下地原子と結合している配位数である．原子密度が高い面は，表面原子の配位数が大きく面内の結合がしっかりしているので，一般的に表面を作るためのエネルギーが小さく安定である．たとえば，fcc の (111), (100), (110) 面の表面原子の配位数はそれぞれ 9, 8, 7 である．すなわち，(111), (100), (110) 面では，それぞれ表面原子あたり 3, 4, 5 本のボンドが切れている．bcc では，(111), (100), (110) 面の配位数はそれぞれ 4, 4, 6 であり，それぞれ 4, 4, 2 本のボンドが切れている．したがって，一般的に bcc では (110) 面の表面エネルギーが小さく，fcc では (111) 面のエネルギーが小さい．図 2.10 に典型的な fcc 金属微粒子の構造モデルを示すが，表面エネルギーの小さい (111) 面や (100) 面が多く露出した構造になっている．

### 2.2.2 緩和

結晶内部の原子は周囲の原子によりどの方向からも囲まれており，それら周囲の原子との関係で安定な平衡位置が決まっている．それに対して表面では，真空側に原子が存在しないので安定な平衡位置は結晶内部のものとは必ず異なってくる．表面で観測される構造変位の中で最も穏やかなものが表面垂直方向への緩和である．

図 2.11 は緩和による表面付近の原子変位を模式的に示したものである．

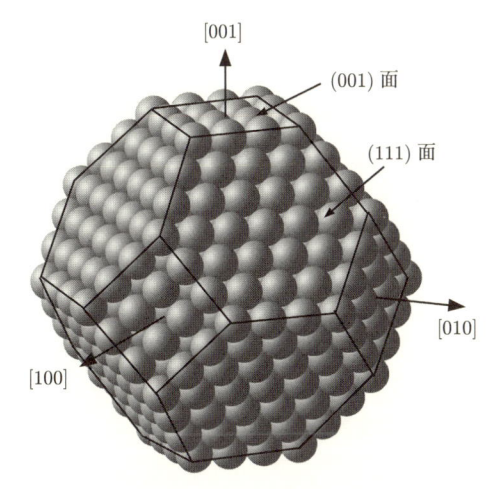

figure 2.10 fcc 金属微粒子と面。

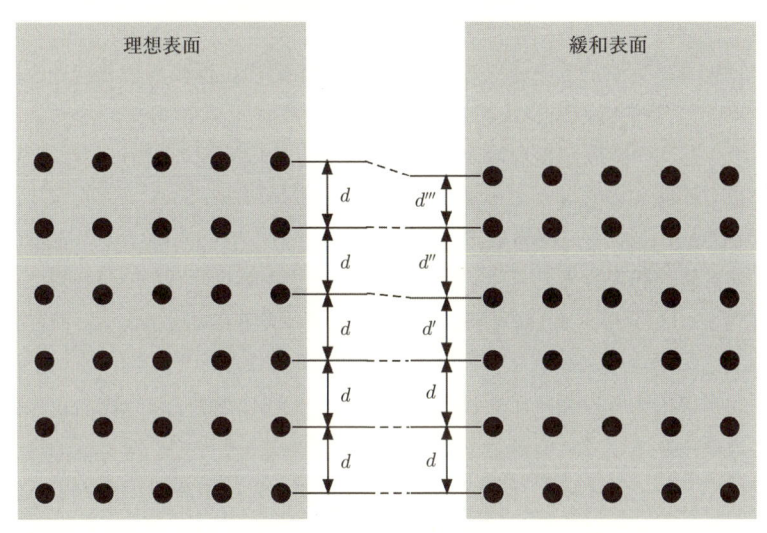

図 2.11 緩和の様子を横から見た模式図。表面付近の原子間隔が変位している。

最表面もしくは表面数原子層の原子層の間隔がバルクのものに比べて伸びたり縮んだりする。緩和のみが生じている表面では，表面の2次元格子はバルクを切断した理想表面と同じである。自由電子が結合をつかさどる多くの金属，特に s, p 電子からなる金属では，電子が表面エネルギーを下げる

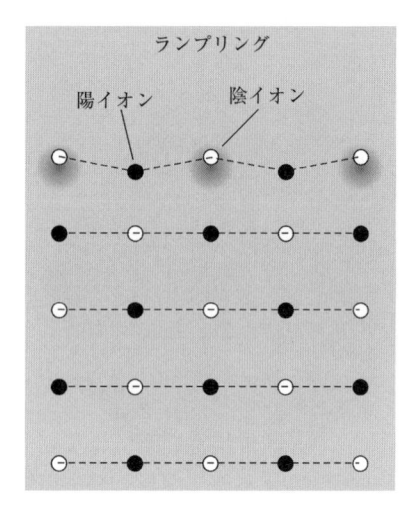

**図 2.12** イオン結晶表面で観測される緩和（ランプリング）の模式図。

ように比較的自由に移動できるので原子そのものの位置にあまり大きな構造変化は生じず緩和のみが観測される場合が多い。図 2.11 の例の様に表面第 1 層と 2 層目の間隔が縮む例が多い。同じ結晶では表面の原子密度が低い面方位の方が緩和の程度が大きくなる傾向がある。

図 2.12 は，イオン結晶表面の緩和の例である。表面に陽イオンと陰イオンが同じ量だけ存在する中性表面でも，緩和により表面の原子がバルク側に引き込まれるが，イオンの種類によって緩和の大きさが異なる場合がある。このような構造変化をランプリングと呼び，一様な緩和と区別する。一般にイオン半径の大きな陰イオンは，分極率が大きいため電子の分布の変化によって表面のエネルギーを減少させることができる。そのため原子核の位置の変化は小さい。イオン半径の小さな陽イオンは，逆に分極しにくいので，電子は原子核とともに変位してバルク側に引き込まれる変位が大きくなる。したがって，イオン結晶の中性表面では，陰イオンに比べて陽イオンが結晶側に引き込まれた凸凹のランプリング構造が生じる。

### 2.2.3 表面再構成構造

真空側に原子が存在しない表面の原子は，面に垂直方向の変位だけではなく面に平行な方向への変位の自由度ももつ。また，表面では原子の移動やテ

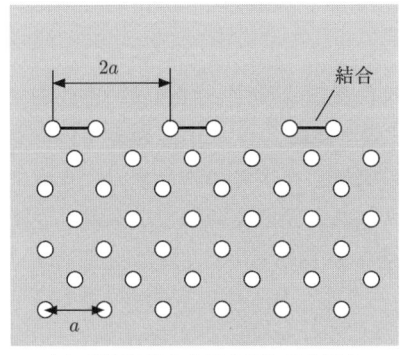

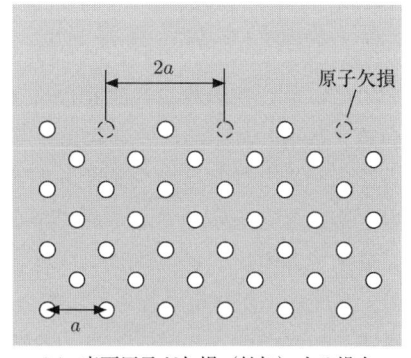

(a) 表面に新たな結合が生じる場合　　(b) 表面原子が欠損（付加）する場合

図 **2.13**　表面再構成の例。理想表面と異なった周期が現れている。

ラス間やテラス内の領域間での原子のやり取りが可能であるため，そもそも表面の原子密度すら変化する自由度をもつ。

図 **2.13**(a) に表面の原子同士が面内方向に近づいて表面に新たな結合が生じる場合の例を示す。表面原子が2個ずつペアを作ることで，表面の周期が理想表面の2倍になる。このような構造変位は，半導体等の共有結合性結晶に多く観測される。共有結合性結晶では，結合に方向性があるため表面に切断された結合の手が突き出した状態になる。この切れた結合はダングリングボンドと呼ばれるが，ダングリングボンドの存在は表面エネルギーを非常に高くするために，表面ではその数を少なくするように原子の配置や結合の組み替えが起こる。

図 2.13(b) は，表面の原子密度が変化する場合の例である。表面の原子列が1つおきに抜けることで表面に2倍の周期が現れている。このような原子密度の変化が結合の組み替えと同時に起こることも珍しくはない。

以上のように表面原子密度が変化したり結合を組み替えたりして表面に新たな構造が形成されることを表面再構成 (reconstruction) という。この例のように，表面再構成では2次元格子の大きさがバルクを切断した理想表面のものよりも大きくなる場合が多い。このような構造は表面超構造と呼ばれ，その格子は表面超格子と呼ぶ。表面超格子の表記方法は後ほど示す。

## 2.3 表面の2次元空間格子

すでに示したように3次元の結晶は対称性によって230種類の空間群に分類される。次元の低い2次元では，その空間群はわずか17種類しか存在しない。このことは2次元である表面の構造が3次元の結晶構造よりも簡単であることを示しているのではない。結晶表面は厚みのない単純な2次元構造ではなく，結晶内部の方向にも原子が連なっている。3次元結晶では，空間格子が決定できると数個の原子からなる基本構造を決定するだけで構造が理解できると述べたが，図2.14に示すように結晶表面では格子の次元が2次元に減った分，調べなければならない基本構造に面に垂直な深さ方向の次元が加わることになる。したがって，その基本構造の理解は3次元結晶よりもかなり難しいものとなる。

(a) 3次元結晶の基本構造　(b) 結晶表面の基本構造

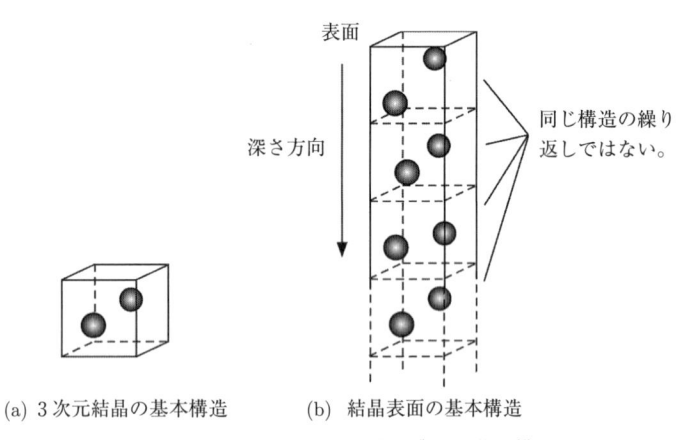

**図 2.14** 結晶の基本構造と結晶表面の基本構造。

### 2.3.1 2次元ブラベー格子と2次元空間群

2次元空間格子の分類を表2.2に示す。表の1列目に示すように，2次元の空間格子は斜方，長方，正方，六方の4つの晶系に分類され，面心長方を加えて5種類の2次元ブラベー格子に分類される。記号Pは単純格子を，Cは面心格子を表す。その空間格子に基本構造を配置した2次元結晶は，回転対称性（記号：1, 2, 3, 4, 6），鏡映面（記号：$m$）による点群対称性で表の3列目のように分類される。さらに並進対称性による分類を加えて，2

表 2.2 2 次元空間格子の分類。

| 晶系 | ブラベー格子 | | 点群 | 空間群 | 番号 |
|---|---|---|---|---|---|
| 斜方 oblique | | | 1 | $p1$ | 1 |
| | | | 2 | $p211$ | 2 |
| 長方 rectangular | P | | $m$ | $p1m1$ | 3 |
| | | | | $p1g1$ | 4 |
| | | | | $c1m1$ | 5 |
| | C | | $2mm$ | $p2mm$ | 6 |
| | | | | $p2mg$ | 7 |
| | | | | $p2gg$ | 8 |
| | | | | $c2mm$ | 9 |
| 正方 square | | | 4 | $p4$ | 10 |
| | | | $4mm$ | $p4mm$ | 11 |
| | | | | $p4gm$ | 12 |
| 六方 hexagonal | | | 3 | $p3$ | 13 |
| | | | $3m$ | $p3m1$ | 14 |
| | | | | $p31m$ | 15 |
| | | | 6 | $p6$ | 16 |
| | | | $6mm$ | $p6mm$ | 17 |

次元空間群は表の 4 列目に示したように 17 種に分類される。2 次元空間群の対称要素は，並進に加えて 5 種類の回転軸と鏡映面，そして映進面（記号：$g$）である。

### 2.3.2 表面格子の表記方法

前項で述べたように，実際の表面では原子の位置が理想的な位置から変位し，緩和や再構成が生じる。その結果，理想表面の単位格子を基準としながらもそれとは異なった表面超格子を示す場合がある。一般に，表面超格子の基本ベクトル $\boldsymbol{a}', \boldsymbol{b}'$ は，理想表面の単位格子を作る基本ベクトル $\boldsymbol{a}, \boldsymbol{b}$ の線形結合で次式のように表すことができる。

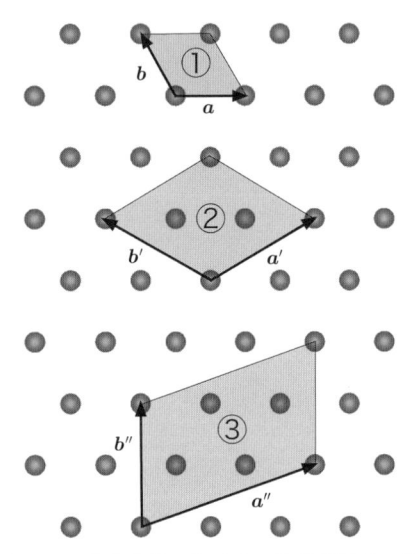

**図 2.15** 六方格子における 2 次元超格子の例。

$$\begin{pmatrix} a' \\ b' \end{pmatrix} = \begin{pmatrix} m_{11} & m_{12} \\ m_{21} & m_{22} \end{pmatrix} \begin{pmatrix} a \\ b \end{pmatrix} \tag{2.3}$$

この式で定義される $2 \times 2$ 行列を用いて表面の 2 次元格子を表す方法が行列表記法である。

たとえば六方格子における超格子の例を図 **2.15** に示す。①で示される菱形の領域は，この六方格子の単位格子である。②の超格子は，基本ベクトルが $a' = 2a + b$，$b' = -a + b$ であるから超格子 $\begin{pmatrix} 2 & 1 \\ -1 & 1 \end{pmatrix}$ と表される。③は，$a'' = 3a + b$，$b'' = a + 2b$ であるから超格子 $\begin{pmatrix} 3 & 1 \\ 1 & 2 \end{pmatrix}$ と表すことができる。ただし，②のように基本ベクトル $a', b'$ のなす角が $a, b$ のなす角と変わらない場合は，より簡単なウッドの表記法が用いられる。ウッドの表記法では，基本ベクトルの長さの比 $M = a'/a, N = b'/b$ とベクトルの回転角 $\theta$ を用いて超格子を $(M \times N)\mathrm{R}\theta$ と表す。単純格子，面心格子を区別するために先頭に記号 p,c が付けられるが，単純格子を表す p は省略される場合が多い。また，$\theta = 0°$ の場合は単に $(M \times N)$ と表示される。図 2.15

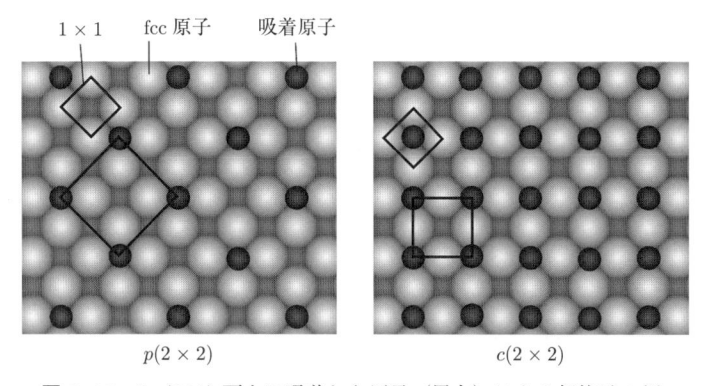

図 2.16 fcc(001) 面上に吸着した原子（黒丸）による超格子の例。

の①をウッドの表記法で表すと，$(1 \times 1)$ となる。また，②もウッドの表記が使用でき，$(\sqrt{3} \times \sqrt{3})$R30° と表される。③は厳密にはウッド表記はできないが，基本ベクトルの長さだけを使って便宜的に $(\sqrt{7} \times \sqrt{3})$ と表記される場合もある。

図 2.16 は，fcc の (001) 面に原子などが吸着して形成される表面超格子の例である。4個の表面原子に囲まれた位置に1つおきに吸着することで p$(2 \times 2)$ 超格子構造になり，さらにその中央の位置にも吸着することで c$(2 \times 2)(=(\sqrt{2} \times \sqrt{2})$R45°) 超格子構造が得られる。

## 2.4　回折法と逆格子

結晶の構造解析は主に X 線回折や電子回折などの回折法によって行われる。結晶構造は基本構造と空間格子からなると述べたが，回折法を用いると空間格子を簡単に知ることができる。図 2.17(a) の様に基本ベクトル $\boldsymbol{a}, \boldsymbol{b}, \boldsymbol{c}$ の単純格子に波数ベクトル $\boldsymbol{k}_0$ の平面波が入射し，波数ベクトル $\boldsymbol{k}$ として散乱される場合を考えよう。このとき図 2.17(b) のように散乱ベクトル $\boldsymbol{s}$ は，

$$\boldsymbol{s} = \boldsymbol{k} - \boldsymbol{k}_0 \tag{2.4}$$

で定義される。ベクトル $\boldsymbol{a}$ だけ離れた2つの原子により散乱される場合の散乱波の経路差は

40　第 2 章　表面の構造

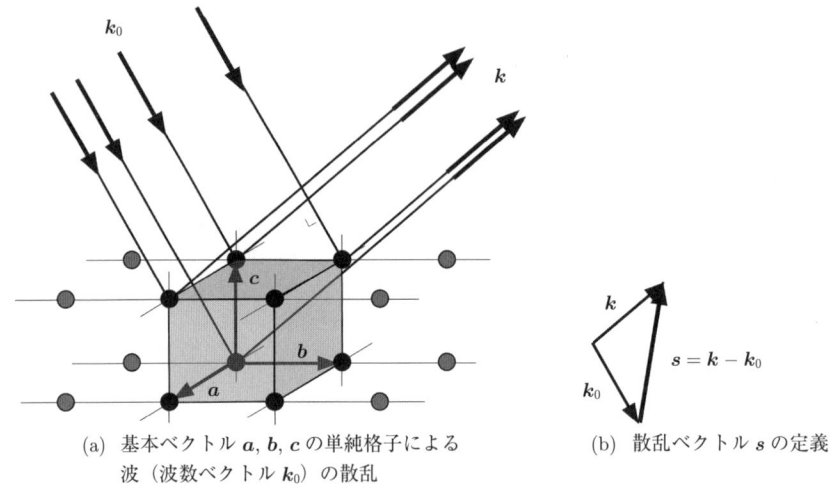

**図 2.17**　結晶による波の散乱。(a) 基本ベクトル $a, b, c$ の単純格子による波（波数ベクトル $k_0$）の散乱　(b) 散乱ベクトル $s$ の定義

$$\boldsymbol{a} \cdot \frac{\boldsymbol{k}}{|\boldsymbol{k}|} - \boldsymbol{a} \cdot \frac{\boldsymbol{k}_0}{|\boldsymbol{k}_0|} = \frac{\boldsymbol{a} \cdot \boldsymbol{s}}{|\boldsymbol{k}|}$$

となる。この経路差が波長 $\lambda$（$=2\pi/|\boldsymbol{k}|$）の整数倍になるときに散乱波は強め合うから，強い反射が観測される条件は $h$ を整数として

$$\boldsymbol{a} \cdot \boldsymbol{s} = 2\pi h \tag{2.5}$$

と表される。式 (2.5) はラウエの式として知られるものである。$b, c$ についても同様であるから，$R = n_1 \boldsymbol{a} + n_2 \boldsymbol{b} + n_3 \boldsymbol{c}$ にある全ての原子からの散乱波が強め合う条件は，

$$\begin{cases} \boldsymbol{a} \cdot \boldsymbol{s} = 2\pi h \\ \boldsymbol{b} \cdot \boldsymbol{s} = 2\pi k \quad (h, k, l \text{ は整数}) \\ \boldsymbol{c} \cdot \boldsymbol{s} = 2\pi l \end{cases} \tag{2.6}$$

となる。この条件 (2.6) を同時に満たす $s$ の集合は，やはり 3 次元的な格子をなすことが知られている。空間格子が長さの次元で表されるのに対し，この格子は長さの逆数の次元をもつために逆格子と呼ばれる。条件 (2.6) を満たす逆格子は，

$$\boldsymbol{G}(hkl) = h\boldsymbol{a}^* + k\boldsymbol{b}^* + l\boldsymbol{c}^* \tag{2.7}$$

で与えられる．ただし，$\boldsymbol{a}^*, \boldsymbol{b}^*, \boldsymbol{c}^*$ は逆格子の基本ベクトルであり，それぞれ空間格子の基本ベクトル $\boldsymbol{a}, \boldsymbol{b}, \boldsymbol{c}$ を用いて次のように与えられる．

$$\boldsymbol{a}^* = \frac{2\pi(\boldsymbol{b} \times \boldsymbol{c})}{(\boldsymbol{a} \times \boldsymbol{b}) \cdot \boldsymbol{c}}, \quad \boldsymbol{b}^* = \frac{2\pi(\boldsymbol{c} \times \boldsymbol{a})}{(\boldsymbol{a} \times \boldsymbol{b}) \cdot \boldsymbol{c}}, \quad \boldsymbol{c}^* = \frac{2\pi(\boldsymbol{a} \times \boldsymbol{b})}{(\boldsymbol{a} \times \boldsymbol{b}) \cdot \boldsymbol{c}} \tag{2.8}$$

結局，回折強度が観測される散乱ベクトルの満たす条件は，

$$\boldsymbol{s} = \boldsymbol{G}(hkl) \tag{2.9}$$

ということになる．一般に，回折実験では入射波の波長や散乱角を変えることで散乱ベクトル $\boldsymbol{s}$ の関数として散乱強度が測定される．このとき，式 (2.9) を満たす $\boldsymbol{s}$ の位置に回折斑点が観測されるので，その位置から $\boldsymbol{a}^*, \boldsymbol{b}^*, \boldsymbol{c}^*$ すなわち，空間格子の基本ベクトル $\boldsymbol{a}, \boldsymbol{b}, \boldsymbol{c}$ が求められる．観測された回折斑点は式 (2.7) の整数の組 $h, k, l$ によって指定され，$(hkl)$ 反射と呼ばれる．この指数は，面を表すのに使用したミラー指数に他ならない．

表面は，面内の 2 次元的な周期性しかもたないが，$a, b$ 軸を面内にとり表面の法線方向に仮想的に $c$ 軸をとることで表面の逆格子を式 (2.9) から求めることができる．法線方向の単位ベクトルを $\hat{\boldsymbol{n}}$ とすると，表面の逆格子は，

$$\boldsymbol{a}^* = \frac{2\pi(\boldsymbol{b} \times \hat{\boldsymbol{n}})}{|\boldsymbol{a} \times \boldsymbol{b}|}, \quad \boldsymbol{b}^* = \frac{2\pi(\hat{\boldsymbol{n}} \times \boldsymbol{a})}{|\boldsymbol{a} \times \boldsymbol{b}|}, \quad \boldsymbol{c}^* = \frac{2\pi}{c}\hat{\boldsymbol{n}} \tag{2.10}$$

となる．図 **2.18**(a)，(b) に 2 次元長方格子を例に表面の実格子と逆格子を示す．(a)，(b) はどちらも表面に垂直方向から見た図である．図 2.18(c) は 3 次元的な逆格子を斜めから見た図であるが，表面に垂直方向の格子定数 $c$ は無限に大きいと考えることができるので逆格子点の間隔 $c^*$ は非常に小さくなり，表面の逆格子は面に垂直方向に連続的に繋がったロッドになる．

低速電子回折 (low energy electron diffraction, LEED) は，表面の逆格子を観測するため用いられる代表的な手法である．その原理と観測された逆格子の例を図 **2.19** に示す．低速電子回折では，図 2.19(a) の様に試料表面に対して低速電子（数十から数百 eV）を垂直に入射し，後方に散乱された電子を球面スクリーンで捕らえる．式 (2.9) を満たすスクリーン上の位置に回折斑点が生じるが，試料を中心とする球面スクリーンを使用しているため，その斑点は逆格子の基本ベクトルに対応して等間隔に生じる．つまり表面の

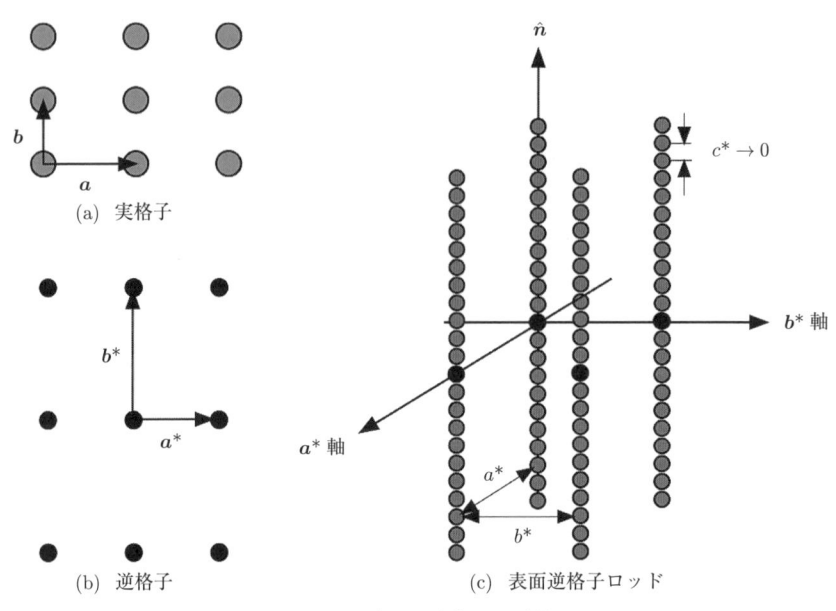

図 2.18　2 次元の実格子と逆格子。
(a) 実格子
(b) 逆格子
(c) 表面逆格子ロッド

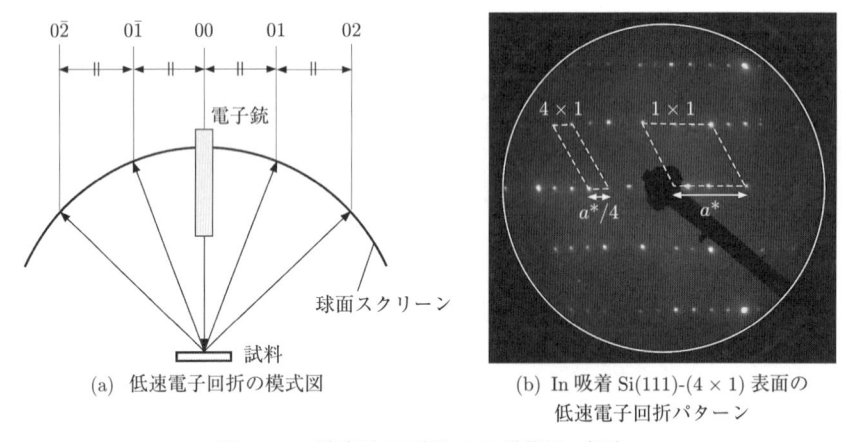

図 2.19　低速電子回折による逆格子の観察。
(a) 低速電子回折の模式図
(b) In 吸着 Si(111)-(4×1) 表面の低速電子回折パターン

2 次元逆格子がスクリーンに相似形に投影されるため，回折パターンから直ちに逆格子を理解できる．図 2.19(b) に Si(111) 表面に In を吸着させたときに生じる (4×1) 超格子表面の低速電子回折パターンを示す．(中央から

右下に伸びる影は，電子銃のために観測できない領域である。）六方格子の $(1\times1)$ の輝点に加えて，水平方向にはそれを4等分する位置に輝点が生じている。それぞれのスポットには強弱があり，中にはスポットが観測できない場所もあるが，$(4\times1)$ 超格子が生じていることがわかる。

## 2.5 様々な表面構造とその起源

### 2.5.1 清浄表面

これまでに，汚染などの影響のない，ほぼ理想的な単結晶の表面を理解するための準備をしてきた。そのような表面は，超高真空技術や表面処理技術の発展によって作成や観測が可能になったものである。大気圧より十数桁も密度の薄い超高真空中では，表面の原子に対する残留ガス分子の衝突頻度を数時間に1回程度に抑えることができ，表面を清浄に保ったままでの観測が可能である。現在，大抵の結晶について良く定義された清浄表面を作成できるようになった。ここでは，金属，半導体，イオン結晶などの代表的な結晶の清浄表面について，これまでに明らかにされてきた表面構造の特徴を解説する。

**（1）IV族半導体表面**

(a) Si(001)-$(2\times1)$，Si(001)-c$(4\times2)$

4族元素のC，Si，Geの結晶は，ダイヤモンド構造をとることが知られている。ダイヤモンド結晶では，それぞれの原子を囲む4つの最近接原子は正四面体を形成する。これは，4族原子の価電子を形成する4個のs,p電子が，$sp^3$ 混成軌道を形成し，正四面体の頂点方向に突き出していることに起因する。この強い方向性をもった $sp^3$ 混成軌道は，その表面の原子配列に大きな影響を与える。図 **2.20**(a) は，理想的な Si(001) 表面を横から見た図である。各表面原子は，$sp^3$ のダングリングボンドを2本ずつもっているため，高い表面エネルギーをもつことになる。そのためこの表面では，図 2.20(b) に示すように表面の隣同士の原子が2個ずつペアになって2量体（ダイマー）を形成していることが知られている。ダイマーの形成で不安定なダングリングボンドの数が半分になり，表面のエネルギーが低くなる。このとき表面の周期は，ダイマーボンド方向に2倍になるため $(2\times1)$ 周期と

(a) Si(001) 理想表面　　　(b) Si(001)-(2×1) 対称ダイマー構造

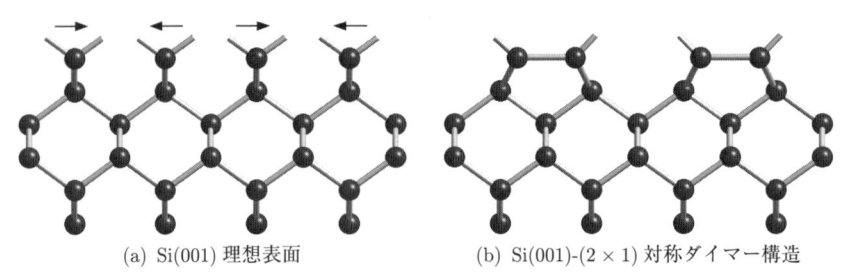

図 2.20　Si(001) 表面のダングリングボンドと再構成。

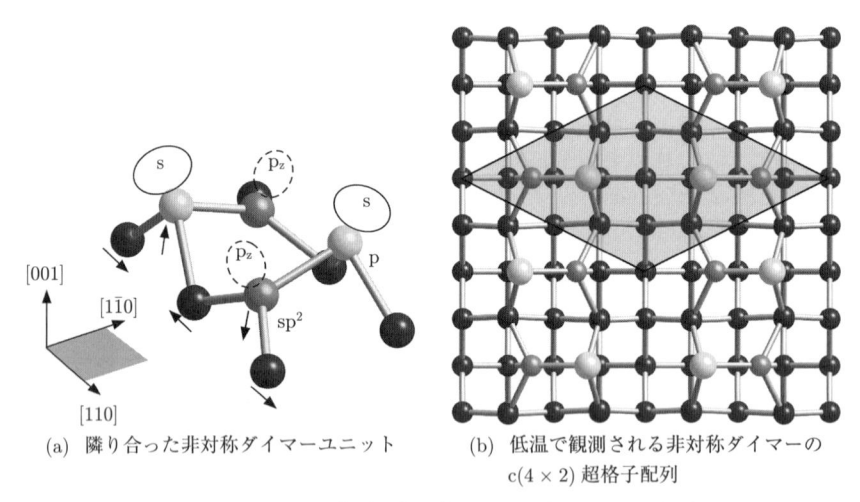

(a) 隣り合った非対称ダイマーユニット　　(b) 低温で観測される非対称ダイマーの c(4×2) 超格子配列

図 2.21　Si(001) 表面の非対称ダイマーと c(4×2) 配列。

なる。

　室温に保った Si(001) 清浄表面を電子回折などで観測すると (2×1) 周期のパターンが観測されるが，実際の Si や Ge の (001) 面ではさらに複雑な再構成が生じていることがわかっている。図 2.20(b) のようにダイマーを構成する原子が左右対称に配置した対称ダイマーでは，まだダイマー原子に 1 個ずつダングリングボンドが残されている。このダングリングボンドをさらに減らすために，図 2.21(a) に示すようにダイマーが非対称になるのである[2]。ダイマーの一方の原子がもち上がり，他方が下がっている非対称ダイマーでは，低い方の原子は平面的な $sp^2$ 軌道に近い配置で隣の原子と結合するため，ダングリングボンドは $p_z$ 的な性格をもちエネルギーがやや上昇

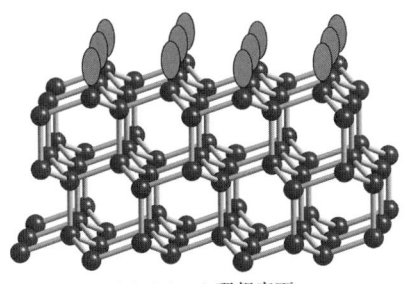

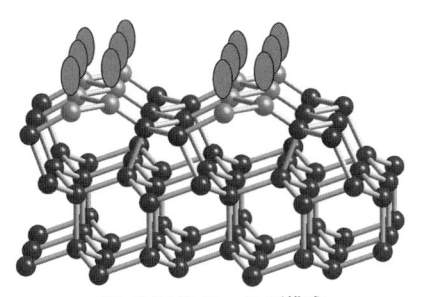

(a) Si(111) 理想表面　　　　(b) Si(111)-(2 × 1) 再構成

図 **2.22**　Si(111) 理想表面と劈開面で観測される (2 × 1) 再構成。

する．一方，もち上がった方の原子は p 的な軌道で隣の 3 つの原子と結合するため，そのダングリングボンドは s 的な性格を帯びてエネルギーが下がる．その結果，低い方の原子のダングリングボンド状態から，もち上がった原子のダングリングボンド状態に電子が移動し，表面電子状態が安定化される．

非対称ダイマーは，その名の通りに対称性が低いので，その向きや配列により様々な周期が可能となる．実際に，Si(001) 清浄表面を冷却すると，〜200 K 以下で c(4×2) 周期構造が観測される[3]．この c(4×2) 構造では，非対称ダイマーが図 2.21(b) に示すように配列していることがわかっている．ダイマー列内で非対称ダイマーの向きが交互に配置する理由は，2 層目の Si 格子への応力で定性的に説明できる．図 2.21(a) に矢印で示したように，低い方のダイマー原子に結合した 2 層目の Si 原子はダイマー原子に押されて原子間隔が広がる方向に力を受ける．一方，高い方のダイマー原子に結合した Si 原子は引き上げられて原子間隔が狭まる方向に力を受ける．この応力は，列内の非対称ダイマーの向きが交互に配列することで相殺されるためよりエネルギー的に安定となると考えられる．列間の配列に関しては，電子状態に基づいた非常に精度の高い議論が必要となる．

(b) Si(111)-(2 × 1) と Si(111)-(7 × 7)

ダイヤモンド構造の (111) 面は，最も面密度が高い面であるが，それでも大きな再構成が生じることが知られている．図 **2.22**(a) に示すようにダイヤモンド構造の (111) 面は，ほぼ面内方向を向いたボンドで結合した 2 原子層（ダブルレイヤー）が面に垂直なボンドで結合して積み重なった構造であ

る。(111) 面に平行に切断する場合は，ダブルレイヤー内のボンドを切断して 1 つのダブルレイヤーを上下に分ける場合と，ダブルレイヤー間の垂直なボンドを切断する場合が考えられるが，後者の方が切断しなければならない結合の数がはるかに少なく，表面原子あたりのダングリングボンド数も少なくなる。図 2.22(a) はダブルレイヤー間で切断した理想的な (111) 面であり，最表面の原子は 1 個あたり真空側に垂直に突き出した 1 本のダングリングボンドをもっている。超高真空中で Si 結晶を (111) 面にそって劈開すると，このダブルレイヤーの間で劈開が生じるが，(a) のような理想的な構造にはならない。このとき劈開によって生じた表面には $(2 \times 1)$ 周期が観測される。その Si(111)-$(2 \times 1)$ 表面構造モデル[4] を図 2.22(b) に示す。特徴はダングリングボンドをもつ表面 Si 原子が，2 列ずつペアになって近づいてジグザグ鎖を形成していることである。ダングリングボンドの総数は理想表面と変わらないが，ダングリングボンド間に $\pi$ 結合的な相互作用が生じるために表面エネルギーが低くなっている。このとき 2 層目の Si も (111) 面内で結合してジグザグ鎖を形成している。ダイヤモンドの (111) 面も同様の $(2 \times 1)$ 構造をとることが報告されている[5]。

Si(111) 表面には，劈開によって生じる $(2 \times 1)$ 構造よりも，さらに安定な $(7 \times 7)$ 超周期構造が存在する。超高真空中で〜900℃ 程度の加熱を含む処理によって清浄表面を作成した場合にこの $(7 \times 7)$ 超格子構造が生じる。劈開によって生じた $(2 \times 1)$ 構造を〜500℃ 以上で加熱することでも得られるが，一度 $(7 \times 7)$ 構造が生じると $(2 \times 1)$ 構造には戻らない。非常に大きな単位胞をもつため，その構造に関して長い間論争が続いたが，Takayanagi らが透過型電子回折 (transmission electron diffraction,TED) によって提案した DAS 構造 (Dimer-Adatom-Stacking fault 構造)[6] が，様々な実験結果によって裏付けられて，最終的に受け入れられるようになった。DAS 構造モデルを図 **2.23** に示す。この構造は名前の通り，2 量体 (dimer) と吸着子 (adatom) と積層欠陥 (stacking fault) を含んだものになっている。ダングリングボンドは，吸着子と吸着子の間にあるレストアトムに 1 本ずつ，そしてコーナーホールと呼ばれるユニットセルの隅に 1 本残っている。したがって，元々 $(7 \times 7)$ 単位胞中にあった 49 本のダングリングボンドは，吸着子の 12 本とレストアトムの 6 本とコーナーホール内の 1 本の計 19 本に減少している。ダングリングボンドの減少が表面エネルギーの減少に寄与

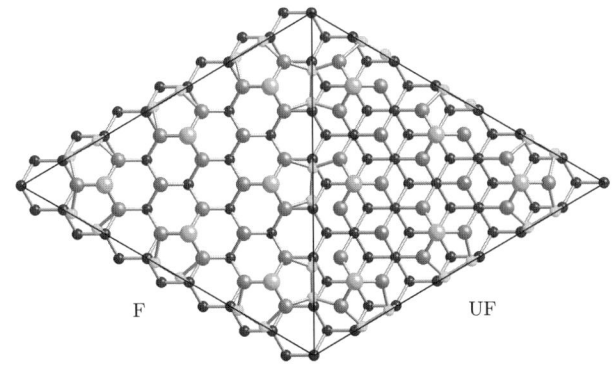

(a) 単位胞を上から見た図。単位胞の半分 (F) に積層欠陥があり，他の半分 (UF) には無い

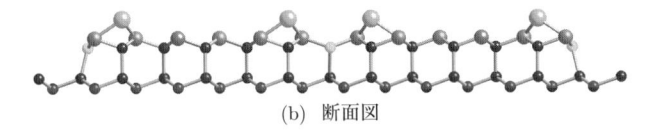

(b) 断面図

図 **2.23** Si(111)-(7×7) 清浄表面の DAS 構造モデル。

していることは明らかであるが，なぜこのような複雑な構造が実現するのかについて明確な説明は得られていない。この Si(111)-(7×7) 表面の特徴は，表面にダングリングボンドが残っているために金属的な表面準位をもつということと，単位胞が積層欠陥のある半分 (faulted half) と積層欠陥のない半分 (un-faulted half) に分けられることである。図では，記号 F で示した左側半分が積層欠陥のある部分であり，UF で示した右側が欠陥のない半分である。積層欠陥の有無により吸着原子などに対する反応性が異なるため，この 2 種類のユニットは区別して扱われることが多い。

**(2) 化合物半導体表面**

化合物半導体の例としてせん亜鉛鉱構造をとる GaAs を主に取り上げる。せん亜鉛鉱構造は，ダイヤモンド構造を構成する 2 つの fcc 格子をそれぞれ 2 種類の原子（Ga と As）が占有したものである。Ga および As が，それぞれ $sp^3$ 混成軌道を作って結合しているが，Si や Ge と違って，III 族である Ga が正イオン，V 族の As が負イオンとなるイオン結合性をもっている。ダングリングボンドに加えて，イオン的な性質が表面構造にも影響を及ぼす。また，化合物半導体に限らず，化合物表面では表面の組成がバルクの

(a) 理想表面　　　　　　　(b) 再構成表面

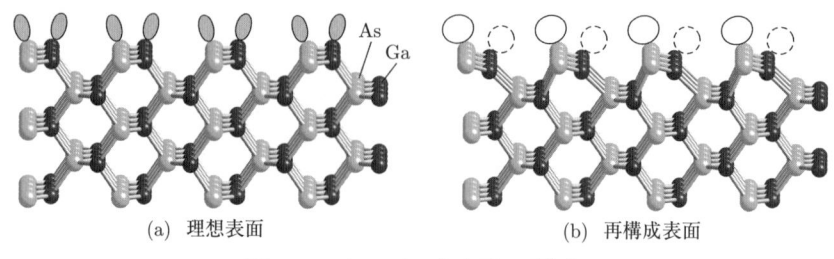

図 **2.24** GaAs(110) 表面の再構成。

(a) GaAs(111) 理想表面　　　　(b) GaAs(111)-(2×2) 表面再構成

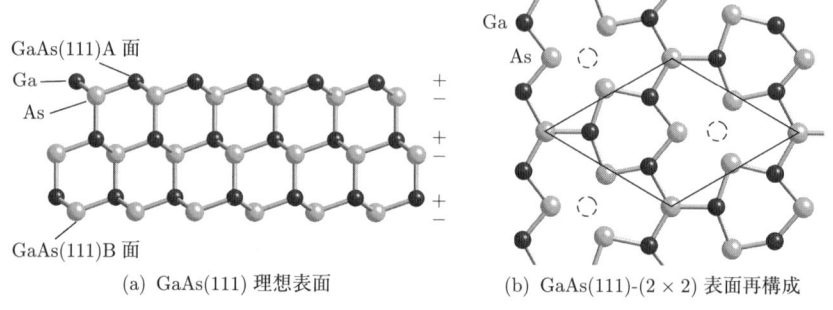

図 **2.25** GaAs(111) 極性表面の再構成。

組成から変化しうるため，組成に応じて表面の構造が変化するという複雑さがある．たとえば，GaAs(001) 面では As の多い c(4×4) 構造から Ga の多い (4×2) 構造まで数種類の再構成表面が知られている．

(a) GaAs(110)

GaAs(110) 面は，比較的単純な再構成が生じる表面である．図 **2.24**(a) に示すようにこの表面の理想表面では Ga と As が面内にジグザク鎖を形成しており，それぞれがダングリングボンドをもつ．(ダングリングボンドの占有電子数は，Ga が 3/4 個，As は 5/4 と考えることができる．) このジグザク鎖が実際の表面では 28° ほど傾き，図 2.24(b) のように As が突き出した構造になっている[7]．これは，Si(001) 表面の非対称ダイマーと同様の解釈が可能である．すなわち，Ga は $sp^2$ 的な配置で結合し，As は p 軌道的な配置で結合することで，As のダングリングボンド軌道のエネルギーが下がり，Ga 側から As 側に電子が移ることでエネルギーが下がっている．

(b) GaAs(111)

ダイヤモンド構造は(111)面内方向に強固に結合したダブルレイヤーが積み重なったものであったが，せん亜鉛鉱構造では，そのダブルレイヤーの上層と下層が別のイオンで構成されることになる。したがって，図**2.25**(a)に示すようにGaAsでは(111)面の一方で陽イオンのGaが露出している場合，裏面では陰イオンのAsが露出する。このような電荷の偏りをもった表面を極性表面と呼ぶ。また，陽イオンがダブルレイヤーの上側にある場合を(111)A面，陰イオンが上側にある場合を(111)B面と呼んで区別する。極性表面の場合，そのままでは表面と裏面に電荷の偏りが生じて表面に巨視的な電場が出現することになる。このような電場が巨視的に生じることはあり得ないので，表面には構造の変化を伴ってその電場を相殺するような電荷が生じる。詳しい説明は省くが，(111)表面で表面の正または負の電荷が1/4減少すれば，巨視的な電場が相殺されることが簡単な計算で導かれる[8]。図2.25(b)にGaAsなどのせん亜鉛鉱(111)面でよく観測される(2×2)構造[9]の模式図を示す。(2×2)単位胞に4個あるべき正イオン（破線丸）が1個抜けており，イオンの数の上では電荷の1/4が減少していることがわかる。

**(3) 遷移金属，貴金属表面**

大部分の単体金属表面は，表面緩和しか示さないが，一部の遷移金属と貴金属の表面は単位胞の変化を伴う再構成構造を示す。いずれもd電子を価電子帯にもつ金属であり，d軌道の強い指向性が関係するものと考えられる。

(a) Mo(001)，W(001)

遷移金属であるWはbcc構造をとるので，(001)面は比較的不安定な表面といえる。bcc構造をとるほとんどの金属では再構成は観察されないが，W(001)清浄表面を冷却して行くと150Kで(1×1)構造からc(2×2)構造に相転移を起こす。このc(2×2)の構造モデル[10]を図**2.26**に示す。表面のW原子が[110]方向にわずかに変位することにより，ジグザグ鎖を作っている。この構造は，その変位に垂直な方向に映進面をもち，2次元空間群では$p2mg$に分類される。定性的には，この変位により表面原子は配位数を増やしてより安定化しているといえる。理論研究により，Wのd電子がこの再構成に寄与していることが示されている。Mo(001)表面に於いても

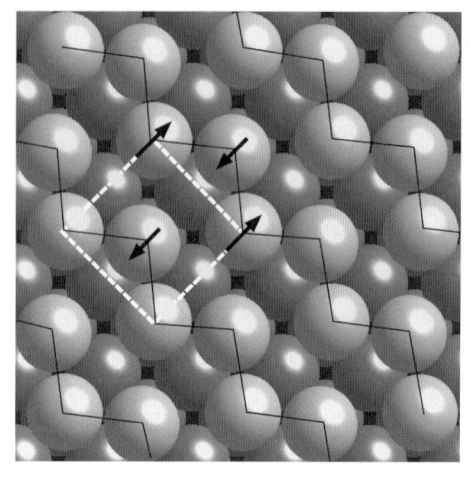

図 **2.26** W(001) 表面の c(2 × 2) 構造モデル。

類似の再構成が報告[11]されているが，同じ bcc 構造をとる遷移金属の Fe や Co では，類似の再構成は観測されていない。

(b) Pt(001), Ir(001), Au(001), Au(111)

貴金属の Au,Pt,Ir は，5$d$ 電子を価電子にもつ。いずれも fcc 格子であるため，最密構造をとる (111) 面に比べると (001) 面は表面の原子密度も小さく，配位数も少ないため不安定である。これらの (001) 表面では，その少ない原子密度を増やすような再構成が生じる。つまり，表面原子密度を増やすことで，表面原子の配位数を増加させて安定化していると考えられる。Au,Pt,Ir の再構成した (001) 表面では，表面層の原子が六方最密構造に配列することで面内の配位数を増やしている。下地の正方格子と表面の六方格子の整合によって表面の周期が決まるため，比較的大きな超構造が生じる。図 **2.27** に Ir(001) 表面で観測される (5 × 1) 構造のモデルを示す。図の上下方向には下地と同じ間隔で並んだ Ir 原子が，左右方向には下地の Ir 列が 5 本並ぶ間に表面では 6 本並んで最密構造をとっている。したがって表面密度は 6/5 倍に増えている。Au(001) や Pt(001) では，表面層の六方格子は 2 軸方向に縮んでおり，表面密度は 1.25 倍ほどになっている[12]。

fcc 金属の (111) 表面では，Au(111) 表面のみが再構成構造をとることが知られている。その再構成は，六方最密構造に配列した表面原子層が 1 つの $\langle 1\bar{1}0 \rangle$ 軸方向に約 4.5% 縮むことで生じる (1 × 22) 構造が基本になる。こ

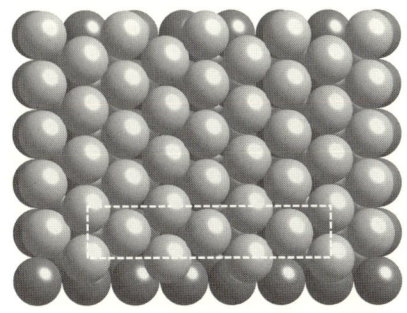

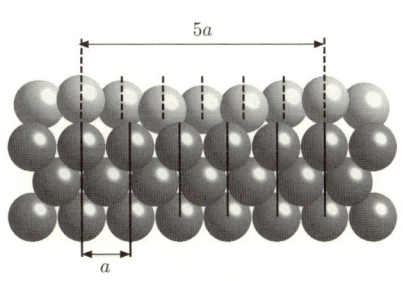

(a) 上面図。表面層の Ir 原子が最密充填になるように配列している。

(b) 側面図

図 **2.27** Ir(001)-(5 × 1) 構造モデル。

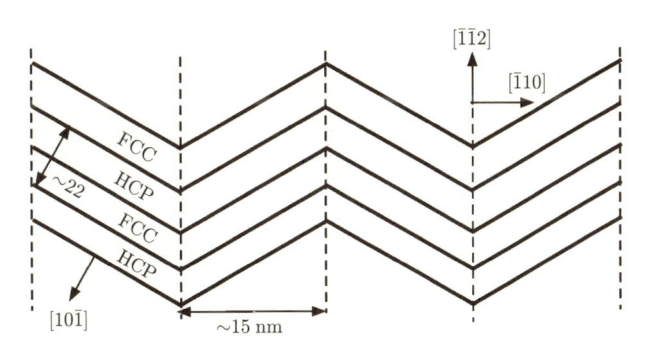

図 **2.28** Au(111)-(1 × 22) 構造のドメイン構造によるヘリングボーン模様。

の縮みにより，表面の Au 原子の吸着位置は fcc 積層の位置から，ブリッジ位置，hcp 積層位置，ブリッジ位置，そして再び fcc 積層位置と場所によって変遷する。さらに (1 × 22) 構造は，表面の応力を緩和するために，図 **2.28** に示すようなヘリングボーン構造を作ることが知られている[13,14]。

(c) Au(110), Pt(110), Ir(110)

(001) 面よりもさらに原子密度の低い fcc(110) 面では，(001) 面の様に表面原子密度を高めるものとは異なった再構成が生じる。図 **2.29** は，Au(110), Pt(110), Ir(110) 表面で共通に観測される (1 × 2) 表面再構成である。表面の原子列が 1 列おきに抜けた原子列欠損 (missing row) 構造と呼ばれる再構成が生じる[15]。原子列が 1 列抜けたことにより，真空側に露出した表面は原子列 3 個からなる傾斜面の繰返しで構成されていることがわ

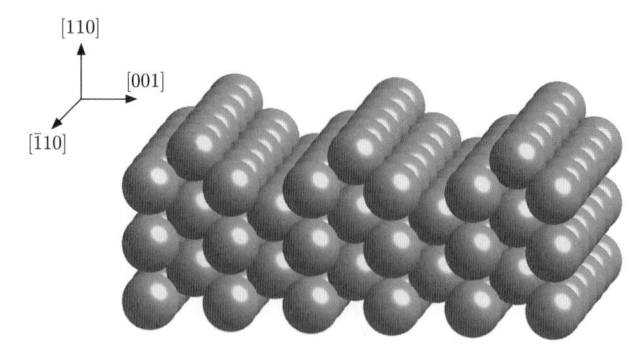

**図 2.29** Ir, Au, Pt の (110) 清浄表面に観測される原子列欠損 (1×2) 再構成構造モデル。

かる。この小さな傾斜面は原子が最密充填された (111) 面である。表面積は増加するが，安定な (111) 面で表面を覆うことで全体のエネルギーが減少するためにこのような再構成が生じると考えられる。

### 2.5.2 吸着表面構造

清浄表面に現れる様々な再構成表面も興味深いが，外から飛来してくる他の原子や分子が表面でどのように反応し結果としてどのような構造が生じるかを知ることは，表面での触媒反応や結晶成長という観点から重要である。また，表面の汚染や保護という点でも，吸着した物質がどのような位置に吸着するのかを知ることは必要である。結晶表面に原子等が飛来した場合，その原子が下地と合金化してしまう場合，バルク中に溶け込んでしまい表面に残らない場合，原子が 3 次元的に集まって島を形成してしまい下地の表面層に留まらない場合もあるが，ここではその原子が表面数原子層内に留まっているケースを表面吸着状態として扱う。

吸着表面は，下地結晶と吸着物質の種類に関して無数の組み合わせが考えられる。さらに，吸着物質の量（被覆率）の関数でもあり，全てを調べ尽くすことは不可能である。しかしながら，基本的な表面と基本的な元素の組み合わせや，応用上重要な組み合わせについては精力的に研究が行われており，その構造も明らかになっている。これまでの研究によると，吸着表面は表面構造の変化の様子から大きく 3 種類に分類できる。1 つは，吸着前後で下地となる清浄表面に大きな構造変化がなく，その上に吸着原子が 2 次元

的に配列する単純な吸着である．下地となる表面が安定でかつ表面と吸着子の相互作用が小さい場合に起こりやすい．2つ目は，吸着子が表面のダングリングボンドを終端することで導かれる構造である．ダングリングボンドが原因で形成されていた清浄表面の再構成構造は，吸着子による終端で原因が取り除かれてしまうため，大きく構造が変化する場合が多い．複雑な再構成構造をとっている半導体表面に他の原子を吸着させた場合によく観測される．3つ目は，元々再構成を示さない下地表面に対して，吸着原子が再構成を誘起する場合である．吸着子と下地の間の相互作用が大きい場合に生じる．

吸着原子や分子の被覆率は，下地理想表面の表面原子密度を基準に表す場合が多い．このときの単位をML（モノレイヤー）という．たとえば，吸着原子が下地表面原子密度と同じ面密度で吸着している場合，すなわち1原子層の場合の被覆率は1 ML となる．

**（1）単純な吸着表面**

吸着によって下地の構造に大きな変化が起こらない吸着表面では，その表面構造と表面周期は吸着子の吸着位置と吸着子の配列によって決まる．すなわち，吸着位置に依存する吸着エネルギーと吸着子間に働く相互作用が表面構造を決定する．はじめに吸着子の被覆率が小さい場合を考える．真空側からやって来た原子や分子は，表面上を移動（拡散）することで吸着エネルギーの大きな安定な位置にたどり着く．どの位置が安定かどうかを議論するためには，これまでの表面エネルギーの議論からもわかるように，その吸着位置の配位数や構造的な対称性を理解することが必要である．たとえば，**図2.30**に再構成していない fcc(001) 面の対称性の高い吸着位置を示す．白丸で示した位置は下地の4つの原子の中心のくぼんだ位置（hollow サイト）であり4回対称性をもつ位置である．そこに吸着した原子には4配位が期待できる．十字で示した位置は，2つの表面原子を橋渡しする位置（bridge サイト）であり，2回対称性を有し2配位の位置である．黒丸は，表面原子の真上の位置（on top サイト）であり，hollow サイトと同様に対称性の高い位置であるが配位数は1である．もちろん，これら以外の対称性の低い任意の位置に吸着することもあり得る．

安定な吸着位置が決まれば，次に吸着子の配列を支配するのは吸着子間に働く相互作用である．吸着子間に斥力が働いているならば吸着子はなるべく

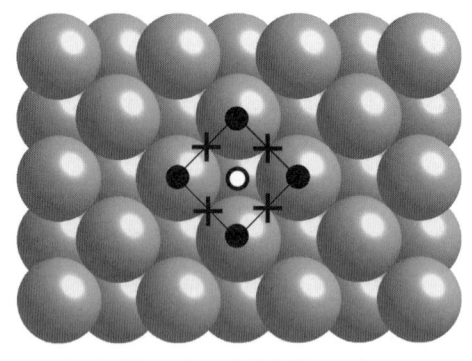

図 2.30　fcc(001) 理想面の対称性の高い吸着位置。白丸：hollow, 黒丸：on top, 十字：bridge。

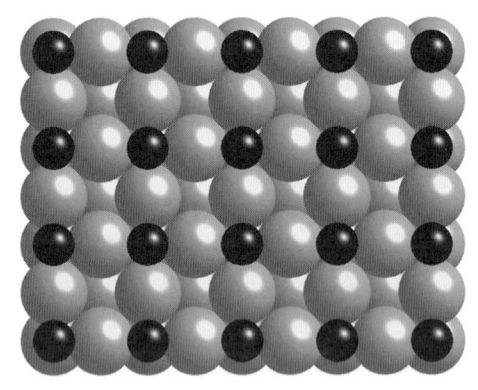

図 2.31　fcc(001) 表面にしばしば観測される c(2×2) 吸着構造。

離れて配列するために吸着物の被覆率に応じて表面の格子間隔が変化する。引力が働く場合は，吸着子は 1 箇所にまとまりやすく，吸着子の存在しない（少ない）領域と分離する。このように分離した領域を 2 次元島と呼ぶ。吸着子間の相互作用は直接働いている場合もあれば，下地を介して間接的に働く場合もある。たとえば，1 個の原子が吸着した場合に，その吸着原子と下地の相互作用により周囲の吸着位置に原子が吸着しやすくなったり，吸着し難くなったりする場合がある。前者の場合は吸着子間の短距離の引力，後者の場合は短距離の斥力の様に働く。

図 2.31 に遷移金属の (001) 表面に酸素や硫黄原子を吸着させた表面で観測される c(2×2) 構造モデルを示す[16]。吸着子は，下地表面の 4 配位の

(a) 上面図　　(b) 断面図

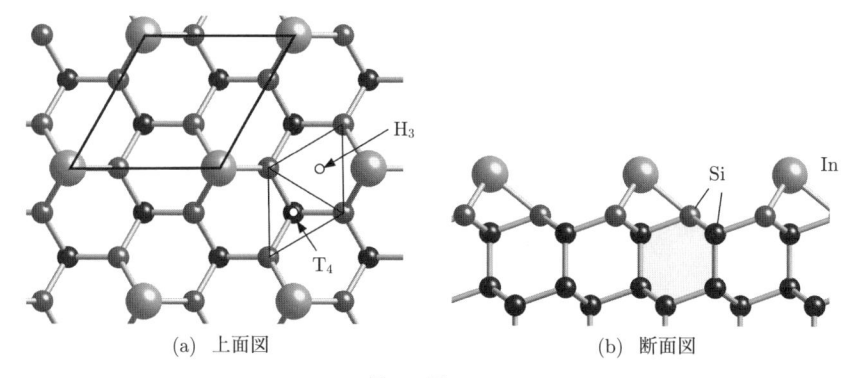

図 **2.32**　Si(111)-($\sqrt{3} \times \sqrt{3}$)R30°-In 表面構造モデル。

hollow サイトに吸着している．ただし，吸着子から最近接の hollow サイトには吸着子が存在しないために，c($2 \times 2$) 周期になっている．最近接 hollow サイトには短距離の斥力が働いていることがわかる．この表面の被覆率は 1/2 ML であるが，実験ではそれよりも低い被覆率でも c($2 \times 2$) が観測される．つまり，c($2 \times 2$) 構造が島状に形成されていることを示しており，長距離では吸着原子間に引力が働いていることがわかる[17]．

**(2) ダングリングボンドを終端する吸着構造**

Si などの共有結合性結晶の清浄表面では，不安定なダングリングボンドの存在が大きな再構成の原因であることを述べた．表面に他の原子が吸着する場合も，吸着原子は真っ先にこの不安定で活性なダングリングボンドに結合することが予想される．このとき表面単位胞に含まれる吸着原子の価電子の数と表面のダングリングボンドの数がちょうど同じになるか，合わせた数が単位胞内で偶数個になるときに安定な吸着構造が現れることが多い．このような場合は，ダングリングボンドが終端されるため，比較的に安定で化学的に不活性な表面が得られる．

Si(111)-($7 \times 7$) 表面に Al,Ga,In 等の III 族金属原子を約 1/3 ML 蒸着して数百℃で加熱すると，($7 \times 7$) 構造は消失し図 **2.32** に示すような ($\sqrt{3} \times \sqrt{3}$) 超周期構造が生じる[18,19]．下地 Si の構造に注目すると，積層欠陥も含めて ($7 \times 7$) 構造は完全に壊れて理想的な ($1 \times 1$) 構造が形成された上に III 族原子が配列していることがわかる．ダングリングボンドが III 族原子で終端されているために，($7 \times 7$) を形成する理由がなくなってしまったと考え

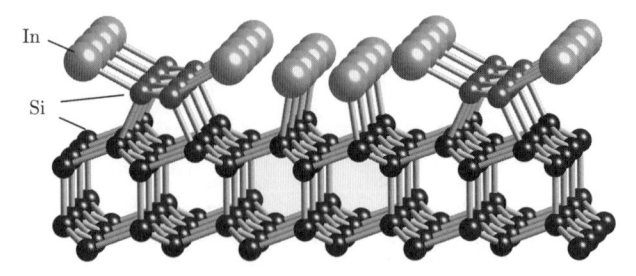

図 **2.33** Si(111)-(4×1)-In 表面構造モデル。

られる。III族原子は，3個の表面Si原子に囲まれたhollowサイトに位置しており，3個の価電子で3本のSiのダングリングボンドと結合している。詳しく見ると表面の3個のSi原子に囲まれるhollowサイトには，真下に2層目のSiが位置する4配位の$T_4$サイトと2層目の原子がない3配位の$H_3$サイトがある。実験結果も理論計算結果もIII族原子は4配位の$T_4$サイトに吸着していることが示されている。$T_4$サイトは配位数が高いこともあるが，対称性により2層目以下のSi原子の垂直方向の緩和自由度が$H_3$よりも高いという特徴がある。したがって下地の緩和の分を考えても$T_4$サイトの方が安定であるといえる。

図 **2.33** は，Si(111)-(7×7) 表面に同じIII族のInを1 ML程度蒸着したときに生じるSi(111)-(4×1)-In表面の構造モデルである[20]。この場合も，Siのダングリングボンドは全て終端されている。この表面の特徴は，下地Siが理想的な終端面ではなくSiのジグザグ鎖をもつ再構成が生じていること，および，Inの被覆率が1 MLに増えたことによりIn原子間の間隔がIn金属のものに近づいていることである。実際に光電子分光法により金属的な表面準位が観測されており[21]，In原子間に金属的な結合が形成されていることがわかっている。このように吸着子の被覆率が増加してくると吸着子同士の直接的な結合も表面構造を支配するようになってくる。

Si(001)-(2×1) 清浄表面にNa,K,Cs等のアルカリ金属を吸着すると被覆率に応じて様々な超周期構造が観測される[22]。これは吸着したアルカリ原子がイオン化しているためにアルカリ原子間に斥力が働いているためと考えることができる。室温付近に保ったSi(001)清浄表面にアルカリ原子を吸着させた場合，吸着量は1 MLで飽和することが知られている。1 MLは

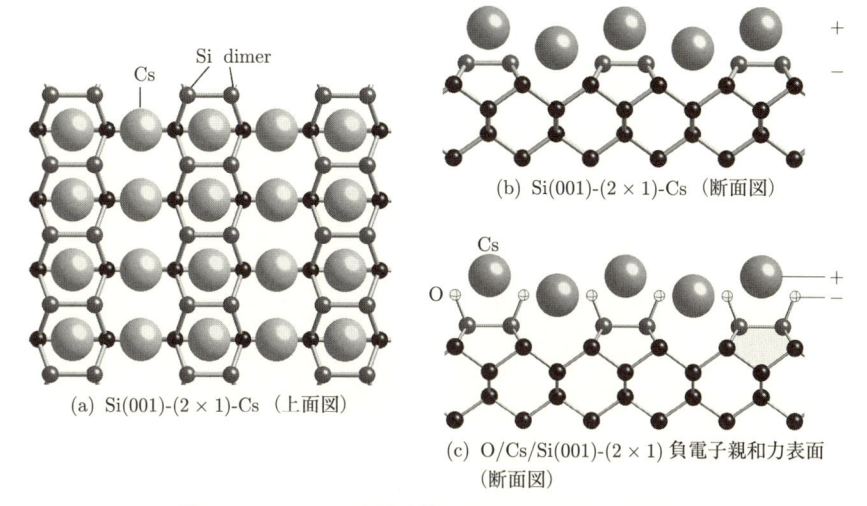

図 2.34　アルカリ金属吸着 Si(001)-(2×1) 表面構造。

(a) Si(001)-(2×1)-Cs（上面図）
(b) Si(001)-(2×1)-Cs（断面図）
(c) O/Cs/Si(001)-(2×1) 負電子親和力表面（断面図）

Si(001)-(2×1) ダイマー表面におけるダングリングボンドをちょうど終端できる吸着量である。この飽和吸着表面の構造モデルを図 2.34 に示す。アルカリ原子は，ダイマー列の真上とダイマー列の間に上下 2 列に配列している。その高さは〜0.1 nm ほど異なっている。上から見た図でわかるが，アルカリ原子はダイマー原子のダングリングボンドの位置を囲むように配置している。ダングリングボンドを負イオンと考えると，この配置は NaCl 構造の (001) 面に類似していることがわかる。

アルカリ金属を表面に吸着させると表面付近に真空側が正になるような分極が生じるために仕事関数が小さくなる。特に Si(001)-(2×1)-Cs 表面に酸素を 1 ML 吸着させると，さらに仕事関数が減少して負の電子親和力をもつ表面が実現する。この表面の構造モデルを図 2.34(c) に示すが，酸素が最表面の Cs よりも低い位置に着いているためにさらに仕事関数が小さくなることが理解できる[23]。

(3) 吸着により再構成が誘起される表面

半導体などの共有結合性結晶表面では，吸着によって下地に新たな再構成が生じることは珍しくない。ここで紹介するのは，清浄表面では緩和のみで再構成が生じないような金属表面において，吸着によって再構成が誘起され

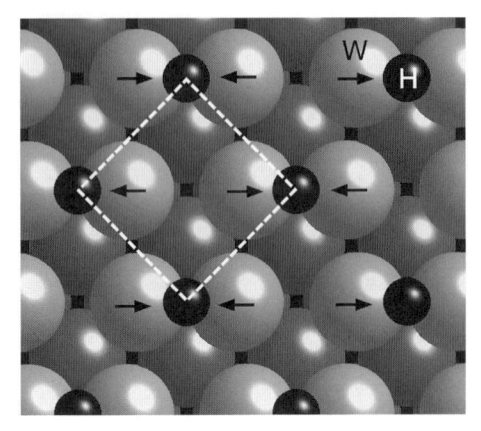

図 2.35　1/2 ML の水素が吸着した W(001)-c(2 × 2)-H 構造。

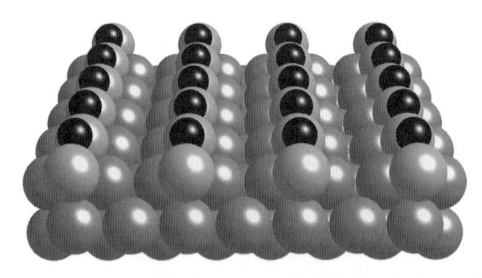

図 2.36　Ni(110)-(2 × 1)-O 表面構造モデル。酸素吸着により Ni 表面に原子列欠損が生じている。

る場合である。

　図 2.35 に例として W(001) 表面に水素を吸着させた場合の例を示す。清浄な W(001) 面は室温では緩和のみしか示さない。水素原子は，2 つの W 原子の間のブリッジサイトに吸着するが，このとき 2 つの W 原子が水素に引き寄せられるように移動する。1/2 ML の水素が吸着すると図のように c(2×2) 構造が生じる。W 原子の変位はそれほど大きくないが，吸着子により下地に再構成が誘起される例の 1 つである。この c(2 × 2)-H 構造の対称性は $c2mm$ と表され，清浄表面を低温にした時に観測される $p2mg$ の c(2× 2) とは異なった対称性をもつ[24]。

　図 2.36 は，Ni(110) 表面に酸素原子が吸着した Ni(110)-(2 × 1)-O 表面の例である[25]。清浄な Ni(110) は再構成を示さないが，酸素が吸着するこ

とで下地の Ni 表面に原子列欠損が生じている。この原子列欠損は，Au(110),Pt(110),Ir(110) の清浄表面で観測されているものとは原子列の方向が 90° 異なっている。

## 2.6 現実の表面構造と顕微観測

本章では表面構造の基礎を学ぶために，広いテラス上に一様に形成されている表面を扱ってきた。良質の試料を用いて超高真空という理想的な環境下でレシピ通りに作れば，表面の大部分がここで紹介した表面構造で占められるのは事実である。しかし，現実的には図 2.1 で示したように表面にはステップなどの様々な欠陥や不純物が必ず存在する。表面における結晶成長や化学反応を考えた場合，ステップや欠陥は，むしろテラス上の平均的な構造よりも活性で重要な役割を果たす可能性が高い。そのようなステップや欠陥の位置や構造を観測するためには，空間格子を見る通常の回折法は役に立たず，ステップや 1 つひとつの欠陥を観測できる顕微鏡法を用いる必要がある。

顕微鏡法には，高速電子線を用いる透過電子顕微鏡，反射電子顕微鏡 [26]，走査型電子顕微鏡 [27] が比較的早くから用いられており，ステップ構造などの観測に用いられてきた。最近，電子顕微鏡は球面収差補正レンズが実用化されて真の原子分解能が得られるようになっており，今後の進展が期待される。また，1982 年の走査型トンネル顕微鏡の発明 [28] は，この分野に革命的な進展をもたらしたことは言うまでもない。先端を細く尖らせた探針を nm 程度の距離に近づけて走査することで表面を原子レベルの空間分解能で観測するこの手法は，表面が決して一様なものではなく多種多様な欠陥が散在している場所であることを我々に知らしめた。20 年ほど前に実用化された光電子顕微鏡 (photoemission electron microscope, PEEM)[29] や低速電子顕微鏡 (low energy electron microscope, LEEM)[30] は，10 nm 程度の空間分解能で表面の光電子像や回折電子像を観測できる手法である。光電子放出量や表面周期構造の 2 次元分布をほぼ実時間で観測可能であることから，加熱中の領域構造の移り変わりや，吸着原子と相互作用するステップやテラスのダイナミックな変化の観測に威力を発揮している。

今後も，様々な手法の性能の向上が図られ，新たな手法の開発が行われる

ものと思われる。そして，より現実的な環境下での表面構造や表面の動的な構造変化の様子が明らかになっていくものと考えられる。

## 引用・参考文献

[ 1 ] 今野豊彦："物質からの回折と結像"，（共立出版，2003）．
[ 2 ] D. J. Chadi: Phys. Rev. Lett. **43**, 43(1979).
[ 3 ] T. Tabata, T. Aruga and Y. Murata: Surf. Sci. **179**, L63(1987).
[ 4 ] K. C. Pandy: Phys. Rev. Lett. **47**, 1913(1981).
[ 5 ] W. Huisman, M. Lohmeier, H. A. vab der Vegt, J. F. Peters, S. A. de Vries, E. Vlieg, V. H. Etgens, T. E. Derry and J. F. van der Veen: Surf. Sci. **396**, 241(1998).
[ 6 ] K. Takayanagi: J. Microscopy **131**,283(1984)
[ 7 ] A. R. Lubinsky, C. B. Duke, B. W. Lee and P. Mark: Phys. Rev. Lett. **36**, 1058(1976).
[ 8 ] 塚田捷："表面物理入門"，（東京大学出版会，1989）p.75.
[ 9 ] A. Ohtake, J. Nakamura, T. Komura, T. Hanada, T. Yao, H. Kuramochi and M. Ozeki: Phys. Rev. B **64**, 045318(2001).
[10] M. K. Debe and D. A. King: Phys. Rev. Lett. **39**, 708(1977).
[11] R. S. Daley, T. E. Felter, M. L. Hildner and P. J. Estrup: Phys. Rev. Lett. **70**, 1295(1993).
[12] M. A. Van Hove, R. J. Koestner, P. C. Stair, J. P. Bibérian, L. L. Kesmodel, I. Bartoš and G. A. Somorjai: Surf. Sci. **103**, 189(1981).
[13] Y. Tanishiro, H. Kanamori, K. Takayanagi, K. Yagi and G. Honjo: Surf. Sci. **111**, 395(1981).
[14] S. Narashima and D. Vanderbilt: Phys. Rev. Lett. **69**, 1564(1992).
[15] W. Moritz and D. Wolf: Surf. Sci. **163**, L655(1985).
[16] J. Stöhr, R. Jaeger and T. Kendelewicz: Phys. Rev. Lett. **49**. 142(1982).
[17] T. Fujita, Y. Okawa, Y. Matsumoto and K. Tanaka: Phys. Rev. B **54**,2167 (1996).
[18] J. E. Northrup: Phys. Rev. Lett. **53**, 683(1984).
[19] M. S. Finney, C. Norris, P. B. Howes, R. G. van Silfhout, G. F. Clark and J. M. C. Thornton: Surf. Sci. **291**, 99(1993).
[20] O. Bunk, G. Falkenberg, J. H. Zeysing, L. Lottermoser, R. L. Johnson, M. Nielsen, F. Berg-Rasmussen, J. Baker and R. Feidenhans'l: Phys. Rev. B **59**, 12228(1999).
[21] T. Abukawa, M. Sasaki, F. Hisamatsu, T. Goto, T. Kinoshita, A. Kakizaki and S. Kono: Surf. Sci. **325**, 33（1995）．
[22] T. Abukawa, T. Okane and S. Kono: Surf. Sci. **256**, 370(1991).
[23] T. Abukawa, S. Kono and T. Sakamoto: Jpn. J. Appl. Phys. **28**, L303(1989).
[24] L. D. Roelofs and S. C. Ying: Surf. Sci. **147**, 203(1984).
[25] H. Niehus and G. Comsa: Surf.Sci. **151**, L171(1985).

[26] K. Yagi: Surf. Sci. Report **17**, 305(1993).
[27] Y. Homma, H. Hibino and N. Aizawa: Surf. Sci. **324**, L333(1995).
[28] G. Binnig, H. Rohrer, Ch. Gerber and W. Weibel: Phys. Rev. Lett. **49**, 57(1982).
[29] G. Ertl: Science **254**,1750(1991).
[30] E. Bauer: Rep. Prog. Phys. **57**, 895(1994).

## 参考にした主な書籍

・H. Ibach: "Physics of Surfaces and Interfaces", (Springer, 2006).
・H. Lüth: "Solid Surfaces, Interfaces and Thin Films", Fifth Edition, (Springer, 2010).
・小間篤，八木克道，塚田捷，青野正和（編）："表面科学入門"，（丸善，1994）．
・志村史夫："したしむ表面物理"，（朝倉書店，2007）．
・岩澤康裕，中村潤児，福井賢一，吉信淳："ベーシック表面科学"，（化学同人，2010）．
・今野豊彦："物質の対称性と群論"，（共立出版，2001）．

# 第3章

# 表面の電子状態

## 3.1 電子状態と電子構造

　分子や固体は原子が凝集したものである。原子が凝集するに際して電子が「糊」の役割を果たしている。化学結合は大別して共有結合，イオン結合，金属結合に分類できるが，量子力学的には，これらの結合の違いはない。また配位結合，水素結合，分子間力なども含めて量子力学計算では統一的に扱うことができる。すべて電気的な力に還元できる。これらを化学結合というが，化学結合に重要な電子は価電子や自由電子である。価電子以外の内殻電子も全波動関数として化学結合に関与している。全波動関数を価電子と内殻電子の波動関数に分離するのは1電子近似の一種である。

　表面の電子状態を議論する場合，化学結合に直接関与する価電子の変化は複雑すぎるので，内殻電子が化学結合によってどのように変化するのか（表面内殻準位シフトやケミカルシフト）を議論する場合も多い。

　「電子構造」という用語と「電子状態」とは同じ意味で使われる場合がほとんどで，両者に意味の区別はない。電子構造も電子状態もともに，「電子スペクトルから得られる全ての物質情報」を意味している。たとえば，結合エネルギー，電子密度の空間・角度分布，1電子軌道の対称性，全電子状態密度，部分電子状態密度，局所電子状態密度，フェルミエネルギー，空いた

---

第3章執筆：河合 潤

軌道（空軌道，伝導帯）の状態密度（全，部分，局所）などのミクロな性質や，電気伝導性，比熱などの輸送現象，磁性，仕事関数などマクロな性質をも含む。電子スペクトルが高いエネルギー分解能で測定できる場合には，原子の振動による効果が観測できるので，電子–フォノン（格子振動）相互作用（原子間隔が違う原子の電子準位はケミカルシフトのようにシフトする）も電子状態に含まれる。さらに X 線光電子スペクトルや電子線エネルギー損失スペクトルを測定する場合には，後述するシェイクアップ（shake-up）サテライト[1]やプラズモンサテライト[1]など，内殻空孔生成や入射電子の摂動によって生じる動的な電子状態の応答（多体効果や集団励起）を議論する場合もある。内殻電子が電離したときの原子のポテンシャルの急激な変化に対応できない外殻の電子が励起される現象をシェイクアップという（離散準位への励起をシェイクアップ，連続準位への励起をシェイクオフ（shake-off）と呼んで区別する場合がある）。内殻電子が電離したときのポテンシャルの変化によって自由電子に疎密波が生じる現象がプラズモンである（ただし，電離電子が固体中を進行する間にプラズモンを励起するという考え方もある）。それぞれ余分に励起されたシェイクアップ電子やプラズモンにエネルギーが移行して，本来の内殻電子の光電子スペクトルよりも運動エネルギーが低くなる。

## 3.2　電子状態密度

　局所・部分電子状態密度とは，分子軌道を原子軌道に分解したとき，それぞれの成分の原子や軌道成分の割合を意味する。たとえば硫酸イオン $SO_4^{2-}$ を考える。酸素 2s, 2p と硫黄 3p 軌道が分子軌道を形成しているが，簡単のために O 2s と S 3p だけを抜き出して図示すると図 **3.1** のようになる。分子軌道を原子軌道の線形結合で表示すると，O 2p などの寄与を無視して，たとえば，

$$反結合性軌道 = 0.40|O\,2s\rangle - 0.70|S\,3p\rangle \\ 結合性軌道 = 0.60|O\,2s\rangle + 0.30|S\,3p\rangle \tag{3.1}$$

と表される。式 (3.1) は酸素 2s 軌道が 4 つあることを省略してあるが，実際には 4 個の酸素 2s 軌道の線形結合を意味している。すなわち，正四面体

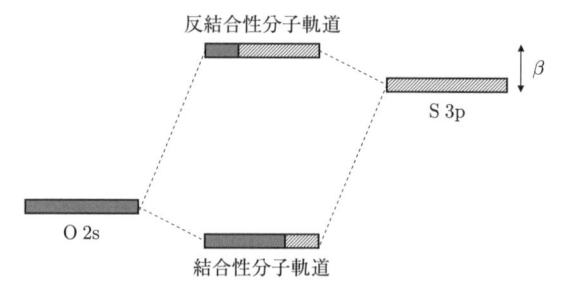

**図 3.1** $SO_4^{2-}$ の分子軌道と局所 (S) 部分 (3p) 状態密度。

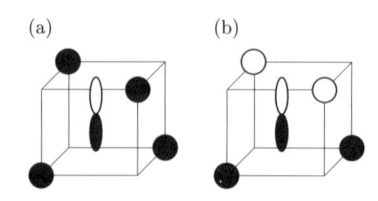

**図 3.2** 中心の $Sp_z$ 軌道と 4 個の O s の位相の関係。

の頂点の 4 つの s 軌道の和（図 **3.2**(a)）は正四面体の中心にある硫黄の p 軌道の ＋ と － との重なりが打ち消しあうので，酸素 4 軌道の和との相互作用は計算するまでもなく 0 になる。図 3.2(b) のように ＋ と － を掛けて酸素 4 軌道の和をとると中心の p 軌道との相互作用が生き残る。より正確な分子軌道係数は，表 **3.1** のようになる。この表では分子軌道を形成しない図 3.2(a) のような線形結合は除外されているが，図 3.2(b) のような $S\,3p_z$ を成分 (0.28) として含む分子軌道には 2 個の酸素の 2s 軌道には $-0.43$ が，残りの酸素の 2s 軌道には $+0.43$ が係数として掛かっている。局所（たとえば硫黄）・部分（たとえば 3p）状態密度は，S 3p の原子軌道の係数を 2 乗してエネルギーに対してプロットしたものである。係数を 2 乗するのは分子軌道の中で各原子の電子の存在確率を求めるためである。クラスター分子ではエネルギー準位は広がりをもたないが，固体になると共鳴積分 $\beta = \langle O\,2s|\hat{h}|S\,3p\rangle$ の 2 倍の幅をもつ。$2\beta$ がバンド幅になる。$2 = \sqrt{配位数}$ である。通常は 1〜2 eV 程度である。ここで $\hat{h}$ は 1 電子ハミルトニアンである。固体の場合には状態密度を単位格子，単位エネルギーあたりの状態密度（準位数密度）に換算するが，そのためには定数をかければよい。

バンド計算によって得られたバンド構造は，横軸に波数（$\hbar$ 倍すれば結晶運動量になる。真の運動量が並進対称性を意味するように結晶運動量は結晶

表 3.1　$SO_4^{2-}$ の分子軌道係数 [2]。

|  |  | $3t_2$ | | | $4t_2$ | | |
|---|---|---|---|---|---|---|---|
| S | 固有値(原子単位) | −0.62731 | −0.62731 | −0.62731 | 0.01015 | 0.01015 | 0.01015 |
|  | 1s | 0.00000 | 0.00000 | 0.00000 | 0.00000 | 0.00000 | 0.00000 |
|  | 2s | 0.00000 | 0.00000 | 0.00000 | 0.00000 | 0.00000 | 0.00000 |
|  | $2p_x$ | 0.00000 | −0.11776 | 0.00000 | −0.19140 | 0.00000 | 0.00000 |
|  | $2p_y$ | 0.00000 | 0.00000 | −0.11776 | 0.00000 | 0.19140 | 0.00000 |
|  | $2p_z$ | −0.11776 | 0.00000 | 0.00000 | 0.00000 | 0.00000 | −0.19140 |
|  | 3s | 0.00000 | 0.00000 | 0.00000 | 0.00000 | 0.00000 | 0.00000 |
|  | $3p_x$ | 0.00000 | 0.28050 | 0.00000 | 0.60840 | 0.00000 | 0.00000 |
|  | $3p_y$ | 0.00000 | 0.00000 | 0.28050 | 0.00000 | −0.60840 | 0.00000 |
|  | $3p_z$ | 0.28050 | 0.00000 | 0.00000 | 0.00000 | 0.00000 | 0.60840 |
| O | 1s | −0.11781 | −0.11781 | −0.11781 | 0.05802 | −0.05802 | 0.05802 |
|  | 2s | 0.43025 | 0.43025 | 0.43025 | −0.28725 | 0.28725 | −0.28725 |
|  | $2p_x$ | −0.04228 | −0.02117 | −0.04228 | 0.08174 | 0.20048 | −0.20048 |
|  | $2p_y$ | −0.04228 | −0.04228 | −0.02117 | −0.20048 | −0.08174 | −0.20048 |
|  | $2p_z$ | −0.02117 | −0.04228 | −0.04228 | −0.20048 | 0.20048 | 0.08174 |
| O | 1s | −0.11781 | 0.11781 | 0.11781 | −0.05802 | 0.05802 | 0.05802 |
|  | 2s | 0.43025 | −0.43025 | −0.43025 | 0.28725 | −0.28725 | −0.28725 |
|  | $2p_x$ | 0.04228 | −0.02117 | −0.04228 | 0.08174 | 0.20048 | 0.20048 |
|  | $2p_y$ | 0.04228 | −0.04228 | −0.02117 | −0.20048 | −0.08174 | 0.20048 |
|  | $2p_z$ | −0.02117 | 0.04228 | 0.04228 | 0.20048 | −0.20048 | 0.08174 |
| O | 1s | 0.11781 | 0.11781 | −0.11781 | −0.05802 | −0.05802 | −0.05802 |
|  | 2s | −0.43025 | −0.43025 | 0.43025 | 0.28725 | 0.28725 | 0.28725 |
|  | $2p_x$ | −0.04228 | −0.02117 | 0.04228 | 0.08174 | −0.20048 | −0.20048 |
|  | $2p_y$ | 0.04228 | 0.04228 | −0.02117 | 0.20048 | −0.08174 | 0.20048 |
|  | $2p_z$ | −0.02117 | −0.04228 | 0.04228 | −0.20048 | −0.20048 | 0.08174 |
| O | 1s | 0.11781 | −0.11781 | 0.11781 | 0.05802 | 0.05802 | −0.05802 |
|  | 2s | −0.43025 | 0.43025 | −0.43025 | −0.28725 | −0.28725 | 0.28725 |
|  | $2p_x$ | 0.04228 | −0.02117 | 0.04228 | 0.08174 | −0.20048 | 0.20048 |
|  | $2p_y$ | −0.04228 | 0.04228 | −0.02117 | 0.20048 | −0.08174 | −0.20048 |
|  | $2p_z$ | −0.02117 | 0.04228 | −0.04228 | 0.20048 | 0.20048 | 0.08174 |

周期の並進対称性を意味する量子数であって本当の運動量ではないので注意すること [3]），縦軸に 1 電子エネルギーをプロットする場合が多い。全電子状態密度を求めるためには，各エネルギーに対して何本のバンドが横切っているかを数えあげる。それぞれの原子と軌道に対する射影を計算することに相当する。バンド図から局所・部分状態密度を抜き出すのはクラスター分子ほど直感的ではないが，バンドを原子（局所）および，たとえばその原子の

p 状態へ射影させる。

　表面科学でこれらの電子状態が重要となるのは，表面とバルクとで電子状態が変化する様子を，価電子の電子スペクトル測定を通して知ることができるからである。表面に吸着した分子によって基板側の表面電子状態がどのように変化するのかを検出できる。吸着分子が表面に対して直立しているのか，寝ているのかも電子状態を通じて知ることができる。表面の結晶構造が変化するなどの構造相転移を電子状態の変化（表面内殻準位シフト）を通して検出することも可能である。もちろん電子回折や走査型プローブ顕微鏡のような構造敏感な検出方法もあるが，これらの方法も電子密度の周期構造が回折格子として働くことや，表面から真空中へ広がった電子を検知している。表面酸化などの化学状態の変化を知ることも電子状態の計測（電子スペクトル測定）から可能である（ケミカルシフト）。

## 3.3 オージェ電子

　化学結合の変化による KLL オージェ電子の運動エネルギーの変化をどのように計算するかを例として，全エネルギーや全波動関数と 1 電子エネルギーや 1 電子波動関数との関係の直感的な説明を試みてみたい。オージェ電子分光は，表面に敏感な電子分光法であり，数十ナノメートルの空間分解能で 1 ナノメートル以下の深さの固体表面の元素組成を分析する方法であるが，また電子状態によってスペクトルの形状やピーク位置を変化させる特徴がある。

　励起電子（または入射 X 線）によって 1s 電子（K 殻電子）が電離し，引き続いて，たとえば 2s → 1s 電子遷移が生じ（2s → 1s は電気双極子遷移ではないが，オージェ電子遷移では光を放射しないので許容遷移となる），そのエネルギーを原子内でクーロン力によって受け取った 2p 電子のイオン化が生じると考えて計算を行う。たとえばネオン原子を考えると，図 **3.3**(a) のように基底状態では $1s^22s^22p^6$ という電子配置をもっている（6 個の 2p 電子を描くかわりに 2 個で代用してある）。1s 電子が励起されて図 3.3(b) の電子配置となり，最終的に図 3.3(c) の電子配置になる。点線のエネルギーを運動エネルギーゼロとすると点線の上側の矢印の長さが求めたいオージェ電子の運動エネルギーになる。点線の上側は正で運動エネルギーを表し，下

3.3 オージェ電子　67

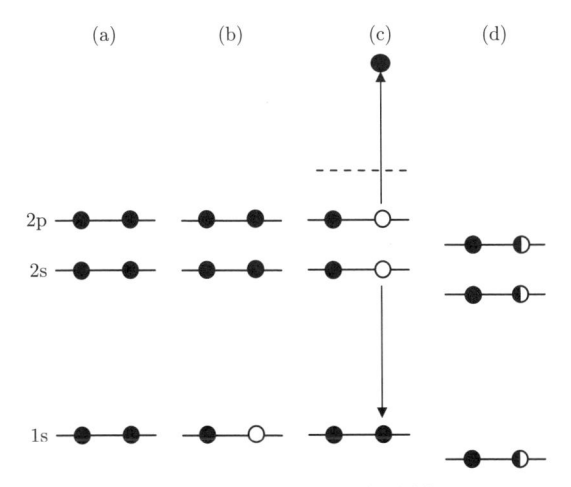

|  (a)　　(b)　　(c)　(d)  |

図3.3　オージェ電子の電子遷移。

側は負で束縛（結合）エネルギーを表す。

　ハートリー–フォック (HF) 近似では，1電子軌道エネルギー，すなわち1電子 HF ハミルトニアンの固有値 $\varepsilon_i$ が $i$ 番目の軌道の電子の電離に必要な最小のエネルギー（結合エネルギー）に等しくなる。

$$\varepsilon_i = E_N(n_i) - E_{N-1}(n_i - 1) \tag{3.2}$$

これをクープマンズの定理と呼ぶ。電子が $N$ 個ある系の $i$ 番目の1電子軌道に $n_i$ 個の電子があるときに比べて，その軌道の電子数が $n_i - 1$ に変化するとその軌道のエネルギーは変化する。その軌道だけではなく電子数が変化しなかった他の軌道のエネルギーも実際には変化する。最初の状態の電子配置の1電子軌道のエネルギーが電子の放出後も変化せず凍結されたままであると仮定すればクープマンズの定理が成立する。

　ここで $E_N$ は全電子ハミルトニアンの固有値であり，全電子に対するエネルギーである。クープマンズの定理は，消滅した1個の電子の軌道エネルギーの分だけ全エネルギーが変化することを意味する。したがって，図 3.3 の (a), (b), (c) で各準位のエネルギーが変化せず凍結していると仮定すれば，

$$\varepsilon(2s) - \varepsilon(1s) + \varepsilon(2p) \tag{3.3}$$

が電離した 2p 電子（オージェ電子）の運動エネルギーになる。ここで，$\varepsilon(2\mathrm{s}) - \varepsilon(1\mathrm{s}) > 0$, $\varepsilon(2\mathrm{p}) < 0$ であることに注意する。

ところが 1s 電子が電離したときの 1s 軌道エネルギーは，基底状態のときに比べて 1s 電子同士のクーロン反発がなくなる分だけ深くなる。また原子核からもう 1 つの 1s 電子を遮蔽していた効果もなくなり，両方の効果で結合エネルギーは約 15 eV 深くなる。2 個の 1s 電子は互いに原子核と他の 1s 電子の間に割って入って存在する有限の確率をもっている（もちろんこの確率は小さい）。その有限の確率の分だけ他の 1s 電子を原子核から遮蔽している。したがって 2 個目の 1s 電子の電離には，この場合 15 eV ほど大きなエネルギーが必要となる。クーロン反発の効果や遮蔽効果は他の軌道電子にも及ぶ。2s や 2p 軌道の結合エネルギーも同じように結合エネルギーが変化するので，クープマンズの定理よりも正確なオージェ電子の運動エネルギーを計算するためには，軌道の緩和を考慮した全電子のエネルギーを計算する必要が出てくる。

一方，密度汎関数 (density functional theory, DFT) 法（たとえば X$\alpha$ 法も DFT の一種である）では，1 電子軌道のエネルギー（固有値）はその軌道にある電子数を微小変化させたときの全エネルギーの変化量

$$\varepsilon_i = \frac{\partial E}{\partial n_i} \tag{3.4}$$

になるという物理的な意味をもつ[4]。図 3.3(d) のように (b) と (c) の電子配置の平均の電子数が軌道に入っている場合の軌道エネルギーの差 $\varepsilon(2\mathrm{s}) - \varepsilon(1\mathrm{s}) + \varepsilon(2\mathrm{p})$ を計算すれば，軌道緩和を考慮した (b) と (c) の全エネルギーの差から計算したオージェ電子エネルギーに等しくなる（3 次の微小量の差を無視すれば）。これをスレーターの遷移状態法という。

## 3.4　原子の全エネルギーと 1 電子軌道エネルギー

前節のオージェ電子エネルギーを HF 近似で計算しようとする場合には，以下のようにする。たとえば，図 3.3(a) の電子配置の全電子エネルギーは，

$$E_a = \sum I(nl) + \sum_{pairs} \left\langle \frac{e^2}{r_{12}} \right\rangle \tag{3.5}$$

$$= 2I(1s) + 2I(2s) + 6I(2p)$$
$$+ {}_2C_1 \cdot {}_2C_1 \cdot E(1s, 2s) + {}_2C_1 \cdot {}_6C_1 \cdot E(1s, 2p) + {}_2C_1 \cdot {}_6C_1 \cdot E(2s, 2p)$$
$$+ {}_2C_2 \cdot E(1s, 1s) + {}_2C_2 \cdot E(2s, 2s) + {}_6C_2 \cdot E(2p, 2p) \tag{3.6}$$

と表される[5]。式 (3.6) の 1 行目の $I$ は 1 電子の運動エネルギーと原子核からのポテンシャルエネルギーの和に相当する項である。2 行目は非等価な電子同士の相互作用エネルギー（たとえば ${}_2C_1 \cdot {}_6C_1 \cdot E(1s, 2p)$ の項は 1s 電子 2 個の中から 1 個を選び，2p 電子 6 個の中から 1 個を選んで，その 2 個の電子が相互作用する項を意味している），3 行目は等価な電子同士の相互作用エネルギーである（たとえば ${}_6C_2 \cdot E(2p, 2p)$ は 2p 電子 6 個の中から 2 個を選ぶ組み合わせを意味している）。

2 つの等価な電子の相互作用エネルギーは，

$$E(s, s) = F^0(s, s) \tag{3.7}$$

$$E(p, p) = F^0(p, p) - \frac{2}{25} F^2(p, p) \tag{3.8}$$

と表され，非等価な電子の相互作用エネルギーは

$$E(s, s') = F^0(s, s') - \frac{1}{2} G^0(s, s') \tag{3.9}$$

$$E(s, p) = F^0(s, p) - \frac{1}{6} G^1(s, p) \tag{3.10}$$

と表される。ここで $F^k$ や $G^k$ はスレーター–コンドンパラメータと呼ばれ[5]，それぞれクーロン積分と交換積分を随伴ルジャンドル関数 $P_{nl}$ で展開した $k$ 次の項である。すなわち原子の波動関数の $r$ に依存する項のクーロン積分と交換積分である。

$$F^k(nl, n'l') = e^2 \int_0^\infty \int_0^\infty \frac{r_<^k}{r_>^{k+1}} [P_{nl}(r_1)]^2 [P_{n'l'}(r_2)]^2 dr_1 dr_2 \tag{3.11}$$

$$G^k(nl, n'l') = e^2 \int_0^\infty \int_0^\infty \frac{r_<^k}{r_>^{k+1}} P_{nl}(r_1) P_{n'l'}(r_2) P_{n'l'}(r_1) P_{nl}(r_2) dr_1 dr_2 \tag{3.12}$$

また係数 2/25 などは，角運動量成分を球面調和関数で展開した結果である。

スレーター–コンドンパラメータの値を使って実験を再現できるのは原子

(球対称ポテンシャル) の場合である．1電子の波動関数を2つ含んでいる．これと同じことを図 3.3(b) と (c) についても行い，その差をとると，HF 近似において全電子エネルギーから計算したオージェ電子スペクトルの平均値（多重項分裂の重心のエネルギー）が得られる．

$$E_b = I(1s) + 2I(2s) + 6I(2p)$$
$$+ {}_2C_1 \cdot E(1s, 2s) + {}_6C_1 \cdot E(1s, 2p) + {}_2C_1 \cdot {}_6C_1 \cdot E(2s, 2p)$$
$$+ {}_2C_2 \cdot E(2s, 2s) + {}_6C_2 \cdot E(2p, 2p) \tag{3.13}$$

$$E_c = 2I(1s) + I(2s) + 5I(2p)$$
$$+ {}_2C_1 \cdot E(1s, 2s) + {}_2C_1 \cdot {}_5C_1 \cdot E(1s, 2p) + {}_5C_1 \cdot E(2s, 2p)$$
$$+ {}_2C_2 \cdot E(1s, 1s) + {}_5C_2 \cdot E(2p, 2p) \tag{3.14}$$

図 3.3(b) と (c) で全エネルギーが保存するから，

$$E_b = E_c + \frac{p^2}{2m} \tag{3.15}$$

となってオージェ電子の運動エネルギー $p^2/(2m)$ が求まる．

終状態 (図 3.3(c)) では2つの空孔が存在するので，そのスピンベクトルの相互の関係によってエネルギーが分裂する．上で求めた平均エネルギーを重心として，全電子のエネルギーが1重項状態 ($^1P$) と3重項状態 ($^3P$) に分裂する．原子から放出されるオージェ電子は，

$$^1P(2s^{-1}, 2p^{-1}) = E_{av}(2s^{-1}, 2p^{-1}) + \frac{1}{2}G^1(2s, 2p) \tag{3.16}$$

$$^3P(2s^{-1}, 2p^{-1}) = E_{av}(2s^{-1}, 2p^{-1}) - \frac{1}{6}G^1(2s, 2p) \tag{3.17}$$

のエネルギー位置に統計的に 1:3 の原子数比に分かれて観測される．すなわち観測したオージェ電子の発生元の原子の総数を $N$ とすれば，$N/4$ は1重項のエネルギーを持ち，$3N/4$ は3重項のエネルギーを持つ電子が観測される．

## 3.5 数値計算

内殻空孔状態の全エネルギー，式 (3.13) や (3.14)，を計算する場合，$I$ や

$F$ や $G$ は図 3.3(b) と (c) の電子配置ごとに計算する．原子の場合にはこれは容易である．内殻空孔の有無によってこれらの積分は変化しないと仮定して計算すればクープマンズの定理の結果と等しくなる．図 3.3(b) と (c) の電子配置ごとに軌道緩和を考慮して全電子エネルギーを計算して差を求める方法は $\Delta$SCF 法と呼ばれる．

真空中の 1 原子についてオージェ電子のケミカルシフトを計算しようとすると，上述の計算過程と同じ計算を，価電子数を変化させた場合について，やりなおさなければならない．その際，内殻軌道や価電子軌道の電子数が変化しても $F$ や $G$ を同一として近似しても十分な精度をもつのか，$\Delta$SCF 計算をした方が良いのか，十分に吟味しておく必要がある．一般に毎回 $\Delta$SCF 計算を行って全ての価電子軌道に空孔をおいた計算を行うと，理論的には厳密なように見えるが，実際には計算誤差が大きくなる．分子の場合には接近したエネルギーの多数の分子軌道があるため，空孔ができるとこれらのエネルギーの上下関係が逆転するものが出てきて，何を計算しているかわからなくなってくるからである．

密度汎関数法を用いた場合でもスペクトルの多重項構造を求めるためには $F$ や $G$ に相当する積分を計算しなければならない．密度汎関数法でも式 (3.16) や (3.17) を使ってよいのかどうかは自明ではなく，実際に計算をする場合に，検討しなければならない．なぜなら，密度汎関数法に交換積分 $G^k$ を持ち込むのは理論的には一貫していないが，近似としては実験に合う結果が得られる場合が多いからである．密度汎関数法では交換積分を局所 ($r$) 密度の関数で近似するからである．X$\alpha$ 法における簡易計算では，遷移状態（図 3.3(d)）での $F^k$ や $G^k$ を計算しておき，式 (3.13), (3.14) を計算すると実験とよく一致する場合もある．

もし以上のことを固体で行おうとすると，今度は原子核・原子核間のクーロン反発エネルギー，隣接原子の原子核から空孔のある原子の電子が受けるクーロン引力エネルギーなどを新たに考慮しなければならないので計算は複雑になる．$F^k$ や $G^k$ は球対称原子に対して定義できる積分なので，固体では無力である．固体の中で広がった（非局在化した）電子を表すために $F^k$ や $G^k$ の値に 0.7 を掛けたりする場合もある．また無限固体を半分に切った固体表面で同じ計算をしようとすると，対称性の低下した計算を行う必要が生じる．

以上の議論は，1重項状態 ($^1P$) と 3 重項状態 ($^3P$) が 1:3 に分裂するという議論を除いて全て横軸（エネルギー）に関する議論であった．1:3 という原子数比は，分裂した 2 つのエネルギー差が無視できる場合には成立するが，現実には成立しないことも多い．スペクトルの強度に関する議論を精密に行うためには，遷移強度を量子力学的に計算する必要が生じる．ところがエネルギー固有値の計算に比べて遷移モーメントの計算は誤差が大きく，また遷移時間の関数としても変化する[6]．通常の計算では，遷移に要する時間が無限小として計算する場合が多い（急変近似）．しかし吸収端ぎりぎりのX線で励起するような場合には，1s 電子が原子から遠ざかる時間を無視することができない．また電離したオージェ電子が電離した瞬間に原子から完全に離れているわけではないことによる効果も考慮する必要がある．一方，無限の時間をかけて徐々に電離すると仮定する場合の近似は断熱近似と呼ばれる．原子から遠ざかる電子の速度に応じて断熱近似と急変近似の中間のピークが観測されたり，断熱近似と急変近似に相当する 2 本のピークが観測されたりする．

入射した電子 1 個について，あるいは電離したオージェ電子 1 個について，図 3.3 のようなプロセスのみが生じれば，それでも強度の議論は単純である．しかし実際には，1 個の励起電子が入射した際には，内殻 1 電子の電離だけが生じるのではなく，数十 % の確率でもう 1 つ余分に外殻電子の励起が生じる (シェイクアップ，シェイクオフ)．1 桁小さい数 % の確率で第 3 の電子の励起も生じる．オージェ電子が放出される際にも，オージェ電子だけが励起される場合もあれば，同時にプラズモンが生成し，オージェ電子の運動エネルギーがプラズモンへのエネルギーロスとして観測されることもある．

基底状態から内殻電子を 1 個消滅させた空孔状態は（1 電子軌道エネルギーは緩和せず凍結させておく），可能な全ての励起を含む緩和した終状態の電子配置を表す波動関数（実験で観測される状態なので全てが直交している）に，スペクトル強度の平方根の重みをつけて展開することが可能である（配置間相互作用）．また逆に，軌道エネルギーが緩和した 1 電子空孔状態の全波動関数は，軌道緩和しない 1 電子軌道から構成された全電子波動関数で，多電子が励起した電子配置をもつ全電子波動関数（互いに全て直交している）で展開することも可能である．離散準位だけで展開することもでき

るが，連続状態を加えた直交関数系で展開した方が実験スペクトルを説明できる場合が多い。

もっと原理的なところまでさかのぼれば，我々はNeの電子配置が$1s^22s^22p^6$という電子配置をとっていると仮定した。これは原子の全ハミルトニアン$H$を1電子ハミルトニアン$\hat{h}$の和に分けて考えたことに相当する。しかし真の1原子のハミルトニアンはそのような和では表せない。特に内殻に空孔があるような原子の全電子波動関数$\Psi$は束縛電子の1電子波動関数$\psi$の積では表せない複雑なものになる。連続固有値をもった自由電子の波動関数も混合する。したがって1電子軌道で考える場合には，根本的に近似であることを忘れてはならない。

オージェ電子遷移をもっと厳密に議論するためには，図3.3の(a) → (b) → (c) という3段階の計算ではなく1段階の散乱過程として計算する方が原理的にも精度の点でも優れているといわれている[7,8]。(1) 内殻に空孔ができる過程，(2) オージェ電子が生成する過程，(3) その原子から表面まで固体内を輸送される過程，(4) 表面から脱出して分光器で検出される過程，と4段階に分解するのは近似にすぎない。(1) から(3) は分割できない1つの量子力学的なプロセスと考えるべきである。(1) と(2) が分離できるのは，内殻空孔の寿命が十分に長い場合である。(2) と(3) が分離できるのは，図3.3の例では，2p軌道が固体内で十分に局在化している場合である。価電子は固体内でバンドを作り非局在化しているので(2) と(3) は分離できず，オージェ電子が固体表面から出た瞬間に電子が局在化して発生したと考えるべきである。後述するように（図3.12），光電子に関しても同様に考えるべきである[9]。

固体内で原子の内殻電子が電離するとその電子の物質波の波長は$\lambda = h/\sqrt{2mE}$で表される。ここで$E$はその電子の運動エネルギーである。実験では$E$は数百〜数千eVのエネルギーを使う場合が多い。この物質波の波長が結晶の周期境界条件と一致すれば結晶内で減衰しないで伝播し，電子は表面から放出される（図**3.4**(a)）。結晶の方位に依存して伝播されやすい（非局在化されやすい）電子波の波長が変化する。これがエネルギーの$k$依存性であり，バンド構造を意味する。この波長をもった電子は固体内で伝導帯を形成する。物質波の波長が結晶の周期境界条件からずれると，伝播せず減衰する（図3.4(b)）。光電子の角度依存性は，光電子回折法として表面

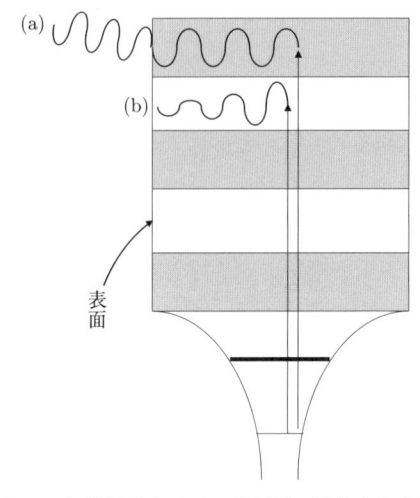

図 **3.4** 原子から (a) 伝導帯または (b) 禁制帯へ励起された電子の振る舞い。

構造解析法の一種として使われる。電子の回折は Bragg 条件を満たすので，バンドの位置と一致する。低速電子回折 (low energy electron diffraction, LEED) も同じように解釈できる。

図 3.3 で図示されているのは 2s → 1s，2p →（オージェ電子），という過程であるが，実際には 2p → 1s，2s →（オージェ電子），というプロセスと区別できない。この交換項も観測されるオージェ電子強度には無視できない寄与がある。

## 3.6 クラスター計算とバンド計算

表面は無限固体とナノ粒子の中間の電子状態と考えることができる。一般に固体の電子状態を計算する方法として，クラスター分子軌道計算とバンド計算がある。原子に隣接原子が近づくとき，その相互作用を摂動と考えるのがクラスター分子軌道計算である。一方，自由電子に対して弱い周期的なポテンシャルを摂動と考えるのがバンド計算である。

時間を含まない摂動 $V$ によってハミルトニアンを $H = H_0 + V$ と表したとき[10]，2 原子分子 AB のハミルトニアンは，

と表される。

$$H = H_0 + V = \begin{pmatrix} \alpha_A & 0 \\ 0 & \alpha_B \end{pmatrix} + \begin{pmatrix} 0 & \beta \\ \beta & 0 \end{pmatrix} \quad (3.18)$$

と表される。原子 A と B は原子軌道 $|A\rangle$ と $|B\rangle$ をもつ。摂動の公式から[2]、結合性分子軌道 $|b\rangle$ と反結合性分子軌道 $|a\rangle$ のエネルギーと波動関数はそれぞれ、

$$E_b = E^{(0)} + E^{(1)} + E^{(2)} \quad (3.19)$$

$$= \alpha_A + 0 + \frac{\beta^2}{\alpha_A - \alpha_B} \quad (3.20)$$

$$E_a = \alpha_B - \frac{\beta^2}{\alpha_A - \alpha_B} \quad (3.21)$$

$$|b\rangle = |A\rangle + \frac{\beta}{\alpha_A - \alpha_B}|B\rangle \quad (3.22)$$

$$|a\rangle = |B\rangle - \frac{\beta}{\alpha_A - \alpha_B}|A\rangle \quad (3.23)$$

と表される。$E^{(0)}$ は $H_0$ の対角項、$E^{(1)}$ は $V$ の対角項、$E^{(2)}$ は $V$ の非対角項 $\beta = \langle B|V|A\rangle$ の 2 乗をエネルギー分母で割った項である。ここで重なり積分 $\langle A|B\rangle = S$ はイオン結晶の場合 0.1 くらいの小ささなので無視した。

エネルギー $E^{(0)}(k) = \hbar^2 k^2/(2m)$ の自由電子 $|k\rangle = \exp(ik \cdot r)$ が弱い周期ポテンシャル

$$V(r) = \sum_G V_G \exp(-G \cdot r) \quad (3.24)$$

によって摂動を受けると（$G$ は逆格子ベクトル）[10]、

$$E(k) = E^{(0)}(k) + \langle k|V|k\rangle + \frac{\langle k-G|V|k\rangle^2}{E^{(0)}(k) - E^{(0)}(k-G)} \quad (3.25)$$

となる。ここで $G$ に関する和は 1 項 $G$ のみを残して簡略化した。また $\langle k|V|k\rangle$ は定数である。平面波を周期ポテンシャルをもった固体中に置くと、$G$ の整数倍だけ平行移動した波数ベクトルをもつ状態だけが相互作用し、その行列要素は $V_G$、すなわち $V(r)$ をフーリエ展開した係数に等しくなる。

1960 年代末までは固体の電子状態計算は X$\alpha$ 法や密度汎関数法による周期性無限固体のバンド計算が主であった[11]。コーン-シャームポテンシャ

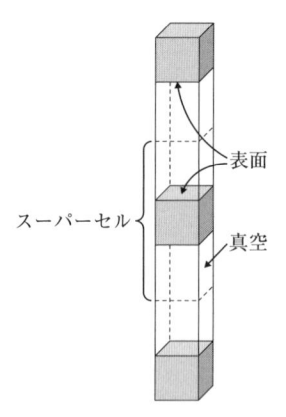

図 3.5　表面計算のためのスーパーセル。

ル (DFT 法) や X$\alpha$ ポテンシャル (X$\alpha$ 法) は有限系の分子には使えないと思われていたからである。表面を周期性無限固体のバンド計算と同様な方法で計算するためにはスーパーセル (図 3.5) を用いて周期性をもたせた計算を行った。セル間の相互作用をなくすためにはスーパーセルの単位格子を十分長くする必要がある。

　同じころハートリー–フォック近似による分子の電子状態が盛んに計算されていた。現在もこの方法は使われているが，1960 年代末から，固体表面の電子状態を計算する方法として，特にスーパーセルを用いたバンド計算の欠点を克服する方法としてクラスター計算法が提案された[4]。半無限表面から表面を含む固体の一部をクラスター分子として抜き出し，その電子状態を DFT の一種の X$\alpha$ 法 (Hartree-Fock-Slater 法とも呼ぶ) を用いて計算する方法である。クラスター内の各原子は互いに接する球対称ポテンシャルを仮定して球面波展開し，その外部では球ベッセル関数で展開する (MS-X$\alpha$ 法，あるいは SW-X$\alpha$ 法と呼ばれる。Multiple Scattering または Scattered Wave の略)。KKR(Korringa-Kohn-Rostoker) 法 (グリーン関数法) の分子版が MS-X$\alpha$ 法である。この MS-X$\alpha$ 法や KKR 法で用いられるポテンシャルはマフィンティンポテンシャルと呼ばれたが，このポテンシャルが計算精度を悪くしていることがわかったため，擬似乱数積分を用いて LCAO 法で計算する方法へと改良された (DV-X$\alpha$ 法[12])。DV-X$\alpha$ 法では 1 電子エネルギーが 0.1 eV 以下の精度で求まり，また内殻に電子空孔がある場合のクラスター分子の電子状態が計算できるため，表面の X 線光

電子スペクトルの計算も可能となった。

たとえば硫酸イオン $SO_4^{2-}$ の電子状態を計算したい場合，DV-$X\alpha$ 法では中心に S，周りに 4 個の酸素を配置して 2− となるように総電子数を決めて変分によって LCAO 計算を行えばよい。一方バンド計算では，相互作用がないほど距離を離して周期的に $SO_4^{2-}$ のクラスターを配置し，Γ 点（ブリルアンゾーンの中心）のみを考慮してバンド計算を行う。計算結果の見通しはバンド計算の方が余分な構造を取り入れているために悪くなる。

無限固体を計算する場合には，クラスター分子計算では，マーデルングポテンシャル（クラスター分子の外は +1 や −1 の点電荷が周期的に並んだポテンシャル）や周期的境界条件を仮定して，クラスターの計算を行う。真空中でクラスター分子を計算すると，固体内の電子は互いにクーロン反発するので，クラスター表面から外へ広がる分子軌道へ電子が逃げようとするからである。それでもクラスターの切り出し方に依存して計算結果が変化する。一方，バンド計算によって無限固体を計算する場合，平面波だけを使えば，価電子の計算は容易であるが，内殻の X 線光電子スペクトルの化学シフトは計算できない。内殻準位計算のためには球面波を使う方が良い。そこで X 線吸収スペクトルは MS-$X\alpha$ 法に似た方法（FEFF 法）で計算される。

表面の計算では，半無限に広がる固体を計算したり，その表面に分子が吸着した構造の電子状態を計算するので，固体のバンド計算もクラスター分子の計算もどちらも不十分な計算にならざるを得ない。XPS などの内殻電子スペクトルを計算する場合にはクラスター法が適しており，表面の浅いバンドの電子状態を計算する場合にはバンド計算が適している。

## 3.7 ケミカルシフト

原子の内殻軌道の波動関数の形は，ガウス関数の線形結合で近似できる。直感的には電子雲でこの電子の広がりを表す。価電子も原子核近傍まで広がり，内殻電子と原子核の間の位置に存在する確率は小さくない。価電子の増減に応じて，内殻電子を原子核から遮蔽していた価電子の遮蔽効果が変化するので，内殻軌道の結合エネルギーがシフトする。XPS ではこの現象を利用して化学状態（酸化数など）を分析する。表面原子の内殻軌道の結合エネルギーも固体内部のバルク原子と比較して少し変化する。半分の結合が切れ

たことによる効果で，ケミカルシフトと同様である．XPSではこの効果を表面内殻準位シフトと呼ぶ．化学結合が変化することによって生じるので，ケミカルシフトの1種と考えてもよい．表面格子緩和しない場合でも，表面内殻準位シフトの理由として以下の3つが挙げられる．

(1) 表面へ原子が出たことによってダングリングボンド（ローンペアー）ができるために，価数が変化し，内殻電子が原子核の正電荷から受けるクーロン力を遮蔽する効果が変化するからであると考えることができる．価電子が原子核から内殻電子を遮蔽する効果は，d電子とs,p電子で逆向きに働く場合がある．3d電子数が減少するとそれを補うように4s電子が増加して（バックドネーション），その原子の酸化数から予想されるシフトと逆向きになることがあるからである．

(2) 表面の半分の化学結合が切れたため，全エネルギーからその分のエネルギーが消失して1電子準位がシフトしたと考えることもできる．

(3) 表面側の原子が＋や－の電荷をもったイオンとして，表面原子のポテンシャルを押し上げたり，引き下げたりしていた効果がなくなったために結合エネルギーがシフトしたとも考えることができる．

(1)～(3)の効果を分離することは不可能で，それぞれが相互に絡み合っている．固体の量子力学計算では(1)～(3)を区別して計算する必要はないが，物理的な意味を単純化して解釈する上では(1)～(3)の分類は役に立つ．

同じ正負イオンの組み合わせによって，正四面体4配位か，正八面体6配位か，あるいは正六面体8配位か（無限固体ではマーデルングポテンシャルと呼ぶ）によって化学シフトが生じる場合は上記(3)によって説明することが可能である．また構造が同じで1価か2価イオンかの違いによって化学シフトが生じる場合も(1)によって説明できそうである．

しかし，たとえば$Al_2O_3$と$AlPO_4$はともに3価のアルミニウムであるが，その化学シフトは共有結合性（逆にイオン結合性といってもよい）の違いによる有効電荷の違いのためであると説明できる．イオン半径を，$Al^{3+}$は0.40Å，$O^{2-}$は1.30Åとすると，Al–O原子間距離は，$AlPO_4$では1.70Åとなる．一方，$Al_2O_3$ではO–O原子間距離は$1.70 Å \times \sqrt{2} = 2.40 Å$であるが，図**3.6**のように$O^{2-}$同士の立体障害のためO–O原子間距離が2.60Å以下には近づけないので$2.60 Å \div \sqrt{2} = 1.84 Å$がAl–O原子間距離になる[13]．

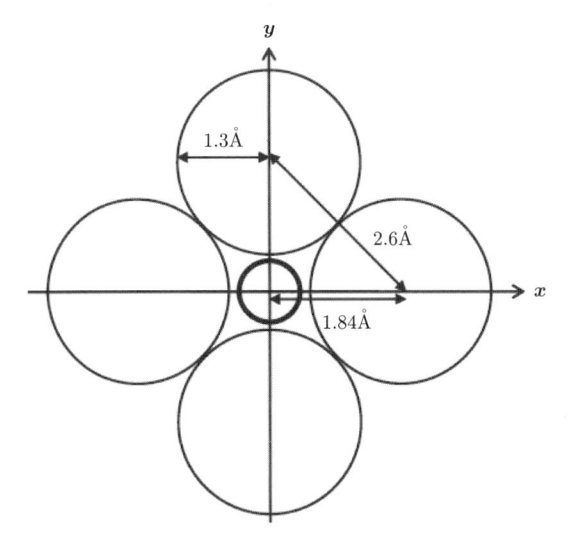

**図 3.6** Al が中心でその周りに 6 個の酸素が配位した $Al_2O_3$ を $xy$ 平面で切った断面。$Al^{3+}$ と $O^{2-}$ イオンの剛体球が酸素同士の立体障害のため接触できない。

酸素 6 配位（正八面体）か酸素 4 配位（正四面体）かという構造の違いは，Al-O 原子間距離の違いとなり，短い Al-O 原子間距離の $AlPO_4$ の方が Al と O の軌道の重なりが大きく共有結合的になる。そのため，よりイオン結合的な $Al_2O_3$ の Al は $AlPO_4$ より $+3$ により近くなり，たとえば $Al_2O_3$ の 2p 準位はより深い結合エネルギーをもつ。$Na_3AlF_6$ は F の方が O より電気陰性度が大きいので Al のイオン性も $Al_2O_3$ よりさらに強く，2p 準位はより深くなる。金属アルミニウムの 2p 結合エネルギーを基準にすると，

$$\text{金属 Al} < AlPO_4 < Al_2O_3 < Na_3AlF_6$$

の順にエネルギーシフトが大きく，より大きな（深い）結合エネルギーをもつ。

## 3.8 フェルミ準位とフェルミ分布

金属に自由電子が $N$ 個存在するとき，特定の 1 電子準位 $i$ に 1 電子が存在する確率 $f_i^N$ は以下のフェルミ-ディラック分布で与えられる[14]。

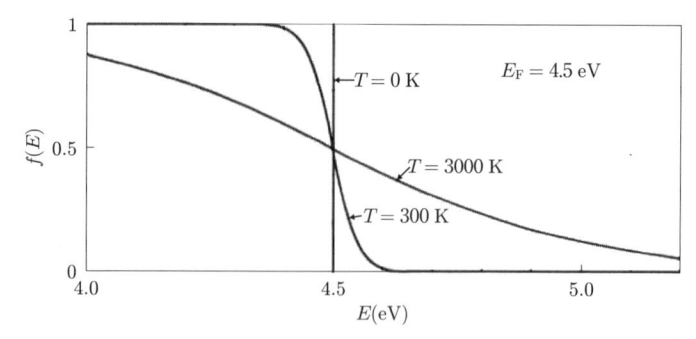

図 3.7 フェルミエネルギー ($E_\mathrm{F}$) を 4.5 eV としたときのフェルミ分布 [13]。

$$f_i^N = \frac{1}{\exp\left(\dfrac{\varepsilon_i - \mu}{kT}\right) + 1} \tag{3.26}$$

ここで $\mu$ は電子の化学ポテンシャル，$k$ はボルツマン定数，$T$ は系の温度，$\varepsilon_i$ は準位 $i$ のエネルギーである。

ヘルムホルツの自由エネルギーを用いて $N$ 電子系の温度 $T$ における化学ポテンシャルを表すと，定義により，

$$\mu = F_{N+1} - F_N \tag{3.27}$$

となる。化学ポテンシャルとは粒子数を 1 個変化させるために必要なエネルギーである。

式 (3.26) を 300 K と 3000 K についてプロットすると，図 3.7 のように表すことができる。$10^2$ K ではオーダーとして $kT = 0.01$ eV である。

フェルミ準位とは，温度 0 K で，準位に順に電子を詰めていったときの最高のエネルギーで，温度 $T$ のときの変曲点になる。

金属では準位が詰まってほとんど連続になっているので，フェルミ–ディラック分布やフェルミ準位，化学ポテンシャルなど統計的な物理量が意味をもつが，絶縁体の場合には，準位が離散的であるため，統計的な扱いをするよりは，分子軌道を考えた方が物理的に意味がある。半導体の場合は，金属と絶縁体の中間で，統計的な考え方でも，分子軌道的な考え方でも扱いづらく，バンド的な扱いをする。金属，半導体，絶縁体のフェルミ準位の定義を図 3.8 に示す。

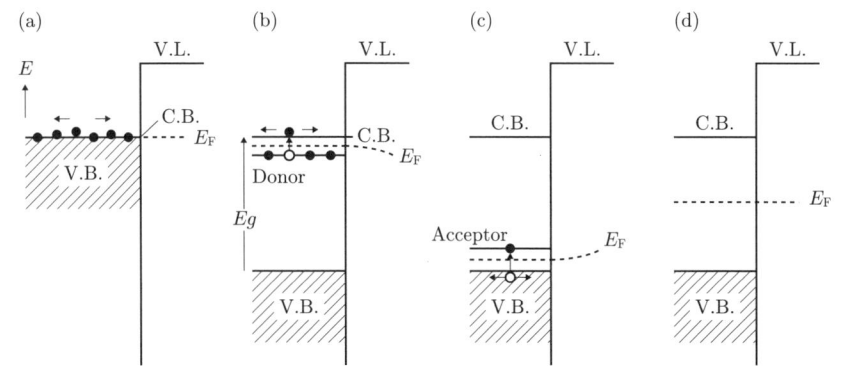

**図 3.8** フェルミエネルギーの位置[13]。(a) 金属，(b) n 型半導体，(c) p 型半導体，(d) 真性半導体（絶縁体）。V.L.：真空準位，C.B.：伝導帯，V.B.：価電子帯。

## 3.9 仕事関数

　古くは「ポテンシャルエネルギー」を「仕事関数」と呼んだ[6]。現在は，固体金属中の電子を真空中へ取り出す際に必要とされる最低のエネルギーに限って「仕事関数」と呼ぶのが一般的である。前節で説明したように固体中で最低エネルギーの準位から順に電子を詰めていった場合，最高のエネルギー準位をフェルミエネルギー $E_F$ と呼ぶ（図 3.8）。理論計算では $E_F = 0$ とする場合が多いが，フェルミエネルギーは室温程度の低温では空軌道への励起がそれほど重要ではないので，化学ポテンシャル $\mu$ に等しいとみなすことができる。化学ポテンシャルとは電子系ではフェルミエネルギー近傍の電子を 1 個電離させるのに要するエネルギーである。これは仕事関数 $\Phi$ であり，真空準位を基準に取ると，

$$\Phi = -\mu = E_F \tag{3.28}$$

の関係が成立する[3,15-17]。

　金属の中の電子は，金属固体内だけに存在しているのではなく，固体表面から真空中へと広がっている。この浸み出した分の電子が固体中では不足し，電子が抜けたあとに動きにくいホールとなって存在する（図 3.9）。固体表面を境にして固体内部は + に，固体外部は − に帯電している（電気二重層）。負電荷をもった電子は + の固体内にいる方が安定しており，真空中へ出て行くためには真空側のマイナス層を通過する必要がある。このポテン

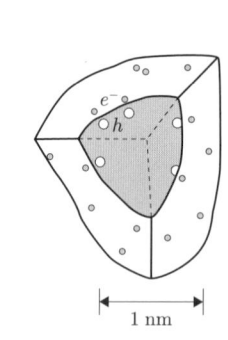

図 3.9　表面近くのホールのイメージ [13]。

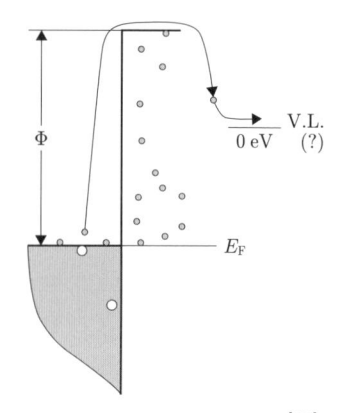

図 3.10　表面ポテンシャル [13]。

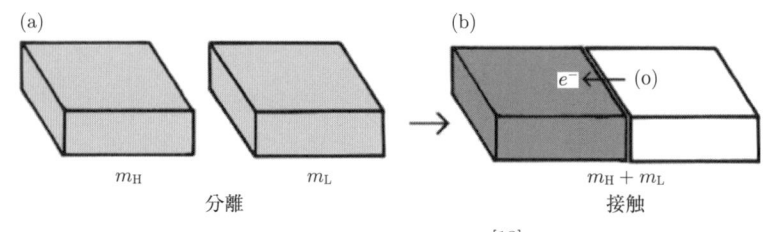

図 3.11　異種金属の接触 [13]。

シャル障壁の高さを仕事関数と考える。

　真空準位とは，周りに何もない宇宙におけるポテンシャルエネルギーと定義できるが，抽象的でわかりにくいので，図 3.10 に示すように実用的には，表面外側の最大ポテンシャルと定義される。

　図 3.11 のように仕事関数が高い金属と低い金属を導線で電気的に接続すると，フェルミ準位が一致するように自由電子が一瞬流れる。このとき流れる電荷は仕事関数の差に比例するので，回路の容量 $C$ がわかれば電位差は，$Q = CV$ の関係から求めることができる。これはケルビン法の原理である。

　電子分光器を構成する異種金属の間でもこれと同じ現象が生じて，分光器の仕事関数が定義できる。

　光電子が固体内部で発生した段階では，光電子は $E_F$ を基準とした運動エネルギーをもつ。表面を通過する際に仕事関数の分だけ減速し，UPS のように元々の運動エネルギーが低い光電子の場合には，表面で電子が屈折して脱出角度が低くなる（図 3.12）。これは電子の群速度（粒子としての速

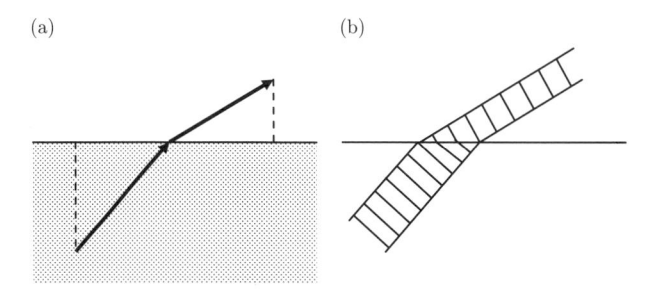

**図 3.12** (a) 粒子論と (b) 波動論による屈折の考え方。固体内から真空中へ電子が脱出する際に，(a) 表面に垂直な方向の速度だけが仕事関数分だけ減速され，屈折が生じる。同じ現象は波動論の立場では (b) 位相速度が増加したと解釈できる。

度）が，真空中へ出て，仕事関数のために減速したことを表している（図 3.12(a)）。電子の位相速度（波頭の速度）で解釈すると，固体中から真空中へ出るとき，波頭の速度は逆に早くなったことを意味している（図 3.12(b)）。真空中で運動量 $p = h/\lambda$ をもつ自由電子の群速度は $p/m$，位相速度は $p/(2m)$ である（$h$ はプランク定数，$\lambda$ はド・ブロイ波長）[6]。

このような 3 段階の光電子発生プロセスはしかし正しくないといわれている[9]。厳密には，(1) 光電子の固体内部での発生，(2) 固体内部から表面への光電子の輸送，(3) 光電子の表面通過，という 3 段階に分けることはできず，全体として 1 つの量子力学的プロセスである。固体の全波動関数（すなわち非局在電子の全波動関数）が入射した光によって高いエネルギーの伝導電子に遷移する。しかしこの段階では光電子はまだ局在化していない。結晶を構成する原子の弱い周期ポテンシャルによるバンド構造をもつ平面波として非局在化したままである。その光電子が表面から放出されたとき，真空中で局在化し検出器に観測される。表面を通過する際に仕事関数の分だけ減速されたり，仕事関数のために表面で電子が屈折するのは，3 段階プロセスに分解した場合には群速度の減速を意味し，全体が 1 つの量子力学的プロセスであると考えたときには，位相速度の変化を意味する。後者の 1 段階のプロセスが必ずしも厳密とは限らないが，粒子論と波動論に対応した両方の考え方があることを考慮しておくべきである。

## 引用・参考文献

[1] 名越正泰: "X 線光電子分光法",日本表面科学会(編),(丸善,1998) pp.147-154.
[2] 河合潤,橋本健朗: "X 線分析の進歩 23",(アグネ技術センター,1992)p.151.
[3] N. W. Ashcroft and N. D. Mermin: "Solid State Physics", (Brooks/Cole, Cengage Learning, 1976).
[4] 里子允敏,大西楢平: "密度汎関数法とその応用,分子・クラスターの電子状態",菅野暁(監修),(講談社サイエンティフィック,1994) pp.18-20.
[5] M. Weissbluth: "Atoms and Molecules, 2$^{nd}$ Ed.", (Academic, 1978).
[6] 河合潤: "量子分光化学",(アグネ技術センター,2008).
[7] G. D. Mahan: "Quantum Mechanics in a Nutshell", (Princeton University Press, 2009).
[8] B. Feuerbacher and R. F. Willis: J. Phys. C: Solid State Phys. **9**, 169-216 (1976).
[9] H. Lüth: "Surfaces and Interfaces of Solids, 2$^{nd}$ Ed.", (Springer, 1993) p.265.
[10] 上村洸,中尾憲司: "電子物性=物性物理・物質科学のための",(培風館,1995) p.34, p.70.
[11] 山下次郎: "固体電子論",(朝倉書店,1973).
[12] 足立裕彦: "量子材料化学入門―DV-X$\alpha$ 法からのアプローチ",(三共出版,1991).
[13] 表面化学分析に関わる用語解説 第 5 回, J. Surf. Anal. **13**, 113-133(2006).
[14] 田崎晴明: "統計力学 II",(培風館,2009) pp.374-377.
[15] 塚田捷: "仕事関数",(共立出版,1983).
[16] 末高洽,八田有尹: "金属表面物性工学",江島辰彦(編),(日本金属学会,1990)第 1 章.
[17] 宮沢久雄: "界面現象・格子欠陥",有山兼孝,三宅静雄,茅誠司,武藤俊之助,小谷正雄,永宮健夫(編),(共立出版,1959)第 3 章.

# 第 4 章

# 超高速ダイナミクス

## 4.1 はじめに

　物質の超高速現象の測定は超短パルス光の利用により可能である。超短パルスレーザー技術の発展は，それ以前には不可能であった極めて高い時間分解能で，物質に起こる光応答現象や光化学反応などを観測することを可能とした。その高い電場強度を利用して，様々な非線形分光法も開発されて物性の理解に大きく貢献している[1,2]。またX線や電子の超短パルス技術の発展により，物質構造の超高速ダイナミクスの情報も得られつつある[3]。

　物質系を光励起したとき引き起こされる過程のおおよその時間系列を追うと，電子と正孔のなす非平衡プラズマは電子間散乱により生成直後から数フェムト秒～数十フェムト秒程度でフェルミ-ディラック分布に達する（ホットエレクトロン）。さらに，ホットな電子系のエネルギーは格子系へと移り，やがて（ピコ秒～ナノ秒後）系全体は熱平衡となる。すなわち，励起初期には電子・格子間の非熱的結合が引き金となって格子系の運動が始まり，一方長時間側では熱運動が物質系の構造変化を支配する。図 4.1 にはその典型として，半導体における諸過程を示す。ナノスケール物質系では，キャリア拡散，電子やフォノンの閉じこめ，また多電子系を考慮するとプラズモンの励起と伝搬など，広く，時間と空間（およびエネルギー）が同時に関わるダ

---

第 4 章執筆：北島正弘

## 86 第4章 超高速ダイナミクス

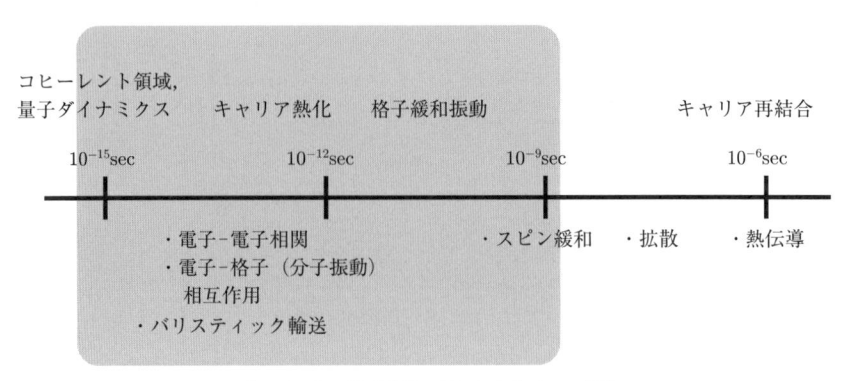

```
コヒーレント領域,                                                    キャリア再結合
量子ダイナミクス    キャリア熱化    格子緩和振動
   10⁻¹⁵sec          10⁻¹²sec        10⁻⁹sec          10⁻⁶sec
```

- 電子-電子相関
- 電子-格子（分子振動）相互作用
- バリスティック輸送
- スピン緩和　・拡散　・熱伝導

図 4.1　固体における諸過程とそれらが起きる時間スケール。

イナミクスの理解が重要となる。

　これら超短時間領域で起こる様々な高速現象の測定の多くでは，ポンプ-プローブ法と呼ばれる手法が用いられる。この方法では，ポンプパルスで試料を瞬間的に励起し，その応答をある遅延時間をおいて照射されるプローブパルスで励起状態を検出するものである。通常の分光法が周波数スペクトルをとるという意味で周波数領域 (frequency-domain) 測定と呼ばれるのに対し，このような手法は時間領域 (time-domain) 測定と呼ばれる。検出される情報としてはプローブ光の反射率・透過率（テラヘルツ領域から紫外線領域までの幅広い周波数帯を含む），第二高調波発生 (SHG) 分光，和周波発生 (SFG) 分光，および 2 光子光電子分光 (2PPE) などの時間変化である。これらの信号の時間変動から，励起状態のダイナミクスについてそれぞれ特異な角度からの情報を得ることができる。

　検出（プローブ）する対象は異なるが，ポンプ-プローブ測定の基本的な原理は，図 4.2 に示すように，ある意味では，極めて単純といえる。プローブパルスとして X 線や電子線パルスを使えれば，X 線回折強度や電子回折の時間変化も測定可能である。この手法を利用すれば運動状態を real-time に観測することが原理的に可能となる。対象としては，光励起自由キャリア，電子・正孔対，プラズモンおよびフォノンの生成過程や緩和過程，およびそれらの間の相互作用に関するダイナミクスを直接議論することが可能となる。また，和周波発生分光などの特性を利用して，表面近傍からの信号を選択的に抽出することで，吸着分子の光励起ダイナミクスも議論可能とな

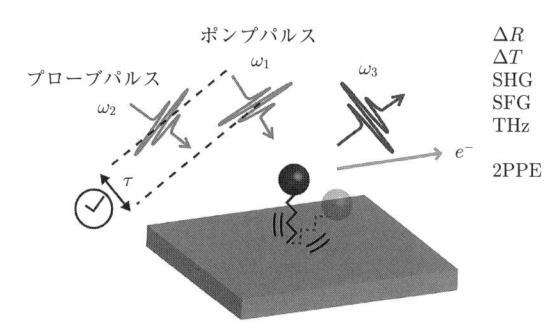

図 4.2 超短パルスレーザーを用いたポンプ-プローブ測定の概念図。ポンプ光照射 ($\omega_1$) によって生成された励起状態はプローブ光 ($\omega_2$) によって分析される。検出されるそれぞれの高速応答 ($\omega_3$) は遅延時間 $\tau$ の関数として測定される。$\Delta R$：（光学）反射率変化，$\Delta T$，（光学）透過率変化，SHG：第二高調波発生，SFG：和周波発生，THz：光テラヘルツ，2PPE：2 光子光電子。
(カラー図は口絵 1 参照)

る。

　冒頭でも述べたように，本分野の研究はレーザーの超短パルス化技術およびその応用技術の進展に伴って，今もなお著しい発展を遂げている。その全てを網羅することはできない。本章ではこれらの超高速現象，特に表面あるいは量子構造やナノ構造を主眼に，それらが関わるダイナミクス研究の最近の観測結果，およびそこから得られる物理的意味について，主として手法別に（多くの場合，手法が違えば得られる情報の対象も異なる）に紙面の許す範囲で紹介する。

## 4.2　電子系のダイナミクス

### 4.2.1　2 光子光電子 (2PPE) 分光法

　まず，物質の電子状態を知るための最も直接的な手法である光電子分光を用いたダイナミクスの研究を紹介する。通常，固体表面における電子状態は光電子分光により直接的に決めることができるが，非平衡過程あるいはバンド構造の非占有状態は，そこからはほとんど得ることができない。このような非占有状態の電子状態は逆光電子分光法 (IPES) によっても測定可能であるが，光子放出断面積が小さく，またエネルギー分解能も低い。（本節の目的を考えた場合）IPES のより大きな弱点は，時間領域における非平衡過程

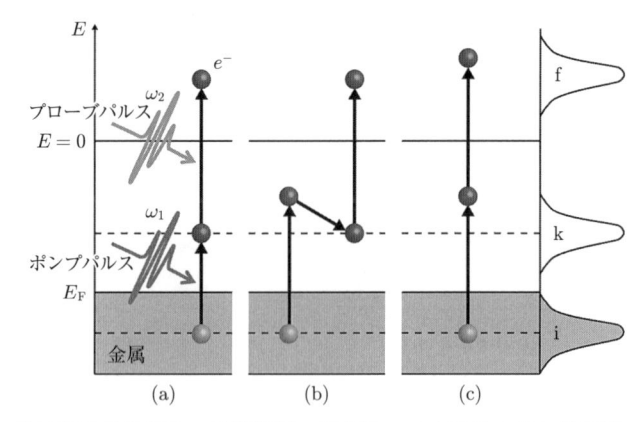

**図 4.3** 2光子光電子分光法の励起過程の概念図。i,k,f はそれぞれ始状態，中間状態，および終状態を示す。(a) 共鳴励起，(b) 非共鳴励起，(c) 仮想的中間準位を経た光励起。

の物理を原理的に知ることはできないことである。

このような非平衡な非占有状態の電子ダイナミクスの研究に最も有効に利用されているのは時間分解 2 光子光電子 (TR-2PPE) 分光法である。本法により，金属の清浄表面や吸着表面の電子ダイナミクスがこれまで集中的に行われてきた [4-7]。

2PPE(two-photon photoemission) では，始めにフェルミ準位より低い（初期）準位の表面電子を仕事関数より低いエネルギーのパルス光で非占有準位まで励起する。次に（仕事関数を超えるのに十分なエネルギーの）2番目のパルス光を当てて，真空準位以上の終状態に放出された光電子を分光する。このとき得られたスペクトルが 2PPE である（図 4.3）[8]。光として超短パルスレーザーを使えば，励起電子の運動状態（ダイナミクス）をエネルギーや波数ベクトルの時間変動として追跡できる。

図 4.4 は Pb/Si(111) 系の量子井戸に閉じ込められた熱電子によるサブバンド間散乱に関する時間分割 2PPE の結果である [7,8]。2 つの fs レーザーパルスには基本波（エネルギー：$h\nu_1 = 1.7〜2.7$ eV），および倍波（$h\nu_1 = 3.4〜5.4$ eV）を使用している。2PPE 強度は 2 つの励起パルス間の遅延時間，および中間状態のエネルギー ($E$-$E_F$) としてマッピングされている（図 4.4(a) 上パネル）。時間分解 2PPE 強度の時間積分スペクトルで（図 4.4 (a) 右パネル）2 つの非占有量子井戸準位 (lowest unoccupied quantum well

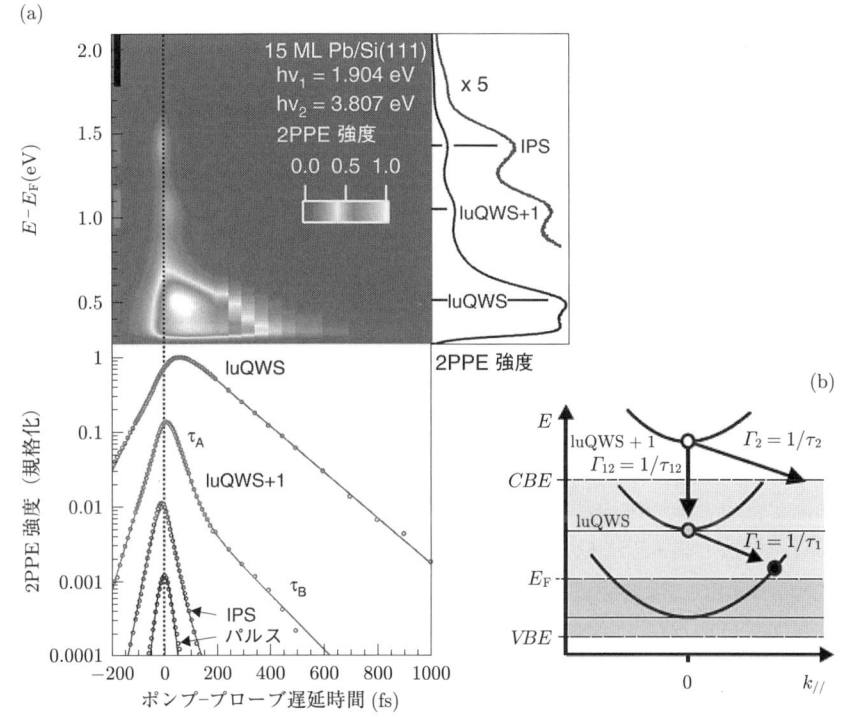

図 4.4 (a)15 ML-Pb/Si(111) 表面の時間分解 2 光子光電子 (TR-2PPE) 分光法，および (b)Pb/Si(111) の電子構造と励起状態の緩和過程[8]。$CBE$：伝導帯エネルギー，$VBE$：結合帯エネルギー。

state, luQWS) が見えるが，このうち $E$-$E_\mathrm{F}$ = 0.7 eV 付近の強いバンドは最も下の非占有準位 luQWS であり，luQWS + 1 はその 1 つ上の非占有準位である（図 4.4(b)）。これらのバンドの時間変動はやや複雑である（2 つのパルス間の相互相関 (パルス) やイメージポテンシャル状態 (IPS) と比べるとわかりやすい，図 4.4(a) 下パネル）。luQWS へ電子密度の立ち上がり時間は約 70 fs であるが，これは 1 つ上の非占有準位 luQWS + 1 からのサブバンド間の散乱に帰される。また，注目すべきは luQWS + 1 には 2 つの緩和過程 ($\tau_A$ = 30 fs, $\tau_B$ = 130 fs) が存在することである。早い過程 ($\tau_A$) は Pb 膜中での電子–電子間散乱による。一方，遅い過程は Si 基板の励起電子（寿命が luQWS + 1 より長いと思われる）の Pb 膜の非占有 QWS への散乱に起因すると筆者らは報告している[8]。

2PPE 測定から得られる情報についてもう一点述べる．結合エネルギーはコヒーレントな格子振動による変位による影響を受けるはずである．実際，Pb/Si 系に関する超高速 2PPE 測定において，Pb 膜の光学フォノンに由来する 2.1 THz の振動が $(E-E_F)$ の変調として観測されている[7]（コヒーレントフォノン分光法については 4.4 節で詳しく述べる）．

### 4.2.2 光電子顕微鏡法 (PEEM)

一方で，物質から放出される光電子を空間的に分解することで，表面における電子のダイナミクスを時空間分解することも PEEM(photoemission electron microscopy) と呼ばれる手法を用いることで可能となってくる．PEEM は，光励起によって試料表面から放出される光電子電流の 2 次元的な空間分布を電子レンズ系により拡大し，蛍光スクリーンに投影することで画像を得る顕微鏡的手法である[9,10]．超短パルス光を励起源とするポンプ-プローブ法と組み合わせれば，表面の電子ダイナミクスを画像として捉えることが原理的には可能である．

久保らは最近彼らが開発した干渉型時間分解 2 光子光電子 (interferometric time-resolved two-photon photoemission, ITR-2PP) 分光法と PEEM とを組み合わせた ITR-PEEM 測定系により，時間分解能 10 fs，空間分解能 60 nm の時空間分解能で銀表面の表面プラズモン (surface plasmon polariton, SPP)[11,12] の振動／伝搬等ダイナミクスを観察した[13,14]．彼らは極在型表面 SPP および伝搬型 SPP の時間分解 PEEM の観測を行った．

ドット状の銀（径〜100 nm）試料に対する局在型表面 SPP については，ポンプパルスで励起された分極がプローブ励起分極と干渉し，その建設的／破壊的干渉の別がホットスポットにおける光電子強度の振動として捉えられた．久保らは伝搬型 SPP の映像化も行っている．図 4.5(a-f) の画像はマイカ基板に蒸着した銀薄膜表面を伝搬する表面プラズモンである．マイカ表面には劈開時に導入された溝状の欠陥があり，そのエッジ部分で励起された表面プラズモンが薄膜表面に沿って伝搬を開始する．遅延時間の増大と共に溝エッジから伝搬する表面プラズモンが，波状パターンの前進として映し出されている．

図 4.5(a-f) をそれぞれ画面縦軸方向に加算平均して得た断面図 (g) によると，遅延が表面プラズモンの寿命を大きく越える範囲では $(t \geq 46.7\,\text{fs})$，

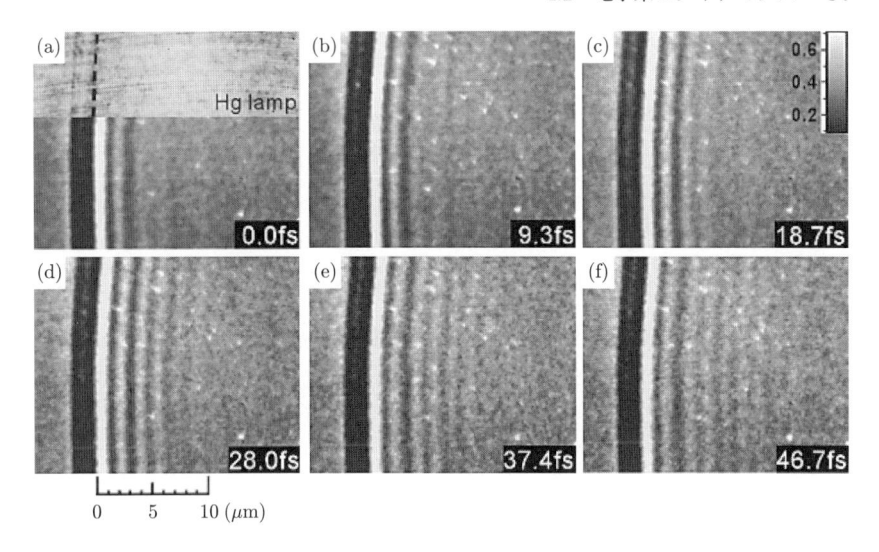

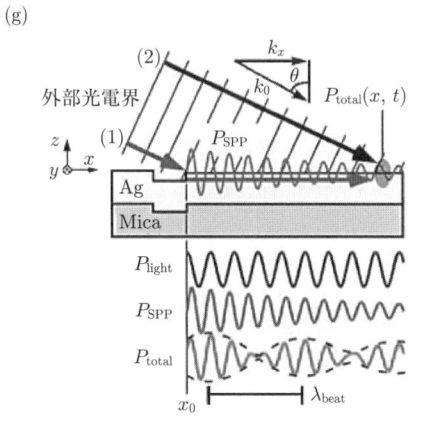

図 4.5 時間分解 2 光子光電子顕微鏡による銀表面の表面プラズモン (SPP) の振動／伝搬ダイナミクスの観察[14]。

コヒーレンスの喪失により波状パターンの振幅は減衰する。観察されている波状パターンは，実際は表面プラズモン由来の分極と，励起光そのものにより金属の表皮厚さに形成される分極との干渉パターンである。すなわち，金属箔膜上に観察されている伝搬型表面プラズモンが，実際は表面プラズモンと金属膜透過光との干渉による定在波 ($P_{\text{total}} = P_{\text{light}} + P_{\text{SPP}}$) であると理解されている（図 4.5(g)）。観察された PEEM 像の波状パターンは，

この様にして得られるビートの包絡線を映し出したものであると説明されている。

このように，空間分解の光電子分光測定を行うことで，電子の集団運動（プラズモン）の時空間ダイナミクスを探ることが可能となる。

### 4.2.3 光テラヘルツ (THz) 分光法

図 4.2 に示したように物質の応答はその時間スケールによって大きく変化するが，1 THz（周期約 1 ps）程度の周波数領域では，プラズマ周波数や励起子内部遷移，超伝導ギャップ，マグノン，ソフトモードなど，光励起状態に関わる重要な素励起が数多く観測される。これまではこの周波数領域は有効な測定手法が少なく，特にその時間分解測定は非常に難しかったが，近年の超短パルスレーザー技術を利用することで，室温でも高効率でテラヘルツ領域の電磁波を測定する技術が確立されてきた[15-17]。

超短パルスレーザーを物質に照射すると，そのパルス幅に対応した電流（広義の電流で，非線形光学応答などを含めた変位電流も含まれているものとする）の変化が生じるが，同時にその変化する電流は，対応する周波数の電磁波を発生させる。通常，超短パルスレーザーのパルス幅は 100 fs 程度であり，それを用いると，1 THz の周波数のコヒーレントな電磁波が発生・検出可能となる。このようにして放出される電磁波は広帯域であり，また，パルス状をしているので，これを用いることで時間分解測定が可能となる[15-17]（ポンプ-プローブ実験では，系を励起するためのポンプパルスの他に，定義された THz パルスを作るために 2 つの光パルスの計 3 つのレーザーパルスが使用される）。それによってエキシトンやプラズモンなど多体系における（擬）粒子の生成と緩和等，様々な物質の励起状態のダイナミクスが明らかとなりつつある。ここでは，それら最新の研究の一端について紹介する。

### (1) プラズモン生成

超短パルス光で励起されたキャリアによる光学的定数の時間変動は，このような広い周波数領域を有する THz パルスをプローブパルスとして使用することによって測定できる。Huber ら[18]はパルス幅 10 fs ポンプ光とプローブ THz 光（波長範囲は 3〜300 μm）を用い，GaAs 薄膜における光励起電子・正孔プラズマの形成過程を観測した。

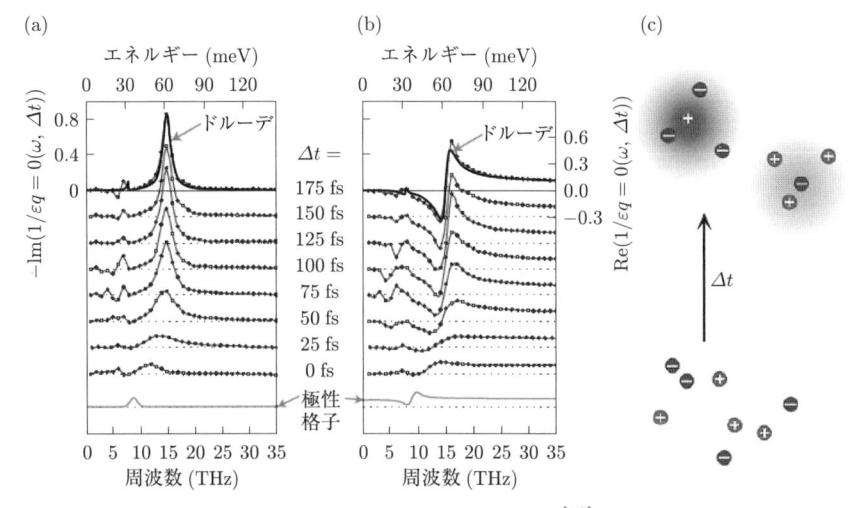

**図 4.6** GaAs の誘電関数の逆数スペクトルの時間変化 [18]。(a) 虚数部，(b) 実数部，(c) 励起直後の電子と正孔とが時間が経つにつれてプラズマ化する様子を模式化したもの。

図 4.6 は遅延時間（ポンプパルスと THz 波パルスとの時間差）$\Delta t = 0$ から 175 fs で，誘電関数がどのように変動するかを示したものである。$\Delta t = 0 \sim 25$ fs ではスペクトル幅が広い。これはキャリア間のエネルギー交換が広い範囲で行われており，キャリア間の（クーロン）相関がまだ弱い状態にあり電子の集団振動であるプラズマ振動の状態には達していないことを示している（図 4.6(c)）。$\Delta t > 100$ fs になると，スペクトルは徐々に狭くなり，15 THz 付近にはプラズマ振動に対応する鋭い共鳴線が観察される。そのピーク形状のドルーデモデル（太線）との一致もよい。

これらことから，電子・正孔プラズモンの生成は 20～100 fs の時間領域で起きていることが示唆される。電子と正孔が時間の経過に伴い次第に絡みながら，集団振動であるプラズモンに成長していく様相をまさに実時間的で捉えられていることは興味深い。

**(2) フォノン-プラズモン結合**

光励起前の（"極性格子" と示された）スペクトルにおける 8.8 THz のピークは GaAs の光学フォノンの吸収である。このピークは励起後に周波数の低下が見られ，これはフォノンの励起は励起電子と格子との強いカップ

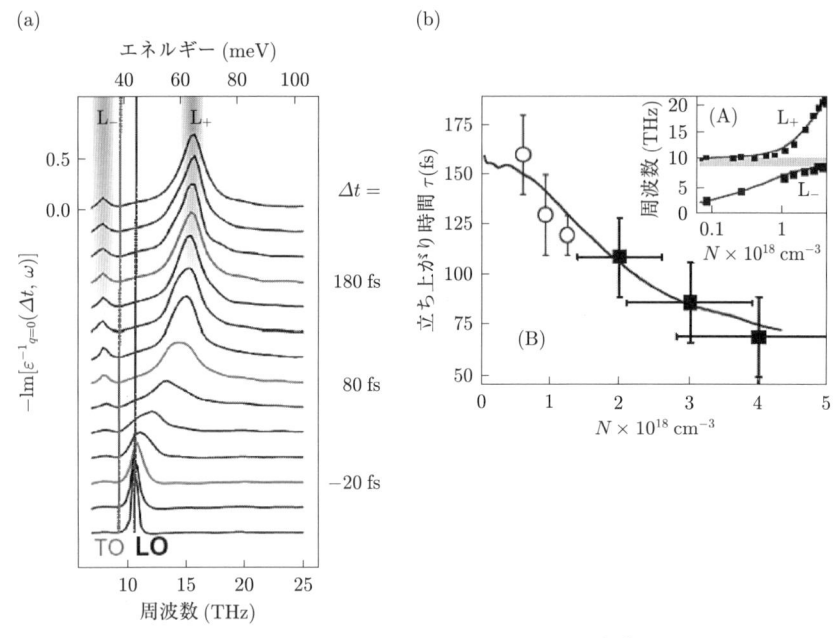

図 4.7 (a)InP における誘電関数逆数スペクトルの時間変化[19]。縦型光学フォノン-プラズモン結合 (LOPC: $L_+$,$L_-$) モードの生成過程が観察される。
(b) フォノン-プラズモン結合 ($L_+$,$L_-$) の励起キャリア密度依存性 (A) および LOPC モードの強度が飽和するまでの時間 $\tau$(B)。

リング（格子のソフト化）を反映している．Huber らはさらにキャリアと格子（フォノン）の相互作用のダイナミクスを詳細に調べるために，InP における縦型光学 (longitudinal optical, LO) フォノン-プラズモン結合 (LO phonon plasmon coupled mode, LOPC) モードの生成過程の観察に拡張した[19]（図 4.7）．

LOPC は GaAs や InP 等の極性半導体に観察されるモードであり，縦型光学フォノンが光励起電子・正孔プラズマと静電的に結合されて生成されるモードである．ポンプ光で励起する前には（遅延時間 $\Delta t < 0$）LO フォノンのみが観察される．光励起時（$\Delta t = 0$）のキャリアの発生に伴い，この LO フォノンピーク (10.3 THz) は消滅する．その代わり，ほぼ 100 fs 以内には 2 つの新しいピークが生成する（図 4.7(a)）．これらはフォノンとプラズモン間との結合モードであり，それらの周波数は励起キャリア密度に

依存する（図 4.7(b) の (A)）。15 THz 付近の $L_+$ モードは高いキャリア密度ではプラズモンの性質を有するといわれている。一方，8 THz 付近の $L_-$ モードはフォノンの性質を持つといわれているが，観測された周波数はむしろ LO や横モード TO よりも周波数は低い。これは励起プラズマの電子–イオン間ポテンシャルに対する非常に強い遮蔽効果（動的な遮蔽効果）に起因して $L_-$ モードがソフト化すると説明されている。

それではこのようなフォノン-プラズモン結合の生成はどのような時間スケールで起きるのか？ 図 4.7(b) の (B) は LOPC モードの強度がほぼ飽和するまでの時間 ($\tau$) を示す。$\tau$ は 50〜150 fs である。これは LO フォノンの周期は約 100 fs であるから両者の結合はフォノン半周期から 1 周期半程度で完結することを意味している。さらに，生成時間 $\tau$ はキャリア密度が大きい方が小さく，$L_+$ の周波数 $\omega_+$ との関係は $\tau \approx 3.2\pi/\omega_+$ 近似できる。これも我々の直感に合っているといえる（プラズモン周波数が高いほど両者の結合速度は速いはずと思われる）。

**(3) エキシトンの崩壊**

図 4.8 は GaAs 量子井戸の伝導度 ($\Delta\sigma$) および誘電関数 ($\Delta\varepsilon$) の過渡的変化の測定結果である[20]。ポンプパルス光励起後，ある遅延時間 $\Delta t$ をおいて入射される THz プローブ光パルスは 0.5〜3 THz の周波数成分を時間的に含む。

伝導度と誘電関数は試料通過後の THz 光の電場の変動を検出し決定される。試料温度 20 K では，$\Delta\sigma$ は $\Delta t = 1$ ps で 7 meV 付近に励起子の吸収バンドが明瞭に観察され，$\Delta t$ が増加するに従って次第にこの吸収線は弱くなっていく。対応して，$\Delta\varepsilon$ の吸収線も時間とともにブロードになる（図 4.8(a)）。温度 80 K では，時間 $\Delta t = 40$ ps 後に励起子バンドはほぼ消滅する（図 4.8(b)）。

励起子の寿命は低温（20〜40 K）では 100 ps 程度，温度が上がると急速に短くなり 60〜80 K でも数十 ps 程度と短い（図 4.8(c)）。これらの結果は光励起の瞬間に生成した電子・正孔対（励起子）は 100 ps 程度の寿命で消滅し，自由キャリアになっていくことを示している。

このように超短パルスレーザーを用いて発生させたテラヘルツ領域の電磁波をプローブとして光励起状態の研究を行うことで，エキシトンやプラズモンなどの緩和過程のみならず，形成過程も研究が可能となってきている。

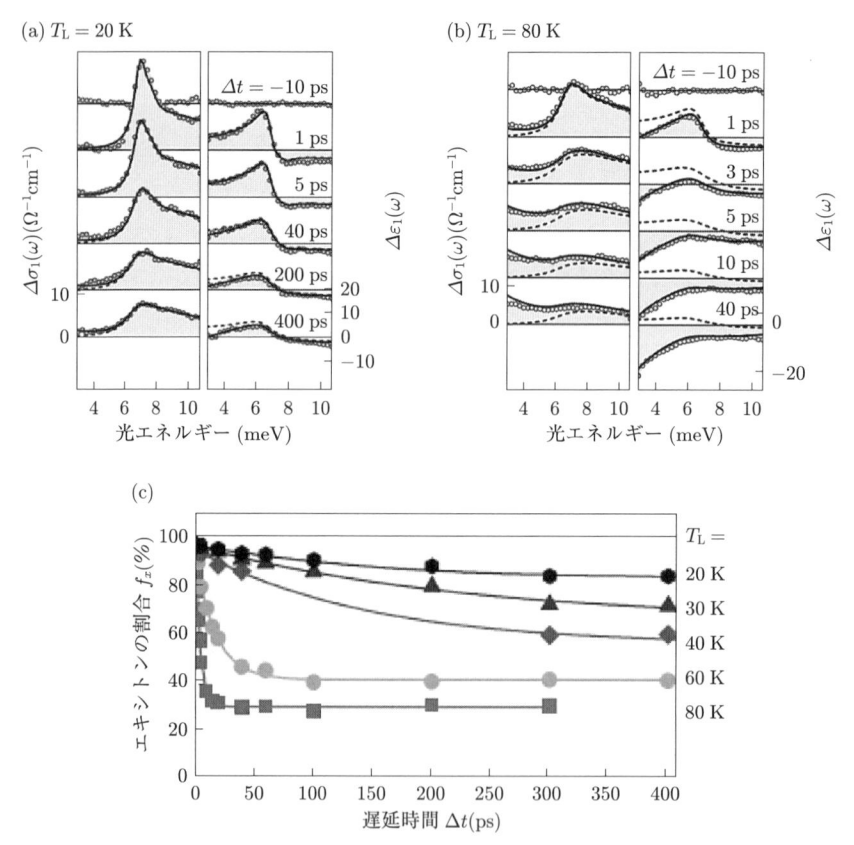

図 4.8 (a,b)20 K と 80 K における GaAs 量子井戸の伝導度 ($\Delta\sigma$) および誘電関数 ($\Delta\varepsilon$) の過渡的変化。(c) 励起子存在比 ($f_x$) の時間変化[20]。

## 4.3 吸着原子・分子のダイナミクス

### 4.3.1 和周波発生 (SFG) 分光法

次に，特に表面・界面吸着分子のダイナミクスを明らかにする手法として，SFG(sum frequency generation) 分光法について述べる。固体表面上の吸着分子の状態は高分解能電子エネルギー損失分光法 (high resolution electron energy loss spectroscopy, HREELS) や赤外反射吸収分光法 (infrared reflection absorption spectroscopy, IRAS) などによって知ることができ

る。また最近では，走査型近接場光学顕微鏡法 (scanning near field optical microscopy, SNOM) や走査型トンネル顕微鏡法 (scanning tunneling microscopy, STM) によって表面の励起状態を直接イメージとして捉えることも可能となっている。

SFG は 2 次非線形光学効果に基づく現象であり，周波数 $\omega_{vis}$（可視光）と $\omega_{IR}$（赤外領域）の 2 光子から，それらの周波数の和（$\omega_{SFG} = \omega_{vis} + \omega_{IR}$）の 1 光子への変換過程である[21]。最大の特徴の 1 つとして，SFG 光は結晶系における反転対称性が壊れる界面や表面でのみ発生し，界面・表面に極めて敏感である。特に入射光の 1 つを赤外領域 ($\omega_{IR}$) に置くことにより振動スペクトルが得られ，種々の界面（固-気，固-液，気-液，および液-液など）における分子構造とそのダイナミクスの研究に応用されている。超高速分光法の観点からみると，これから紹介する SFG の強みは，ポンプ-プローブ法を組み合わせることにより，寿命の短い励起種のダイナミクスを議論できることである。

ここでは Chen らによる $TiO_x$/Pt 表面に吸着された formate($CHCO_{2-}$) の時間分解スペクトルについて紹介する[22]。formate は触媒表面で蟻酸から分解されてできる中間生成物であり，活性サイトの状態を調べるのによく使われる。Chen らは表面上の $CDCO_2^-$ に 1064 nm(2 mJ/pulse，パルス幅 35 ps) のレーザーパルス照射による温度ジャンプで誘起される $\nu(C-D)$ の応答を，波長可変赤外光＋可視光（波長 532 nm，35 ps）のパルス光でプローブした。その時間分解 SFG 測定の結果を図 **4.9** に示す。

図 4.9(a) の SFG スペクトルに見える 2226 $cm^{-1}$ のピークは秩序構造サイトに，2184 $cm^{-1}$ のものは欠陥性サイトに吸着された $CDCO_2^-$ の $\nu(C-D)$ 振動である。後者は酸素原子の抜けた欠陥サイト ($Ti^{3+}$) である。2226 $cm^{-1}$ 振動の強度はポンプ光励起時，急激に下がり，その後，〜600 ps 程度で回復される（図 4.9(b)）。一方，2184 $cm^{-1}$ 振動は光励起時，逆に大きくなっているのがわかる。この結果は，格子温度の急激な上昇に伴い（パルス幅 35 ps は励起電子による格子の熱化に十分な時間である），formate が秩序構造サイト ($Ti^{4+}$：2226 $cm^{-1}$) から欠陥サイト ($Ti^{3+}$：2184 $cm^{-1}$) に輸送されることを物語っている（図 4.9(e)）。

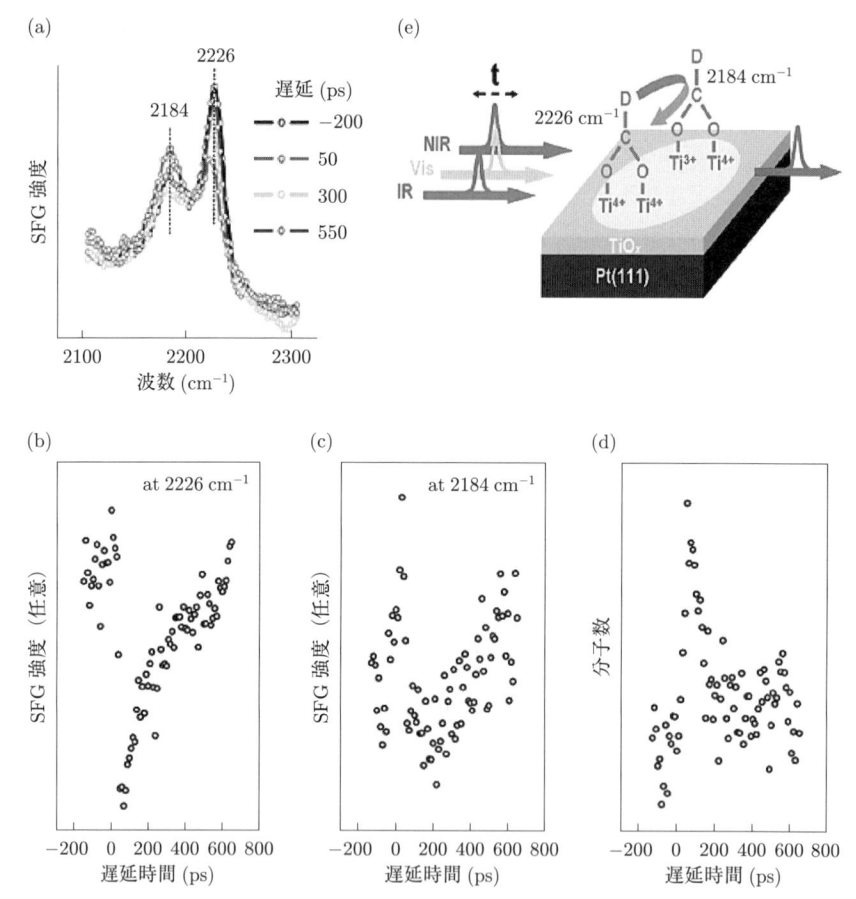

図 4.9 200 K における $TiO_x/Pt(111)$ に吸着された formate の時間分解 SFG[22]。
(a) 異なる遅延時間における SFG スペクトル。
(b,c) 2226 cm$^{-1}$ および 2184 cm$^{-1}$ での SFG 強度の時間依存性。
(d) 欠陥サイトにおける formate 密度の時間変化（計算）。

### 4.3.2 第二高調波発生 (SHG) 分光法

レーザーのような電場が強い光を外部入力として用いると，分極に電場の2次や3次に比例する（非線形分極）成分が現れ始める．この2次に比例する応答が SHG(second harmonic generation) である．SFG における2つの光子が同じと考えると理解しやすい ($\omega_{SHG} = 2\omega$)．SHG も SFG と同じく

反転対称性が壊れる界面や表面でのみ発生し，界面・表面に敏感である。たとえばシリコンのような反転対象を示す結晶構造では，2時の非線形感受率 $\chi^{(2)}$ はバルクでは $\chi^{(2)} = 0$ であるが，表面では $\chi^{(2)} \neq 0$ である（特に物質表面や界面で発生するものを SSHG という場合がある）。

2次の非線形分極について説明する。$\boldsymbol{E}$ をプローブ光電場とすると，非線形分極は $\boldsymbol{P}^{(2)} = \chi^{(2)} \boldsymbol{E}\boldsymbol{E}$ で表される。超短パルスレーザーで励起すると，その衝撃により位相がばらばらだった表面フォノンが瞬間的に一斉に励起され，時・空間的に位相の揃った振動となる。そのコヒーレントな振動は $\chi^{(2)}$ の変調として現れる。

$$\chi^{(2)} = \chi^{(2)}|_0 + \frac{\partial \chi^{(2)}}{\partial Q}|_0 Q + \ldots$$

$Q$ はコヒーレントなフォノン運動の原子変位であるから，SHG 強度の時間変動を測定することで，表面原子の振動ダイナミクスを知ることができる。

最初に SHG を固体表面におけるコヒーレント振動モードに関する超短時間分解分光を行ったのは Tom ら [23] である。図 4.10(a) は，GaAs の清浄表面におけるポンプパルス励起後の，プローブ SHG の遅延時間依存性である。面方位やポンプ光の偏光によっても異なるが，振動の振幅には変調が見られる。対応して，フーリエ変換スペクトルにはいくつかの特徴あるピークが出現する（図 4.10(b)）。8.76 THz のピークはバルクの LO フォノンであるが，これより低い周波数の 6 つのピークはいずれも表面フォノンと同定されている（表面方位や励起の偏光によって強度は変わるが）。Ab initio 計算によると，たとえば，LO のすぐ下の 7.56 THz のモードは表面第 1 層の Ga 原子と第 2 層の As 原子とが互いに反対向きの変位に，また 7〜8 THz の 3 つもモードは 2〜3 層における Ga-As の面に平行な運動に対応すると報告されている。

Watanabe らは Pt 表面に 1 原子層だけ吸着したアルカリ原子吸着金属表面でのアルカリ-基板間振動の振動波束ダイナミクスの観測から，その振動緩和過程，励起機構，波束制御等を研究し，特に，金属上の吸着 Cs のコヒーレントな伸縮振動の緩和ダイナミクスにおけるホットエレクトロンの重要性を指摘した [24]。彼らは，さらにこの方法と液晶光変調器 (SLM) による多段パルス励起 (pulse train) とを組み合わせて，異なるいくつか表面振動のモード選択励起を試みた。多段パルスの繰り返し周波数を，表面振動

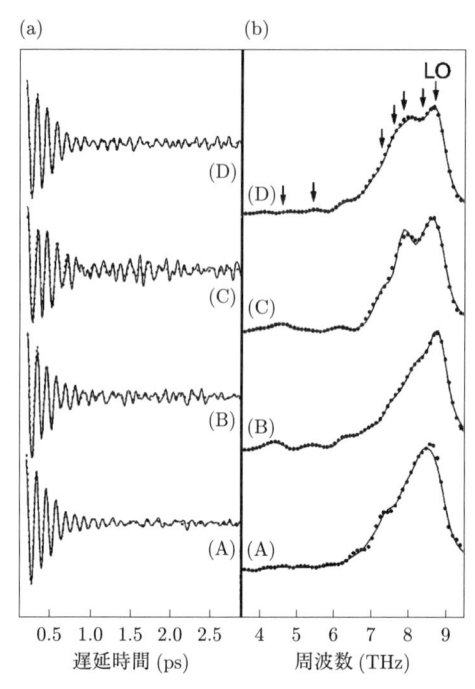

図 4.10 GaAs の清浄表面における SHG 強度の (a) 遅延時間依存性，(b) そのフーリエ変換スペクトル[23]．
(A)[001] 面，s 偏光ポンプ，(B)[001] 面，p 偏光ポンプ，(C)[1$\bar{1}$0] 面，s 偏光ポンプ，(D)[1$\bar{1}$0] 面，p 偏光ポンプ．SHG 検出はいずれも $p_{in}$-$p_{out}$ 配置で行っている．

モードの周波数領域で変えながら（すなわちパルス間の時間差を調整しながら），上記モードの SHG 応答の変動を観測した[25]．

図 4.11 は 0.26 ML-Cs 吸着 Pt 表面での (a)SHG-時間応答，および (b) そのフーリエ変換スペクトルを示す．単一のパルスで励起した場合 (A)，Cs-Pt 伸縮振動モードおよび Pt 表面フォノン（Rayley モード）が，～2.3 THz と～2.7 THz にそれぞれ現れる．繰り返し周波数 $f_{PT}$ = 2.3 THz のとき，同じ周波数の Cs-Pt 伸縮振動モードが強く励起される (C)．$f_{PT}$ を増加するとこのモード強度は徐々に減少する一方，高周波数モードの寄与が増してくる．$f_{PT}$ = 2.9 THz では 2.3 THz のモードはほぼ完全に消失し，2.7 Hz のモードのみが現れることがわかる (E)．この結果は金属表面における化学反応などのコヒーレント制御の可能性を示すもので興味深い．

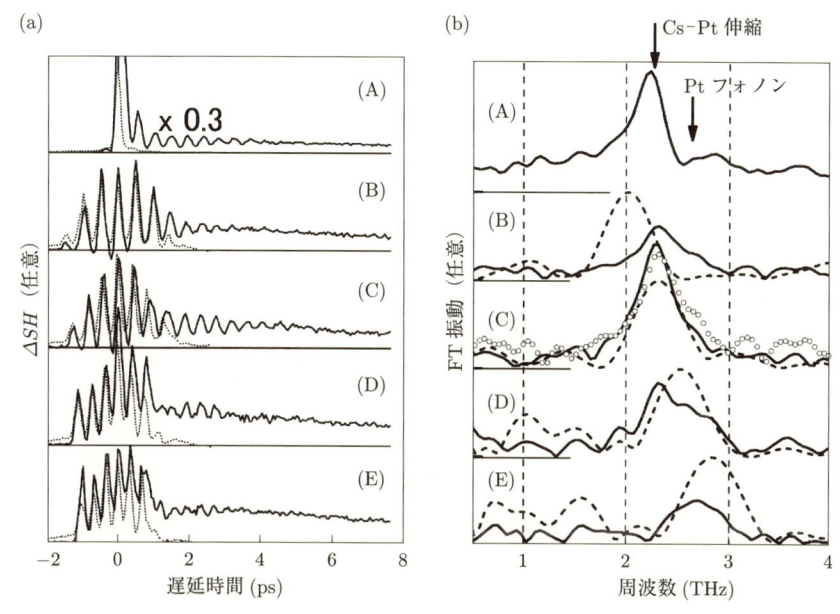

図 4.11 0.26 ML-Cs 吸着 Pt 表面での (a)SHG-時間応答，(b) そのフーリエ変換スペクトル[25]。
(A) 単一パルス，(B)$f_{PT} = 2.0$ THz，(C)$f_{PT} = 2.3$ THz，(D)$f_{PT} = 2.6$ THz，(E)$f_{PT} = 2.9$ THz。

## 4.4 フォノンおよびキャリアダイナミクス

　フォノンのダイナミクスについては，THz 分光法や SHG 分光法などによる興味深い結果について紹介した．より一般的には，コヒーレントフォノン分光法と呼ばれる方法で行われることが多い．これはポンプパルスで生成されたコヒーレントフォノンの運動をプローブパルス光の時間分解反射（透過）率変化として捉えるものである．

　通常，固体のフォノンは格子振動が熱的に励起されて生成されるものであるので，振動のタイミング（位相）はバラバラである．したがって，それぞれの寄与は相殺され巨視的な光学的応答としては現れない．ここに，フォノンの周期より短い時間のパルス光を物質に照射すると，瞬間的な励起によって位相の揃った振動をする．コヒーレントフォノンはランダムな熱振動とは違い，統計的平均をとっても相殺されないので，巨視的な物理量（分極率や

反射率）において観測可能な変化を引き起こす．

　光学応答（ここでは反射率変化）にフォノンの振動成分が含まれる理由をもう少し詳しく述べると，電子系と格子系の相互作用によるものと考えられる．フォノンによって原子の変位が起きると，キャリアとの相互作用を通じて電子状態が変わり，その変化がプローブ光の波長領域の光学定数（誘電率，屈折率）を変えるため反射率 $R$ が変調を受ける．$Q$ を原子変位の一般座標，$n$ を光学定数とすると，コヒーレントフォノンによって生じる反射率の変化 $\Delta R$ は

$$\Delta R \approx \left(\frac{\partial R}{\partial n}\right)\Delta n \approx \left(\frac{\partial R}{\partial \chi}\right)\cdot\left(\frac{\partial \chi}{\partial Q}\right)\cdot Q$$

で表される．

　時間分解反射率測定にコヒーレントフォノンの報告は多数あるので，その全体については総説[26-29]に譲る．ここでは電子-フォノン間，およびフォノン-フォノン間に起きる相互作用ダイナミクスについての最近の研究を紹介する．

### (1) キャリア-フォノン相互作用

　図 **4.12** は Si に関する結果である[30]．励起光エネルギーは〜1.5 eV であり（シリコンの直接バンドギャップ 3.4 eV である），非共鳴の間接遷移である．励起電子との結合が強い共鳴励起の結果と比べると[31]，振動の振幅は

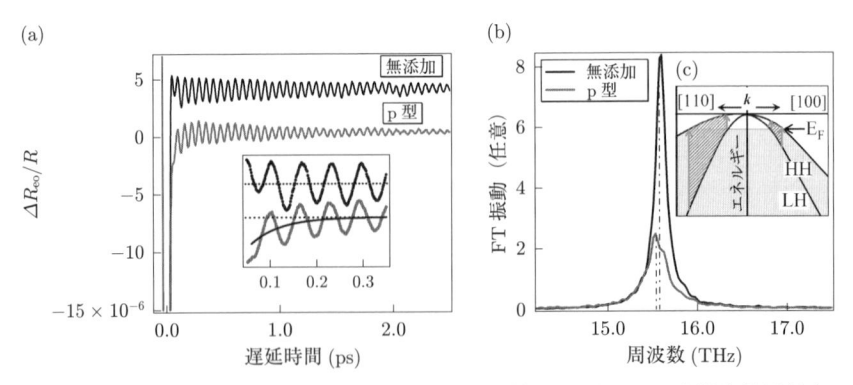

図 **4.12** 無添加および p 型 Si（添加量〜$10^{20}$/cm$^3$）における (a) 時間分解反射率，(b) それらのフーリエ変換スペクトル，(c) p 型 Si の価電子構造および光励起過程[33]．

著しく小さい。測定は電気光学的検出 (elctro optic, EO) 法によっているが，この方法ではキャリアやフォノンの異方的応答を選択的に検出する。

時間分解反射率には，高速で緩和する強いキャリア応答とこれにコヒーレント光学フォノン（周波数 15.5 THz）に対応する振動が乗っているのがわかる。これらの応答は添加電子により微妙に変動する。p型不純物を〜 $10^{20}/cm^3$ まで高濃度添加すると，フェルミエネルギーの顕著な低下に伴って（図 4.12(b)），異方的キャリア励起による影響が $t < 0.2$ ps の短い時間領域での反射率の変動に現れる（図 4.12(a) 挿入図にあるように，p-typeでは反射率変化は non-dope と比べて著しい）。コヒーレント光学フォノンでは，この影響は初期位相に現れる。コヒーレントフォノンによる振動成分の時間変化を

$$\Delta R_{\rm ph}(t) = -A \exp(-\varGamma t) \cos(\omega_{\rm ph} t + \phi_0)$$

と表したとき，初期位相 $\phi_0$ は高濃度添加 p 型 Si では $\phi_0 \cong 20°$ とほぼ cos の時間変化を，無添加 Si では $\phi_0 \cong 52°$ と sin に近い時間変化を示した。一般に，非共鳴励起の場合，生成されるコヒーレントフォノンの sin 型を示すといわれている[27]。高濃度添加 p 型 Si の結果は，これとは合わない図 4.12 の結果は，異方的な分布を持つキャリア（正孔）がコヒーレントフォノンの生成を支配していること示唆している。

初期位相以外に，ダイナミクスを測定することによって明らかとなる特性の１つに位相緩和時間がある。一般に，励起光（ポンプ光）パワーを大きくすると，コヒーレントフォノンの位相緩和時間は短くなり（上記シリコンもそうである），また周波数は低くなる。ところが，グラファイトでは全く逆にパワーが大きくなれば，周波数および緩和時間は大きくなる。これはグラファイトの擬２次元電子構造に特有な強い電子・格子間結合（コーン異常）が，光励起により緩和されることに起因すると報告されている[32]。

**(2) フォノン-フォノン間干渉**

サブ 10 フェムト秒の超短パルスレーザーによる単層カーボンナノチューブ (SWCNT) の時間分解反射率の測定結果を図 **4.13**(a) に示す[33]。遅延時間 0 にレーザー光の自己相関成分による鋭い立ち上がりを見せた後，光励起キャリアの減衰による非振動成分が続き，さらにコヒーレントフォノンによる振動成分がビートとして観測される。

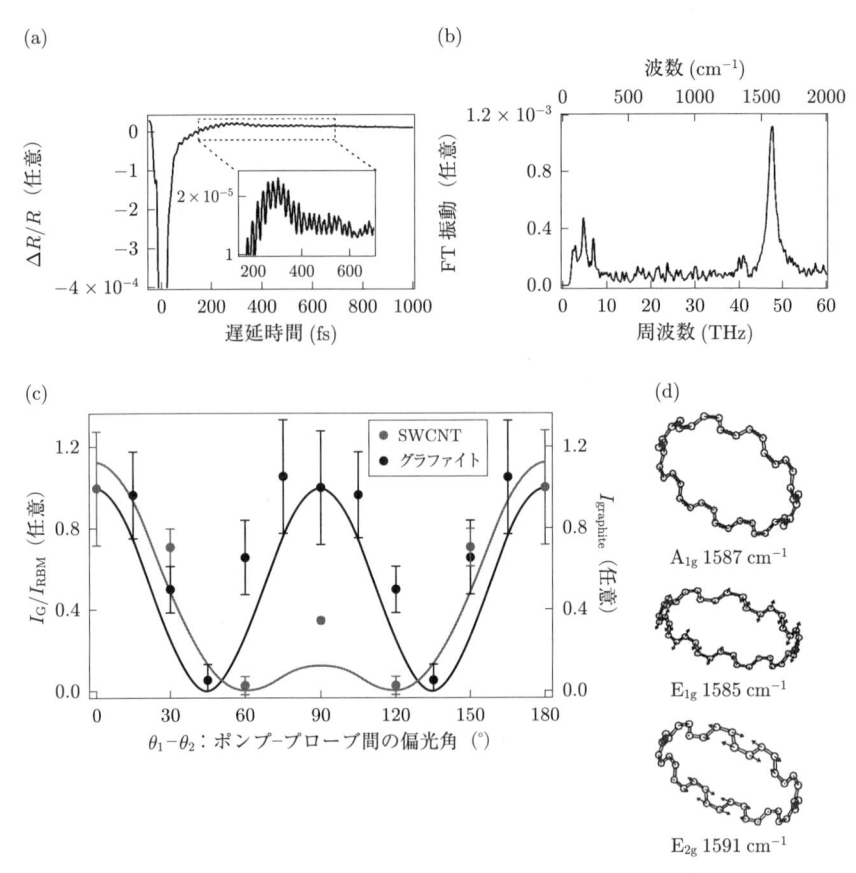

**図 4.13** 単層カーボンナノチューブ (SWCNT) の (a) 時間分解反射率,(b) そのフーリエ変換スペクトル,(c) 強度の偏光依存性,(d) 模式図は G バンドにおけるフォノンモードを示す[33]。

図 4.13(b) のフーリエ変換スペクトルには,(1)300 cm$^{-1}$ 以下の低い振動成分,(2)1350 cm$^{-1}$,(3)1560〜1580 cm$^{-1}$ の 3 つの領域でピークが観測される。ラマンスペクトルとの比較より,これらは (1)Radial Breathing Mode(RBM),(2) 炭素伸縮振動に由来する G モード,(3) 欠陥にそれぞれ由来する D モードである[34]。ここでは高周波モードである G モードの挙動について議論する。

図 4.13(c) は G モードの偏光角依存性である(実際には RBM に対する強度比 ($I_G/I_{RBM}$) をポンプとプローブの偏光のなす角度 ($\theta_1 - \theta_2$) でとって

いる）。$I_G/I_{RBM}$ は $\theta_1 - \theta_2 = 0°$ と $180°$ で最大値をとり，$\theta_1 - \theta_2 = 60°$ と $120°$ でほぼ 0 になり，$\theta_1 - \theta_2 = 90°$ で極値をとることがわかる。

一方，グラファイトの G モードは，$E_{2g}$ 対称性のラマンテンソルから予想される通り $|\cos(2(\theta_1 - \theta_2))|^2$ の依存性を示す。この違いは何か？ CNT の G モードで観測された偏光依存性が，折り曲げで新たに許容となった別の対称性を持つフォノンが関与していることを示唆する。CNT ではグラフェン面の折り曲げの結果，G モードは全対称モード $A$，および非全対称モード $E_1$, $E_2$ の対称性をもつモードに分かれるが（図 4.13(d)），これらのモード間の重ね合わせを考慮した計算カーブを図 4.13(c) の太線で表す。$\theta_1 - \theta_2 = 60°$ と $120°$ および $90°$ での振幅の極値がよく再現できる。G モードのフォノンの周波数が互いに非常に近接していることを考えると，フォノンの振幅が消失したのは，異なる対称性を持つフォノンが異なる初期位相もって振動し，打ち消し合いが起きたことが示唆される[33]。

## 4.5 おわりに

固体表面やナノ構造における超高速現象に関する最近の研究の進捗のいくつかについて紹介したが，近い将来の研究の進展の可能性に関連して，格子原子の変位ダイナミクスを超高速で測定できる時間分解回折分光法，光電場の絶対位相制御による光電子分光法および超高速イメージングなどについて，最後に触れたい。

前節で述べたコヒーレントフォノン分光法では位相の揃った格子原子の振動が光学的定数の変動としてみるわけであるので，時間分解能に優れているが，格子変位の大きさを直接知ることはできない（理論の助けがあれば可能であるが）。プローブのレーザーパルスの代わりに X 線や電子線の超短パルスを使えば，格子変位の変動を絶対値で観察することが原理的に可能である（図 4.1 においてプローブパルスを X 線パルスや電子線パルスに置き換える）。このような実験は最近いくつか報告されている。

(1) 超高速時間分解 X 線回折

たとえば，エッセン大のグループは超短パルス X 線ビームを用いて，ビスマス薄膜におけるコヒーレント光学フォノンによる X 線回折強度の変動をフェムト時間領域で観察した。これにより，固体の融解の条件とされる

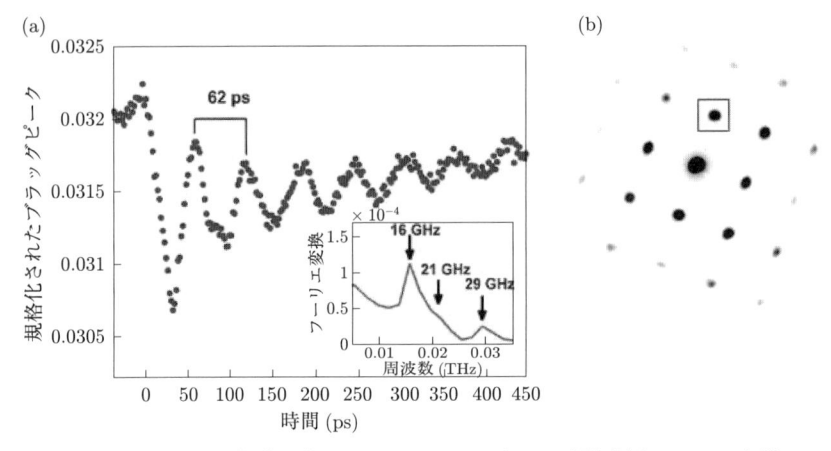

図 4.14 (a) ビスマス薄膜の膜の LEED パターンと (b) 時間分解 LEED。音響フォノンが時間領域において観測される[37]。

リンデマン限界[43] にほぼ到達する大振幅（原子間距離の〜10%）格子振動（〜3 THz）を観測し, 非熱融解のダイナミクスに関して実証的な議論がなされている[35]。東工大のグループは < 200 fs の X(CdTe) コヒーレント光学フォノン (5 THz) を観察し, $0.6 \text{ J/cm}^2$ の励起パワーで生成されたフォノンの振幅が格子定数の 0.8% であると決定された[36]。

**(2) 超高速時間分解低速電子回折**

この測定についても最近の国際会議でも発表されている[3]。図 4.14 に高配向性ビスマス膜についての一例であるが, ブラッグスポット (図 4.14(b)) の強度を縦軸に電子線パルスと励起光パルス間の遅延時間を横軸にとっている。LEED 強度には確かに 62 ps 周期の振動が見えるが, これはコヒーレントな音響フォノンである[37]（観測された時間領域は熱化には十分な時間であり, 音響フォノンの生成は光照射部での局所的な熱膨張に起因される）。グラファイトの面間振動についてもそのダイナミカルな挙動の観測が Zewail によって報告されている[44]。また, この手法により電荷密度波の超高速ダイナミクスについても測定が可能となっている[38]。

**(3) 絶対位相制御パルス**

本章では, パルス光の光電界の包絡線に対する物質系（電子, 格子など）の超高速応答についての議論を行ってきた。パルス光を固体表面に照射する

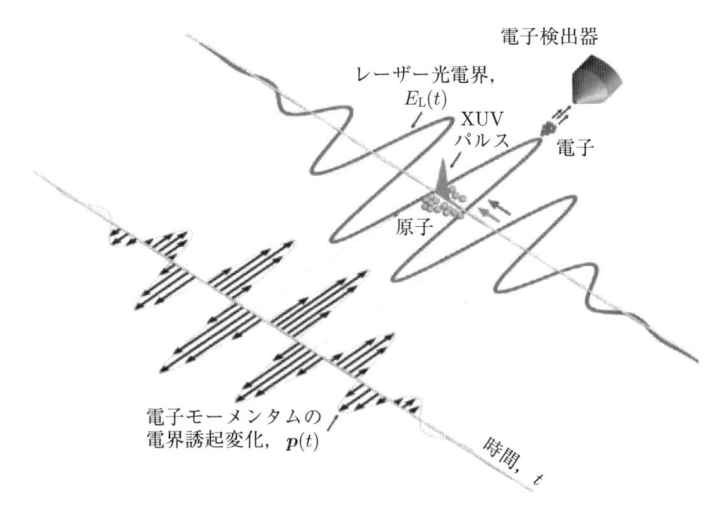

**図 4.15** 原子に絶対位相制御された超短パルス光を照射したときの光電界および対応する光電子の運動量ベクトルの変化[39]。

と，実際には（1パルス内で）電子は光電界そのものに追随して運動し始める。このとき，電子は光電解の位相を反映した応答を示すはずである。ところが，従来のレーザー技術では光電界の絶対位相の固定が困難であったために，光電界が持つ位相情報は平均化され物質中に伝播されることなく失われていた。最近の超短パルスレーザー技術の発展により，これが可能となりつつある。ここでは，光電子分光法に関連する仕事について簡単に紹介する。

原子に絶対位相制御された超短パルス光を照射すると，光電界が正 → 負，あるいは負 → 正へと反転するたびに原子からでる光電子の運動量ベクトル $p(t)$ の方向も反転する（図 4.15 はこの様子を概念的に描いている[39]）。固体表面ではどうなるであろうか？ 図 4.16 は，絶対位相制御光を金に照射した場合に，表面から放出される光電子の量の絶対位相依存性を示したものである[40]。光電子量には光電場の位相に対応する変調が見られる（実際には楔形の石英ガラスを光路に挿入することにより金表面に到達する光の電界を変えている）。これは固体表面から光照射によって放出された光電子が固体表面に再衝突して固体内部に戻るか，加速されて表面から出て行くかが光電界の位相に応じて決定されることを表している。

このようにして，光励起直後に電子が光電界から獲得する電界の位相情報

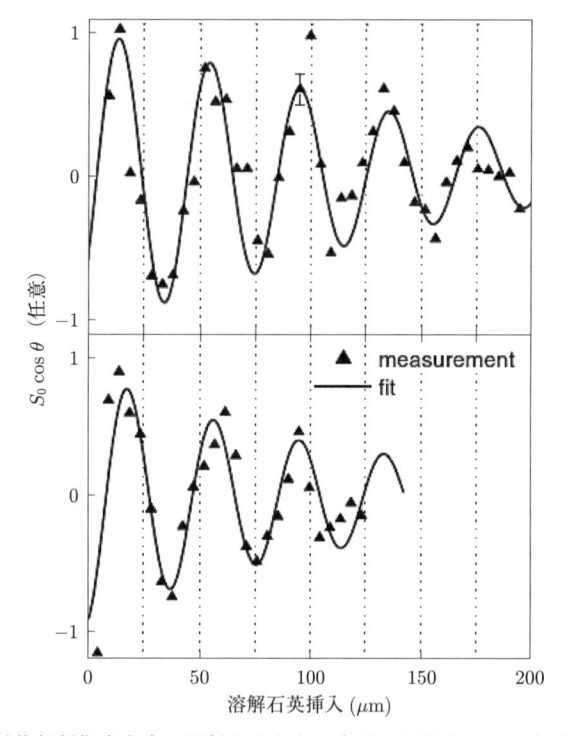

図 4.16　絶対位相制御光を金に照射したときの表面から放出される光電子強度の絶対位相依存性 [40]。光電子量には光電場の位相に対応する変調が見られる。

は，その後の電子の運動を大きく支配することがわかる。電子の獲得した光電解の位相情報がキャリアやプラズマの運動，さらには，それらとの相互作用通じて，格子の運動にどのような影響を及ぼすかを，この方法を使って明らかにされることが今後への期待である。

(4) 超高速イメージング

ポンプ-プローブ技術と SPM 技術とを組み合わせると，表面の電子系や格子系の運動をフェムト秒の時間分解で観測することが原理的に可能である。最近になって，いくつかのグループがこれに成功している。Okamoto らは走査型近接場光学顕微鏡 (SNOM) と組み合わせて金ナノロッド内についての時間分解イメージングを行い，プラズモン励起で誘起された励起状態が電子・格子相互作用によって緩和される様相をピコ秒 (ps) 時間領域で捉

4.5 おわりに 109

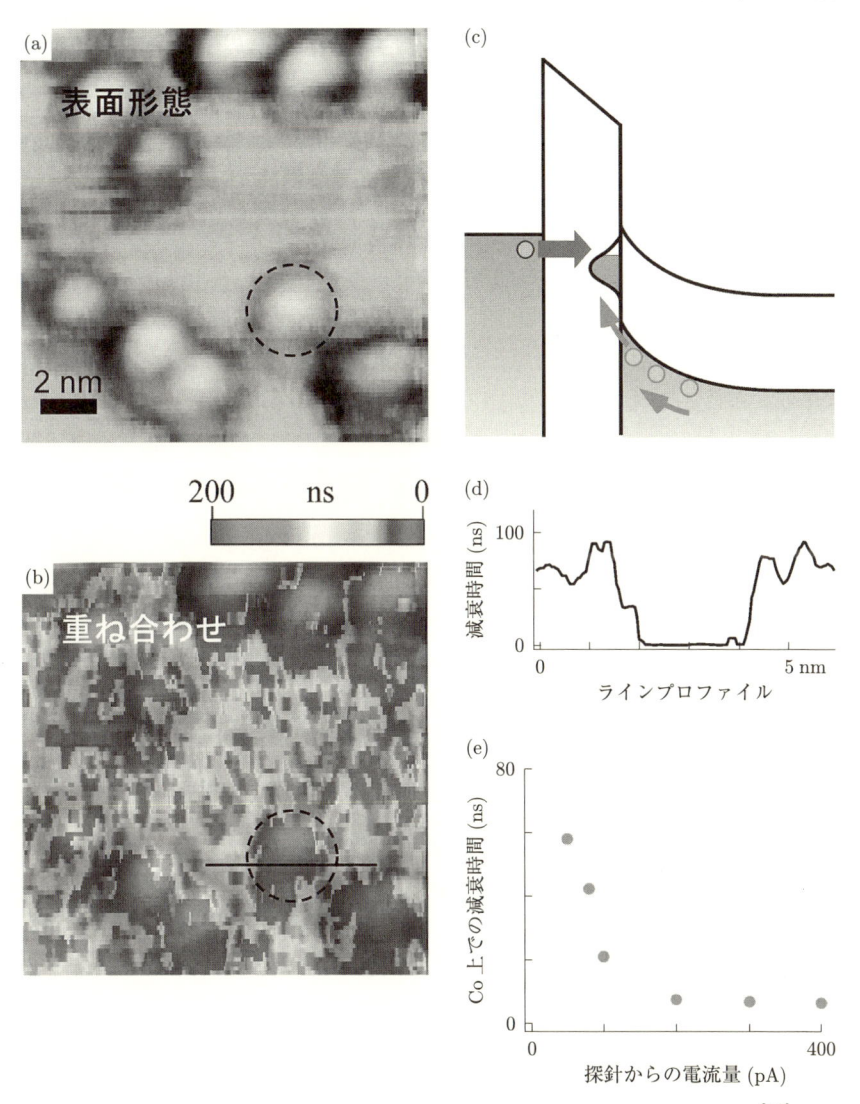

**図 4.17** ナノメートルサイズの Co 粒子を乗せた GaAs 表面の時間分解 STM[42]。
(a) 表面形態像，(b) 時間分解シグナル強度のマッピングを表面形態図 (a) に重ねた図，(c) 表面再結合過程の模式図，(d) Co 粒子部のホール減衰時間プロファイル (b の直線に沿った)，(e) ホール減衰時間 $\tau$ の短針電流依存性。
(写真提供：筑波大学 重川秀実先生のご厚意による。)
（カラー図は口絵 2 参照）

えている[41]。

また，時間分解走査型顕微鏡 (STM) 像については，Shigekawa らがごく最近興味ある結果を発表している[42]。それを最後に紹介する。図 4.17 は Co 金属のナノメートルサイズの粒子を乗せた GaAs 表面の時間分解 STM である。光励起で GaAs 表面の depletion layer に生成されたホールが，Co ナノ粒子/GaAs 間のギャップに存在する表面準位で，トンネル電子と再結合する様相がナノ時間 (ns) 領域で捉えられている。像はホールの捕獲時間 $T_\mathrm{p}$ を表面位置についてプロットしたものである。Co 粒子の存在するところでは，$T_\mathrm{p}$ = 約 10 ns 程度で Co 粒子に捕獲される（青系の色の部分，口絵 2 参照）。Co 粒子から離れるに従って，捕獲時間は長くなる（すぐそばの表面にはギャップ準位がないので）ことが，ナノ秒・ナノメートルの時間・空間精度として理解できる。さらに高い分解の超高速イメージングが期待される。

本章では，光励起直後の励起電子系のダイナミクスから，電子–格子相互作用を経て，格子（分子）系ダイナミクスへと移り変わり，最終的には熱化するまでの様々な超高速現象について，測定方法と併せて概説した。ここで述べられている内容は，広い時空間で起こる諸現象のうち一部を垣間見たに過ぎない。今後のさらに高い進展が期待される。

## 引用・参考文献

[ 1 ] C. Rullier (Ed.): "Ultrafast laser pulses", (Springer, 2005).
[ 2 ] P. Corkum et al.: "Ultrafast Phenomena XVI", (Springer, 2009).
[ 3 ] Technical Digest, 17th Int. Conf. Ultrafast Phenomena(UP), (2010).
[ 4 ] S. Ogawa, H. Nagano and H. Petek: Phys. Rev. Lett. **88**, 116801(2002).
[ 5 ] H. Petek and S. Ogawa: Prog. Sur. Sci. **56**, 239(1997).
[ 6 ] T. Fauster, M. Weinelt and U. Hoefer: Prog. Sur. Sci. **82**, 224(2006).
[ 7 ] P. S. Kirchmann: Ultrafast electron dynamics in low-dimensional materials, PhD Thesis, Free Univ. Berlin (2009).
[ 8 ] P. S. Kirchmann and U. Bovensiepen: Phys. Rev. B **78**, 035437(2008).
[ 9 ] H. H. Rotermund: Sur. Sci. Rep. **29**, 265(1997).
[10] 越川孝典：応用物理 **74**, 1336(2005).
[11] W. L. Barnes, A. Dereux and T. W. Ebbesen: Nature **424**, 824(2003).
[12] 福井満寿夫，原口雅宣，岡本敏弘：応用物理 **73**, 1275(2004).
[13] A. Kubo, K. Onda, H. Petek, Z. Sun, Y. S. Jung and H. K. Kim：Nano Lett. **5**, 1123(2005); A. Kubo, N. Pontius and H. Petek: Nano Lett. **7**, 470(2007).

[14] 久保敦，H. ペテック：真空 **51**, 368(2008).
[15] 斗内政吉（監修）："テラヘルツ技術"，（オーム社，2008）；斗内政吉：真空 **53**, 296 (2010).
[16] 片山郁史，芦田昌明：真空 **53**, 296(2010).
[17] 大森豊明（監修）："テラヘルツテクノロジー"，（NTS, 2005）.
[18] R. Huber et al.: Nature **414**, 286(2001).
[19] R. Huber et al.: Phys. Rev. Lett. **94**, 027401(2005).
[20] R. A. Kaindl et al.: Phys. Rev. B **79**, 045320(2009).
[21] 叶深，大澤雅俊：表面科学 **24**, 740(2003).
[22] J. Chen, et al.: J. Amer. Chem. Soc. **2009**, 4580(2009).
[23] Y. M. Chang, L. Xu and H. W. K. Tom: Phys. Rev. Lett. **78**, 4649(1997).
[24] K. Watanabe, N. Takagi and Y. Matsumoto: Phys. Rev. Lett. **92**, 057401 (2004).
[25] K. Watanabe, N. Takagi and Y. Matsumoto: Phys. Chem. Chem. Phys. **7**, 2697(2005).
[26] 中島信一，長谷宗明，溝口幸司：表面科学 **19**, 64(1998).
[27] T. Dekorsy, G. C. Cho and H. Kurz: "Light Scattering in Solids VIII", M. Cardona and G. Güntherodt(Eds.), (Springer, 2000) chapter 4.
[28] R. Merlin: Solid State Commun. **102**, 207(1997).
[29] M. Hase and M. Kitajima: J. Phys.: Cond. Matt. **22**, 073201(2010).
[30] K. Kato et al.: Jpn. J. Appl. Phys. **48**, 100205(2009).
[31] M. Hase, M. Kitajima, M. Constantinescu and H. Petek: Nature **426**, 51(2004).
[32] K. Ishioka et al.: Phys. Rev. B **77**, 121402(R)(2008).
[33] K. Kato et al.: Nano Letters **8**, 3102(2008)；加藤景子，北島正弘：真空 **53**, 317(2010).
[34] K. Kato et al.: Appl. Phys. Lett. **97**, 121910(2010).
[35] S. Tinten et al.: Nature **422**, 287(2003).
[36] K. Nakamura et al.: Appl. Phys. Lett. **93**, 061905(2009).
[37] G. Sciani et al.: Technical Digest, 17th Int. Conf. Ultrafast Phenomena(UP), (2010), FA6.pdf
[38] M. Eichberger et al.: Technical Digest, 17th Int. Conf. Ultrafast Phenomena(UP), (2010), MA2.pdf.
[39] E. Goulielmakis et al.: Science **305**, 1267(2004).
[40] A. Apolonski et al.: Phus. Rev. Lett. **92**, 073902(2004).
[41] K. Imura, T. Nagahara and H. Okamoto: J. Phys. Chem. B **108**, 16344(2004).
[42] Y. Terada et al.: Nature Photonics **4**, 869(2010).
[43] T. E. Faber: "Introduction to the theory of loquid metals", (Cambrideg University Press, 1972) chapt.2.
[44] F. Carbone et al.: Phys. Rev. Lett. **100**, 035501(2008).

# 第 5 章

# 表面の分析法

## I. X線(紫外線)による表面分析法

### 5.1 X線光電子分光法 (XPS)[1,2,3]

X線光電子分光法 (X-ray photoelectron spectroscopy, XPS) は 1960 年代にウプサラ大学(スウェーデン)の Kai Siegbahn らにより完成された表面分析法であり,現在では表面分析には不可欠な装置となっている。応用分野も広く,あらゆる気体,液体,固体中の原子(水素を除く)の電子状態(化学状態)を調べることが可能であり,固体物性物理・化学,分子科学,などの分野の発展に寄与してきた。このことにより,1981 年に彼はノーベル物理学賞を受賞している。ここでは XPS の原理,測定法,特徴を簡単に説明する。

X線光電子分光法に関しては ISO(International Standard Organization:国際標準化機構)TC201 委員会で日本を幹事国として種々の標準化が行われている。

#### 5.1.1 原理

物質に X 線を照射すると電子が放出されることは古くから知られた現象

---

5.1〜5.3 節執筆:福田安生

## 5.1 X線光電子分光法 (XPS)

であり，この放出された電子を特に光電子と呼んでいる。XPSではX線を物質に照射し，そこから放出される電子の運動エネルギーを分光して，電子の束縛エネルギーを求める。この束縛エネルギーから物質中の原子の同定や化学状態を推定することができ，検出された光電子量から元素の定量を行うこともできる。また，XPSスペクトル中には種々の物理過程に起因するスペクトルやスペクトル変化が含まれているので，それらを解析することによりさらに多くの情報を得ることができる。

XPSの物理過程の第一はX線（電磁波）による電子の励起であり，電磁波（ベクトルポテンシャル $A$）と電子の相互作用 $\delta H$ は次式で表される。

$$\delta H = \frac{1}{2}c(\boldsymbol{p}\cdot\boldsymbol{A} + \boldsymbol{A}\cdot\boldsymbol{p}) \tag{5.1}$$

ここで，$p$：電子の運動量演算子，$A = a\exp\{(\boldsymbol{qr}-\omega t)i\}$，$\omega/q = c$，$\omega$：波長，$q$：波長ベクトル，$r$：座標ベクトル，$t$：時間，$c$：光速，$a$：定数を表す。放出される光電子量（XPSにおけるピーク強度）は始状態 i (initial state：光電子が放出される前の状態）から終状態 f (final state：光電子が放出された後の状態）への遷移確率に依存する。波数ベクトル $k$ を持ち，検出器に単位立体角あたりに到達する光電子量 $J_{\mathrm{el}}(\boldsymbol{k})$ は，

$$J_{\mathrm{el}}(\boldsymbol{k}) = \frac{k\omega}{4\pi^2 c}\Sigma|\langle f|\delta h|i\rangle|^2\delta(E_{\mathrm{f}}-\hbar\omega-E_{\mathrm{i}}) \tag{5.2}$$

ここで，$\delta h$：規格化された相互作用，$e$：電子の素電荷，$\delta$：デルタ関数，$E_{\mathrm{f}}$：終状態のエネルギー，$\hbar\omega$：X線のエネルギー，$E_{\mathrm{i}}$：始状態のエネルギーを表す。

物質中の原子内の電子はそれぞれの電子軌道に束縛エネルギー $E_{\mathrm{B}}$ で束縛されている。そこに $E_{\mathrm{B}}$ より大きなエネルギーのX線を照射すると，光電効果により $E_{\mathrm{K}}$ のエネルギーを持って光電子が放出される。この過程においてエネルギー保存の法則が成り立ち，次式が成立する。

$$E_{\mathrm{B}} = \hbar\omega - E_{\mathrm{K}} - \phi \tag{5.3}$$

ここで，$\hbar\omega$：X線のエネルギー (eV)，$\phi$：分光器の仕事関数を表す。実際のXPSにおいては $E_{\mathrm{K}}$ を測定する。$\hbar\omega$ は選択するX線源により一定であるので，$\phi$（その決定法は後述する）を決めれば束縛エネルギー $E_{\mathrm{B}}$ を決めることができる。これらのエネルギー関係を図 **5.1** に示す。束縛エネ

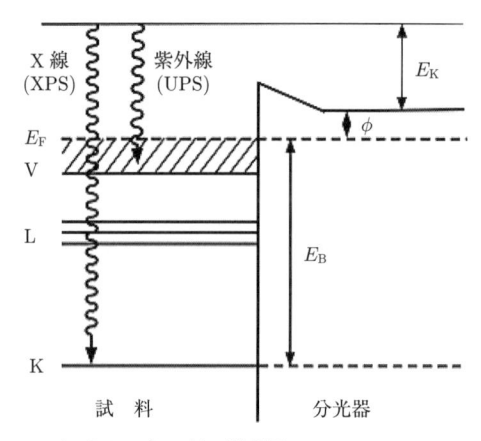

図 5.1 XPS，UPS におけるエネルギー関係図。
$E_F$：フェルミエネルギー（固体中の電子のエネルギーをゼロとする），V：価電子帯 (Valence band)，L：L 軌道，K：K 軌道。

ギーは原子の電子軌道に依存して特定のエネルギーを持つので，逆に束縛エネルギーの値から原子を同定することができる．また，束縛エネルギーの化学シフト（原子の化学状態によって原子の元素状態（原子価状態ゼロ）からのエネルギーのずれを表す）量からその原子の化学状態を推定することができる．各原子およびその化合物の束縛エネルギーは種々出版されているので，それらを参照することができる [4]．また，XPS で多結晶の価電子帯を測定するとその状態密度を調べることができる．

### 5.1.2 装置（測定法）

市販の XPS 装置では通常 X 線源として，$AlK\alpha = 1486.6$ eV および $MgK\alpha = 1253.6$ eV を用いるが，最近では単色（モノクロ）$AlK\alpha$ が多く使用されている．線源のエネルギーが比較的小さいので，放出される光電子の運動エネルギー $E_K$ は小さく，電子の固体からの脱出深さは表面から約数 nm 以下である．したがって，XPS スペクトルは表面のみの情報を反映している，すなわち，表面の電子状態を反映している．ほとんどの固体試料は空気中で空気や水分などで表面が汚染されているので，XPS スペクトルを測定する前に表面の汚染物を除去し，清浄になった表面を汚染させずに測定する必要がある．そのために，通常，X 線源，試料，分光器，検出器，

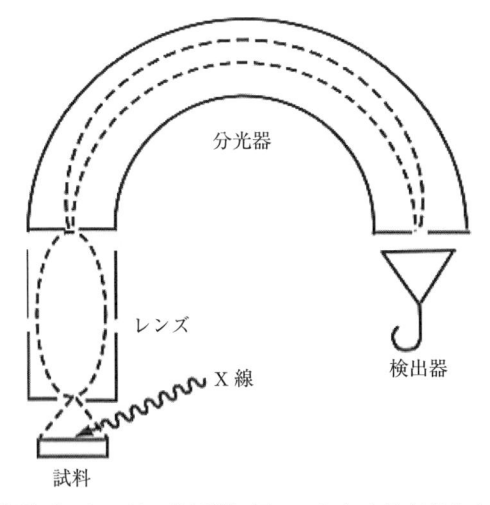

図 **5.2** XPS の装置（エネルギー分析器）図。これらは超高真空チェンバー内に収納されている。

などは超高真空槽（チェンバー，圧力は $10^{-8}$ Pa 以下）の中に収納されていて，その中で測定がなされる。図 **5.2** に典型的な XPS 装置の概略図（エネルギー分析器）を示す。試料に X 線 ($\hbar\omega$) を照射すると光電子が放出され，それをインプットレンズで集め，分光器に導入し，分光器内の電圧を調整することにより特定エネルギーを持つ光電子を検出器で検出する。分光器内の電圧を走査することにより XPS スペクトルを得ることができる。

XPS においては束縛エネルギーを決めることが重要で，そのためには式 (5.3) からわかるように $\phi$ をあらかじめ決めなければならない。$\phi$ の値は個々の装置により異なり，同一装置においても変化する（特にチェンバーをベイクした場合など）ので，常にチェックする必要がある。たとえば，清浄な（通常イオンスパッタおよび加熱を繰り返すことにより表面の不純物が除去され清浄な表面が得られる）金 (Au) の価電子帯のスペクトルを測定し，価電子帯スペクトルの立ち上がりの中点をフェルミ準位 ($E_F$) とする。固体の場合，フェルミ準位の $E_B$ はゼロであるから，フェルミ準位の $E_K$ 値を式 (5.3) に代入すると $\hbar\omega$ は用いる X 線源のエネルギーであり既知の値であるから，$\phi$ を求めることができる。また，Au $4f_{7/2}$ の $E_K$ 値を測定し，その束縛エネルギーを $E_B = 84.0$ eV と仮定して，$\phi$ を求める方法もある。

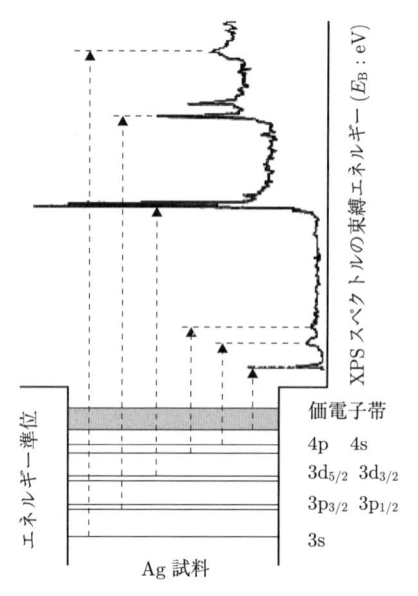

図 5.3 銀 (Ag) 試料の電子エネルギー準位と対応する XPS スペクトル。

　絶縁体試料の束縛エネルギーを測定する場合，困難が生じる。金属の場合は光電子の放出により不足する電子はアースから補給されるが絶縁体の場合アースからの電子の補給は困難である。したがって，表面は電子不足，すなわち正に帯電し（チャージアップという），放出される光電子のエネルギーを低下させる。このような場合，金を少量表面に蒸着し，標準物質として（上記のように）用い，チャージアップを補正することができる。また，表面には必ず汚染物として炭化水素が吸着しているので，それに由来する C 1 s の束縛エネルギー ($E_B = 284.5$ eV) を基準にする方法もあるがバラつきも多いので注意が必要である。

　図 5.3 に銀 (Ag) の XPS スペクトルのピークと銀の電子エネルギー準位との対応を示した。このように XPS では原子の各電子エネルギー準位から放出された光電子の束縛エネルギー ($E_B$) を測定することができる。

## 5.1.3　XPS の特徴

　XPS の特徴は物質表面に存在する原子の束縛エネルギーを求め，その値から元素の同定とその化学状態を推定することができることである。表面で

このような情報が得られる分析法はXPSのみである。その他にも種々の情報を得ることができる。以下に簡単にそれらについて述べるが詳しくは他に譲る[1,2,3]。

**(1) オージェスペクトル**

XPSスペクトルを測定するとその中にオージェスペクトルも含まれる。ある元素のXPSスペクトルの化学シフトは小さくてもオージェスペクトルの化学シフトは大きい場合（たとえば，Zn金属とその酸化物），オージェスペクトルの化学シフトを化合物の同定に利用できる。また，オージェパラメータを用いて原子の化学状態を推定することもできる。

**(2) エネルギー損失ピーク**

固体内部で発生した光電子の一部は固体内で種々の相互作用によりそのエネルギーの一部を失う。この過程をエネルギー損失過程といい，XPSスペクトルに現れる主な損失過程はプラズマ振動損失過程である。また，占有—非占有電子状態のバンド間遷移に伴うエネルギー損失も観察され，状態分析に利用されている。

**(3) 多重項（交換）分裂**

内殻電子準位がイオン化されると不対電子が生成する。そのとき最外殻電子準位に不対電子が存在する場合，両者の間に結合が生じ電子状態が分裂する。それを多重項（交換）分裂といい，その分裂幅を状態分析に利用することができる。

**(4) シェイクアップ，シェイクダウン**

内殻電子準位がイオン化された後，異なる電子配置をとる終状態が生成される。これに伴って終状態の数だけピークが出現する。ピーク間のエネルギーから電子状態を推定することができる。

**(5) 光電子回折**

固体内部で発生した光電子は電子回折と同様に固体外に放出される過程で表面の原子によって散乱され回折を起こす。表面構造モデルの回折強度計算と測定結果との比較から表面の原子配列に関する詳しい情報を推定することができる。

**(6) 定量分析**

X線源，分光器，試料の幾何学的位置が既知であれば（分析条件が一定であれば）理論的にXPSスペクトル強度を計算することができ，理論的に

は定量分析は可能である．通常，機器分析ではあらかじめ検量線を作成してそれをもとに定量分析が行われる．しかし，既知の表面濃度をもつ試料を作製することは特別な場合を除いて困難である．XPSによる定量分析には種々の問題点があり，定量精度はバルク分析と比較するとあまりよくない．そのなかで光電子の脱出深さ（電子の固体中での平均自由行程）の問題がある．平均自由行程は同じ運動エネルギーでも物質により異なるために個々の物質においてその値を見積もらなければ精度よく定量分析はできない．現在種々の物質についてその計算もなされている[5]．通常，非常に単純化された以下の式で定量分析を行うことができる．

$$C_X = \frac{\dfrac{I_X}{S_X}}{\sum_\alpha \dfrac{I\alpha}{S\alpha}} \tag{5.4}$$

ここで，$C_X$：求める元素Xの原子濃度 (atomic %)，$I_X$：元素Xの測定強度，$S_X$：元素Xの相対感度因子[4]，$\alpha$：試料中の全元素を表す．

**(7) 2次元，3次元元素（化合物）分布分析**

試料表面に存在する元素（化合物）の2次元分布（2次元イメージ）を知るために2つの方法がある．1つはX線を細く絞り，試料またはX線を動かすことによる走査で元素の2次元分布を知る方法である．もう1つはX線を細く絞らず，試料の広範囲から放出された光電子を電子レンズを用いて2次元イメージを求める方法である．

3次元分布を調べるには主としてスパッタイオン銃で表面から原子オーダーで原子層を剥離しながらXPS分析を行うことによって求められる．しかし，スパッタにより化合物の分解や表面偏析が起こり，本来の濃度が変化することがあるので注意が必要である．

一方，非破壊的方法として角度分解測定法がある．光電子の脱出深さ（分析深さ）はその運動エネルギーに依存し，脱出角度（表面の法線に対する）が大きい程，分析深さが浅い．このことを利用して光電子の検出角度を変化させてXPSスペクトルを測定することにより固体内部から表面にかけての原子の分布，化学状態の分布を知ることができる．

## 5.2　紫外光電子分光法 (UPS)[1,6]

紫外光電子分光法 (ultraviolet photoelectron spectroscopy, UPS) は紫外線を試料に照射して放出される光電子のエネルギー分析を行い，試料の電子状態を調べる方法である．XPS と同じであるが，エネルギーの小さい紫外線を用いるので通常は試料の価電子帯の電子状態を調べる場合に用いられる．

### 5.2.1　原理

原理は XPS と全く同じであり（図 5.1），光電子強度は XPS と同じく式 (5.2) で表される．また，入射紫外線エネルギーと放出される光電子のエネルギーの関係も XPS と同じである．XPS ではエネルギーが大きいため（X 線の波数が大きいため）ブリルアンゾーンの平均値しか得られないが，UPS ではその波数が小さいため，単結晶を用いるとバンドからバンドへの直接遷移を観測でき，価電子帯のバンド構造を調べることができる．

### 5.2.2　装置（測定法）

装置および測定法は基本的に XPS と同じである．実験室レベルでは紫外線源として HeI 線 (21.2 eV)，HeII 線 (40.8 eV) などの不活性気体の共鳴線を用いるが，近年では紫外線領域においてエネルギー選択の自由度の大きいシンクロトロン放射光を用いることが多い．また，シンクロトロン放射光では偏光を利用できることも 1 つの特徴となっている．UPS はバンド構造を調べるために使われるが，その場合は分光器が試料の周りを回転できるような装置が必要である（angle-resolved ultra-violet photoemission spectroscopy, ARUPS：角度分解紫外線光電子分光法）．最近では広い立体角で光電子を取り込み，光電子放出角度と運動エネルギーを同時に検出できるような特殊なインプットレンズと 2 次元電子検出器を備えたアナライザーを用いて ARUPS 測定が行われている．

### 5.2.3　UPS の特徴

(1) バンド構造の測定

光電子放出においては次式が成立する．

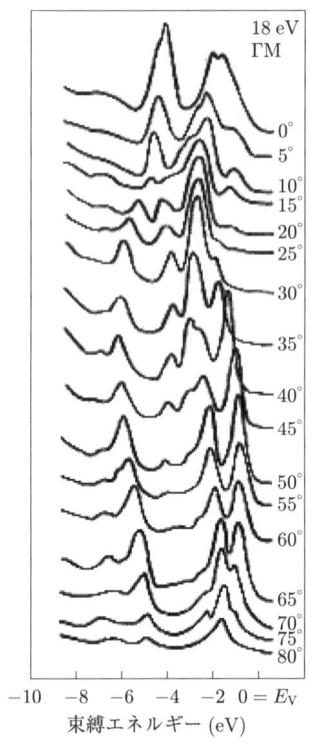

図 5.4(a)　$\hbar\omega = 18\,\text{eV}$ を用いて種々の角度で測定された InSe の UPS スペクトル [7]。$E_V$ は価電子帯を表す。

$$E_f = E_{\text{kin}} + \phi, \quad E_f = E_i + \omega \tag{5.5}$$

ここで，$E_f$：終状態エネルギー，$E_{\text{kin}}$：光電子の運動エネルギー，$\phi$：試料の仕事関数，$E_i$：始状態エネルギー，$\hbar\omega$：紫外線のエネルギー。

また，表面に平行な光電子の波数ベクトル $\bm{k}_\parallel$ は次式で表される。

$$\bm{k}_\parallel = \left(\frac{2m}{\hbar^2}E_{\text{kin}}\right)^{\frac{1}{2}}\sin\theta = \frac{1}{\hbar}\{2m(E_i + \hbar\omega - \phi)\}^{\frac{1}{2}}\sin\theta \tag{5.6}$$

ここで，$m$：電子の質量，$\hbar$：プランク定数，$\theta$：光電子の法線方向に対する検出角。紫外線のエネルギー ($\hbar\omega$) を一定にして光電子の検出角を変化させながらピークのエネルギー ($E_i$) 変化を $\bm{k}_\parallel$ に対してプロットするとバ

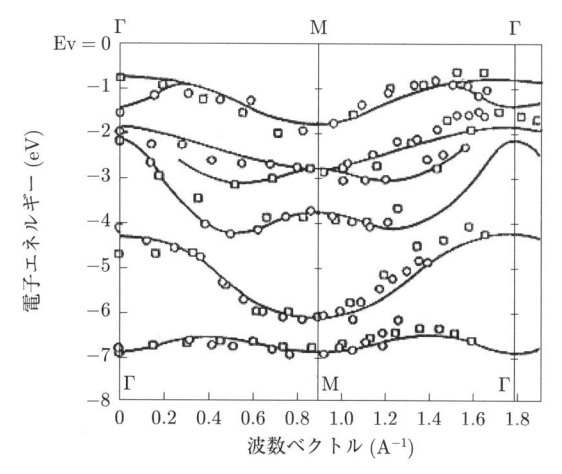

図 5.4(b)　$\hbar\omega = 18$ および 24 eV で測定された UPS スペクトルから得られたバンド構造図[7]。$E_V$ は価電子端を表す。

ンド構造図を作成することができる。その例を図 5.4 に示す[7]。図 5.4(a) では $\hbar\omega = 18$ eV を用いて種々の $\theta$ 角度で InSe の ΓM 方向に測定し、それをバンド図にしたものが図 5.4(b) である（図では $\hbar\omega = 24$ eV で測定したデータも含まれる）。

**(2) surface states の測定**

表面に局在する電子状態である surface state は、表面に対して法線方向で測定すると分散はないので、入射紫外線のエネルギーを変化させても surface state に対応するピークの束縛エネルギー位置は変化しない。このことを用いてバルクバンドと区別することができる。また、入射紫外線のエネルギーを一定にして $\theta$ を変化させることにより、$k_{\parallel}$ を決めれば surface state の分散図が求められる。一般に surface state はバルクバンドギャップ内に存在する。図 5.5 に Be(0001) 表面の surface state の例を示す[8]。2.8 eV ピークは入射紫外線エネルギーによって変化してないことより surface state であることがわかる。

**(3) 偏光依存性測定**

Ni(100) 表面に吸着した CO の偏光依存性測定における典型的な配置と測定された UPS スペクトルを図 5.6 に示す[9]。入射光と検出光電子方向を鏡

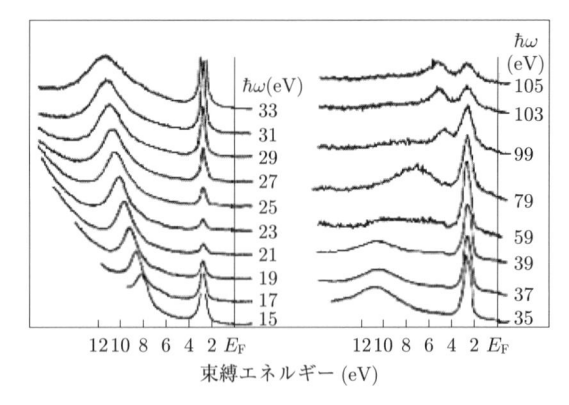

**図 5.5** 種々のエネルギー ($\hbar\omega$) で測定された Be(0001) の UPS スペクトル[8]。

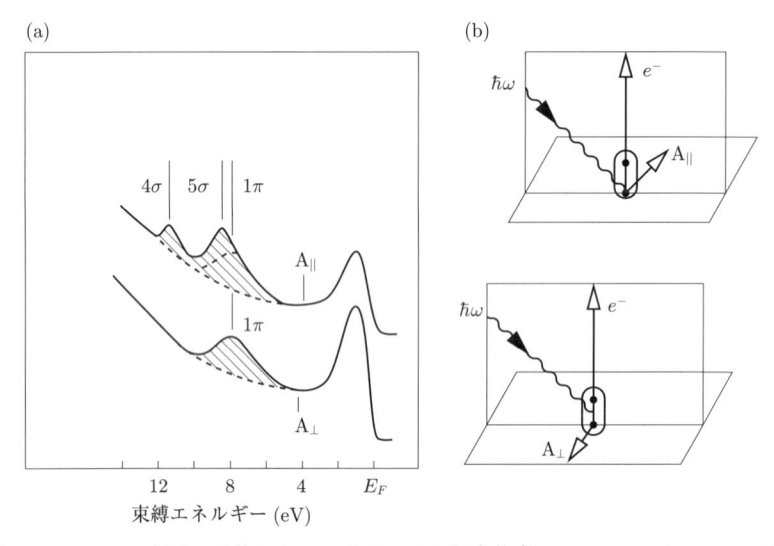

**図 5.6** Ni(100) 表面に吸着した CO 分子の (a) 偏光依存 UPS スペクトル，(b) 測定条件[9]。$\hbar\omega$：入射紫外線，$e^-$：光電子の検出方向。

映面に含み，検出角を法線方向にとり，偏光方向を面に垂直の場合 $A_\perp$ (s 偏光) と，面に並行の場合 $A_\parallel$ (p 偏光) で測定された．前者では遷移確率の A（偏光）依存性から π ボンドのみが検出され，後者では σ ボンドのみが検出されるが入射光は完全に表面に並行にはならず，部分的に $A_\perp$ 成分が

含まれるので π ボンドも検出される。したがって図のようなスペクトルが得られる。この結果と CO ガスのスペクトルの比較より，CO 分子は Ni(100) 表面に垂直に C に局在する $5\sigma$ で吸着していることがわかった。

## 5.3 X 線吸収分光法 (XAS)[10,11,12]

X 線吸収分光法 (X-ray absorption spectroscopy, XAS) の歴史は古く，すでに 1920 年代には XAS による化学シフトの研究がなされていた。XAS では X 線のエネルギーを連続的に増加して試料に照射し，X 線の吸収量を測定する。実験室レベルでこれを行うと X 線量が極端に少ないために実験は非常に困難であり，広く使用される方法ではなかった。しかしながら，シンクロトロン放射光が利用できるようになってから広範囲に利用が広がり，現在では，表面科学の分野ではポピュラーな手法となってきた。

### 5.3.1 原理

X 線のエネルギーを増加させながら試料に照射すると，内殻電子の束縛エネルギーを越える（すなわち，しきい値を超える）と内殻電子は非占有電子状態に励起され，X 線の吸収が起こる。この励起は同一原子内で起こる，すなわち，その原子の非占有電子状態 (local empty electronic states) に励起される。したがって，試料全体の非占有電子状態を調べる逆光電子分光法とは異なり試料を構成する原子の非占有電子状態に関する情報を XAS は提供する。X 線の吸収断面積 $\sigma_X$ は次式で表される。

$$\sigma_X = \frac{4\pi^2 h^2}{m^2} \cdot \frac{e^2}{hc} \cdot \frac{1}{\hbar\omega} \cdot \rho(E) \cdot \Sigma |\langle \phi_f | \boldsymbol{e} \cdot \boldsymbol{p} | \phi_i \rangle|^2 \delta(\hbar\omega + E_i - E_f)$$

ここで，$e$：電子の電荷，$m$：電子の質量，$h$：プランク定数，$c$：光速，$\rho(E)$：終状態でのエネルギー密度，$\boldsymbol{e}$：入射 X 線方向の単位ベクトル，$\boldsymbol{p}$：電子の運動量オペレータ，$\phi_f$, $\phi_i$：終状態，始状態の波動関数，$\delta$：デルタ関数，$\hbar\omega$：X 線のエネルギー，$E_i$, $E_f$：始状態，終状態のエネルギー。この式からダイポールマトリックスの項 $\langle \phi_f | \boldsymbol{e} \cdot \boldsymbol{p} | \phi_i \rangle |$ が重要であることがわかる。すなわち，$\sigma_X$ は入射 X 線の分極方向の依存性 (polarization-dependence) やダイポール選択則 (dipole selection rule) に依存する。前者では吸着分子構造の研究に応用される。後者では始状態と終状態の $\ell$ 量子数

(angular momentum quantum number) の差が $\Delta \ell = \pm 1$ でなければならない。

励起過程において励起電子は励起を受ける原子の周りの原子により散乱の影響を受ける，すなわち，その原子の局所構造の影響を受ける。XAS スペクトルのしきい値から約 50 eV 高エネルギー側に約 1000 eV にわたって微細構造が現れる。これを拡張 X 線吸収微細構造 (extended X-ray absorption fine structure, EXAFS) と呼び注目原子の局所構造を調べる方法として広範囲に利用されている。一方，XAS スペクトルのしきい値から約 50 eV 以下のスペクトルに現れる微細構造は吸収端 X 線吸収微細構造 (near-edge X-ray absorption fine structure, NEXAFS) と呼ばれる。最近では XAS スペクトルの理論計算技術が進歩し，測定したスペクトルとかなりよい一致が得られている。

### 5.3.2 装置（測定法）

XAS スペクトルを得るには通常シンクロトロン放射光を希望するエネルギー範囲で回折格子を用いて分光し，入射光として集光し，試料に照射して，X 線吸収強度の変化を検出する。図 **5.7** に測定系の一例を示す。通常，X 線の分光には高エネルギー側では結晶（Si など），低エネルギー側（1 keV 以下）では回折格子が用いられる。検出系においては以下の種々の方法がある。

(1) オージェ電子収率の検出
(2) X 線収率の検出
(3) イオン収率の検出
(4) 全電子収率の検出

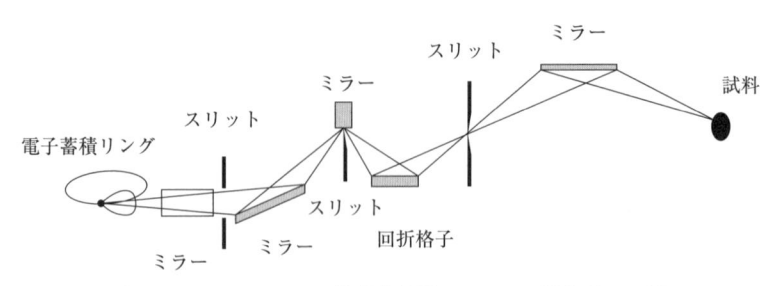

図 **5.7** シンクロトロン放射光を用いる XAS 測定系の一例。

上記の検出方法で得られる情報の深さはそれぞれ，2，100以上，0.2，4 nmと見積もられている。したがって，知りたい情報深さによって検出方法を選択する必要があるが通常の表面研究では(4)の方法が多く用いられている。

### 5.3.3 XASの特徴

**(1) 局所非占有電子状態 (local empty electronic state) の測定**

　局所非占有電子状態とは調べようとしている特定原子についての非占有電子状態を意味する。また，XASではダイポール選択則が成立するので，たとえばO 1sスペクトルを測定すると，O 1sからO 2pへの遷移を観測することになり，スペクトルはO 2p非占有電子状態を表す。例として，チタンの酸化物のTi 2pとO 1sスペクトルを図 **5.8(a)(b)** に示す[13]。Ti 2pスペクトルにはTi 3dの非占有電子状態が反映されており，Tiの価数 +2，+3，+4価による電子状態の変化が現れている。それと同時にO 1sスペクトルにも化合物による変化が現れている。

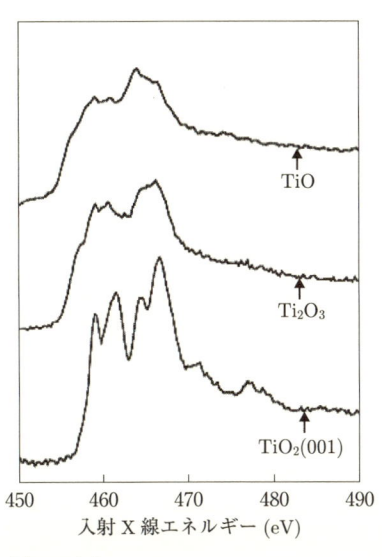

図 **5.8(a)**
XAS Ti 2p スペクトル[13]。

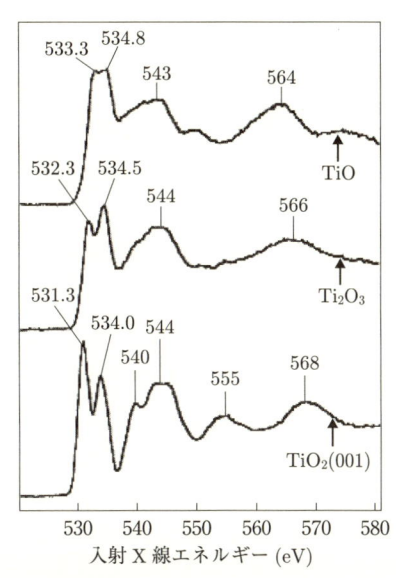

図 **5.8(b)**
XAS O 1s スペクトル[13]。

## (2) EXAFS (extended X-ray absorption fine structure) の測定

先述したようにスペクトルの吸収端より約 50〜1000 eV にかけて微細構造が現れ，それは調べようとしている原子の直近の原子からの散乱によるものである．したがって，低速電子回折 (LEED) では調べることができない．たとえば多結晶，アモルファス結晶においても最近接原子間距離を求めることができる．例として図 5.9(a) に Ni(100) 面に吸着した硫黄の c(2 × 2) 構造における $SK$ のスペクトル図を示す．その下のスペクトルは EXAFS の部分を拡大したものである．図 5.9(b) にそのフーリエ変換図を示す[14]．A は硫黄原子に最も近い Ni 原子からの距離，B は 2 番目に近い Ni 原子からの距離を表す．図 5.9(b) より S-Ni の距離は約 2.23 Å であり NiS のバルクにおける距離より 0.16 Å 短いことがわかった．

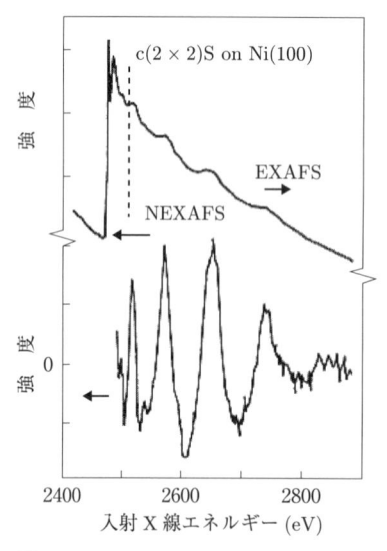

図 5.9(a)
Ni(100) 面に吸着した硫黄の c(2 × 2) 構造における $SK$ の XAS スペクトル図[14]．その下のスペクトルは EXAFS の部分を拡大したものである．

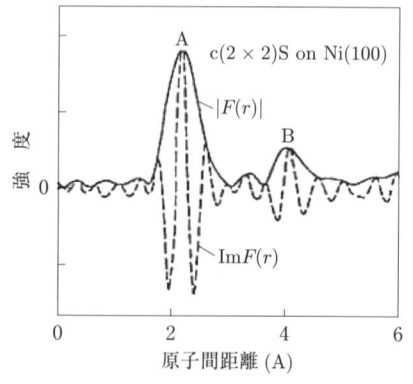

図 5.9(b)
そのフーリエ変換図[14]．A は硫黄原子に最も近い Ni 原子からの距離，B は 2 番目に近い Ni 原子からの距離に対応する．

## (3) 吸着構造の測定

原理において XAS 強度は X 線の $e$ ベクトル（入射 X 線方向の単位ベクトル）に依存することを述べた。その例を図 5.10 に示す[15]。水素吸着 Ni(100) 表面に CO を吸着させた表面の O 1s スペクトルを示す。534 eV および 548 eV にピークが見える。それらは O 1s から O 2p$\pi$ および O 2p$\sigma$ への遷移によるピークである。$\theta_E = 20°$ および $90°$ を比較すると前者では O 2p$\sigma$ が強く O 2p$\pi$ が弱いのに比べ後者ではその逆となっている。したがって，CO 分子は Ni(100) 表面に垂直に吸着していることがわかる。

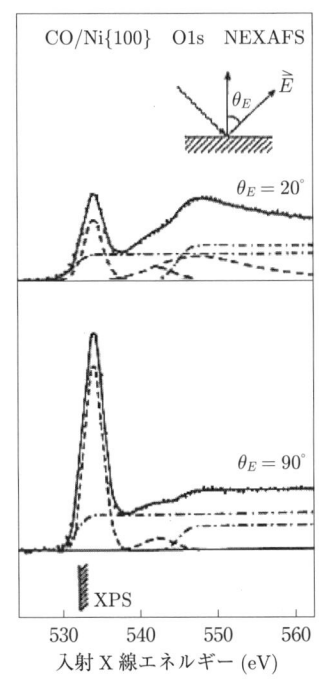

図 5.10 水素吸着 Ni(100) 表面に CO を吸着させた表面の O 1s スペクトルおよび測定条件[15]。534 eV および 548 eV にピークが見える。それらは O 1s から O 2p$\pi$ および O 2p$\sigma$ への遷移によるピークである。この結果より CO 分子は Ni(100) 表面に垂直に吸着していることがわかる。

## 引用・参考文献

[ 1 ] S. Hüfner: "Photoelectron Spectroscopy", (Springer-Verlag, 1995).
[ 2 ] 福田安生：X線光電子分光, "固体表面分析 I", 大西孝治, 堀池靖浩, 吉原一紘 （編）, （講談社サイエンティフィク, 1995）, p.55.
[ 3 ] D. ブリッグス, M.P. シーア （編）, 合志陽一, 志水隆一 （監訳）: "表面分析", （アグネ承風社, 1990）.
[ 4 ] See, for example, J. F. Moulder, W. F. Stickle, P. E. Sobol and K. D. Bomben: "Handbook of X-ray Photoelectron Spectroscopy", J. Chastain(Ed.), (Perkin Elmer Corp. 1992).
[ 5 ] S. Tanuma, C. J. Powell and D. R. Penn: Surf. Interface Anal. **21**, 165(1994).
[ 6 ] S. D. Keven(Ed.): "Angle-resolved Photoemission", (Elsevier, 1992).
[ 7 ] P. K. Larsen, S. Chiang and N. V. Smith: Phys. Rev. B **15**, 3200(1977).
[ 8 ] E. Jensen, R. A. Bartynski, T. Gustafsson, E. W. Plummer, M. Y. Chou and G. B. Hoflund: Phys. Rev. B **30**, 5500(1984).
[ 9 ] E. W. Plummer and W. Eberhardt: Adv. Chem. Phys., 49(1982).
[10] J. C. Fuggle and J. E. Inglesfield (Eds): "Unoccupied Electronic States - Fundamentals for XANES, EELS, IPES, and BIS", (Springer-Verlag, 1992).
[11] M. F. M. de Groot: J. Electron Spectrosc. Relat. Phenom. **67**, 529(1994).
[12] J. G. Chen: Surf. Sci. Rept. **30**, 1(1997).
[13] V. S. Lusvardi, M. A. Barteau, J. G. Cjen, J. Eng Jr., B. Bruhberger and A. Teplyakov: Surf. Sci. **397**, 237(1998).
[14] S. Brennan, J. Stöhr and R. Jäger: Phys. Rev. B **24**, 4871(1981).
[15] S. K. Kulkarni, J. Somers, A. W. Robinson, D. Ricken, Th. Lindner, P. Hollins, G. J. Lapeyre and A. M. Bradshaw: Surf. Sci. **259**, 70(1991).

## II. 電子線による表面分析法

## 5.4 オージェ電子分光法 (AES)[1,2]

　試料に高エネルギーの電子線やX線を照射するとオージェ (Auger) 電子と呼ばれる電子が発生する。このオージェ電子は1923年にフランスのP. Augerによって発見された[3]。オージェ電子は原子固有のエネルギーを持ち，1～2 keV以下のエネルギーを持つオージェ電子の固体からの脱出深さは1～2 nm以下であることから，その後は固体表面の研究に広く応用されるようになった。

　オージェ電子分光法 (Auger electron spectroscopy, AES) に関してはISO (International Standard Organization：国際標準化機構) TC201委員会で日本を幹事国として種々の標準化が行われている。

### 5.4.1　原理

　電子線を固体表面に照射すると図 **5.11** に示すようなエネルギー分布を持つ電子スペクトルが得られる。低エネルギー側には幅の広い大きな2次電子（真の2次電子とも呼ばれる）によるピーク，入射電子による弾性散乱（エネルギーの損失を伴わない）ピーク ($E_p$)，いくつかの小さなオージェピーク，$E_p$ 近傍のプラズモンピーク（固体内の自由電子の集団振動によるエネルギー損失ピーク）などが観測される。AESではこのオージェピークを検出する。各原子は固有のエネルギーを持ったオージェ電子を放出するので，放出オージェ電子のエネルギーを測定することにより，原子の同定が可能である。オージェ電子のエネルギーと原子との対応がハンドブックや表となって出版されているのでそれらを参考にすることができる[4]。AESで用いられる低速電子（数 keV 以下）はX線と比較して固体内で大きな相互作用を受けるので脱出深さが浅く，表面分析に有用である。図 **5.12** に電子の運動エネルギーの脱出深さ依存性を示す[1,2]。図中同一エネルギーでも脱出深さが異なるのは物質に依存する（エネルギー損失の物質による相違）か

---

5.4～5.6節執筆：福田安生

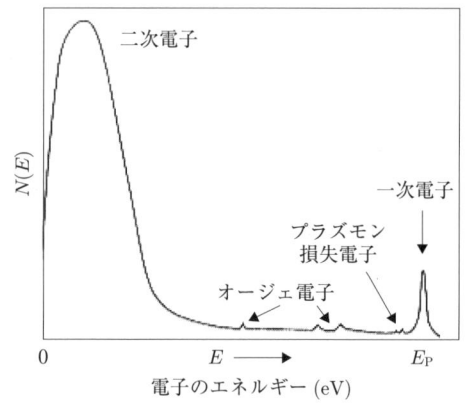

**図 5.11** 電子線を固体表面に照射すると発生する電子のエネルギー分布図。

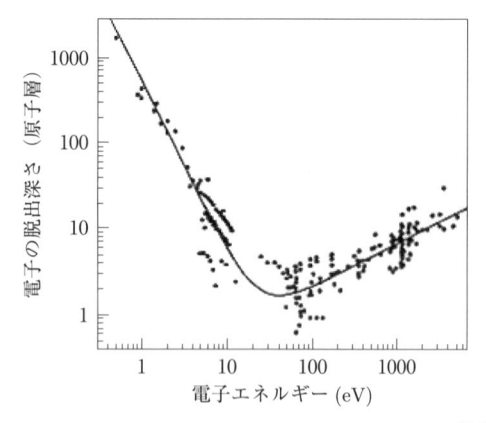

**図 5.12** 電子の運動エネルギーの脱出深さ依存性 [1,2]。

らである。図より，50～100 eV のエネルギーで脱出深さは最小となり，約 1～3 原子層，1000 eV でも 2～10 原子層になることがわかる。

電子線や X 線を試料に照射すると内殻電子がイオン化される。例として図 5.13(a) のように K 殻の電子がイオン化した場合，その穴（ホール）を埋めるために $L_1$ 殻から電子がそのホールを埋めると同時に $L_2$ 殻から電子が放出される。このように K，$L_1$，$L_2$ 殻の 3 つのエネルギー準位間で遷移が起こり放出される電子を $KL_1L_2$（遷移）オージェ電子と呼ぶ。図 5.13(b) のように価電子帯 (V: valence band) の電子が関与する場合，

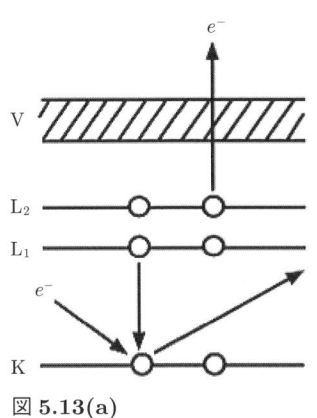

**図 5.13(a)**
$KL_1L_2$ オージェ電子の遷移図。K, $L_1$, $L_2$ 軌道が関与する。

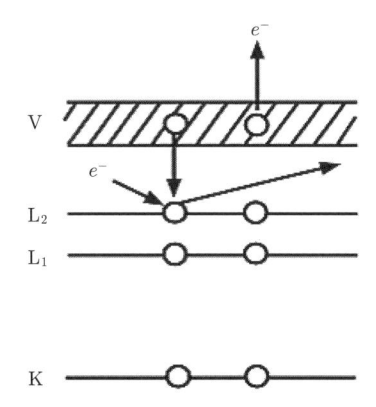

**図 5.13(b)**
$L_2$VV オージェ電子の遷移図。$L_2$ 軌道および V（価電子帯）が関与する。

$L_2$VV（遷移）オージェ電子と呼ぶ。

　電子線や X 線の照射により生じた内殻ホールを外殻の電子が埋める緩和過程でオージェ電子の他に X 線も放出される。オージェ電子放出強度を $I$ とすると次式が成立する。

$$I \propto Q_i \times P_A \tag{5.7}$$

ここで，$Q_i$：内殻電子のイオン化断面積，$P_A$：オージェ電子の放出確率を表す。また，

$$P_A + P_X = 1 \tag{5.8}$$

ここで $P_X$：X 線の放出確率を表す。また，

$$Q_i = \frac{2\pi e^2}{E_p E_i} \times b\ln\frac{4E_p}{B} \tag{5.9}$$

ここで，$b = 0.35$（K 殻の電子），$b = 0.25$（L 殻の電子），$E_p$：入射電子のエネルギー，$E_i$：イオン化される電子のエネルギーを表す。また，

$$B = \left\{1.65 + 2.35\exp\left(1 - \frac{E_p}{E_i}\right)\right\}E_i \tag{5.10}$$

これらから計算すると $E_p = 3E_i$ で $Q_i$ は極大となる。

　次に内殻電子のイオン化に続いて起こる 2 つの電子の遷移に関する遷移

確率 $P_A$ は次式で表される。

$$P_A = \left[\iint \psi_1'^* \psi_2'^* U \psi_1 \psi_2 d\tau_1 d\tau_2\right]^2 \tag{5.11}$$

ここで，$\psi_1$, $\psi_2$：電子 1, 2 の始状態波動関数，$\psi_1'^*$, $\psi_2'^*$：電子 1, 2 の終状態波動関数の複素共役，$U$：ポテンシャルオペレータ，$\tau_1$, $\tau_2$：電子 1, 2 の空間座標を表す。

内殻電子の波動関数が水素原子の波動関数に近似できるとすると，オージェ収率 $Y_A$，X 線収率 $Y_X$ は以下のようになる。

$$Y_A = \frac{P_A}{P_A + P_X} = \frac{1}{1 + \beta Z^4} \tag{5.12}$$

$$Y_X = \frac{P_x}{P_A + P_X} = \frac{\beta Z^4}{1 + \beta Z^4} \tag{5.13}$$

ここで，$\beta$：次式で調整されるパラメータ，$Z$：原子番号を表す。K 殻への遷移においては次のような半経験的な式が得られる。

$$\frac{1 - Y_A}{Y_A} = (-a + bZ - cZ^3)^4 \tag{5.14}$$

ここで，$a = 6.4 \times 10^{-2}$，$b = 3.4 \times 10^{-2}$，$c = 1.03 \times 10^{-6}$[5] を表す。この式から $Z = 19(\mathrm{K})$ までは 90% オージェ電子放出が起こり，$Z = 32(\mathrm{Ge})$ でオージェ電子と X 線の放出確率が同じとなる。

オージェ電子のエネルギーは半経験的に次式で計算することができる。原子 $Z$ の ABC 遷移におけるオージェ電子エネルギー $E_Z$ は，

$$E_Z(\mathrm{ABC}) = E_Z(\mathrm{A}) - \frac{E_Z(\mathrm{B}) + E_{Z+1}(\mathrm{B}) + E_Z(\mathrm{C}) + E_{Z+1}(\mathrm{C})}{2} \tag{5.15}$$

ここで，$E_Z(\mathrm{A})$：原子番号 $Z$ の原子の電子軌道 (A) エネルギー，$E_{Z+1}$：原子番号 $Z + 1$ の原子の電子軌道 (B,C) エネルギーを表す。たとえば，Si の KLL オージェエネルギーの実験値は 1619 eV であるが計算値は 1605 eV である。

### 5.4.2 装置（測定法）

初期においては低速電子回折 (LEED) で用いられる電場阻止型エネルギー分析器 (retarding field analyzer, RFA) である 4(3) 枚グリッドを使用して

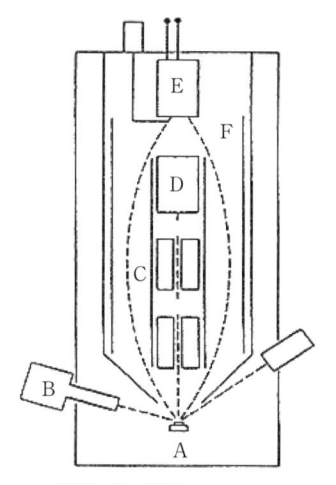

図 5.14　CMA を用いた AES 装置の概略図。
A：試料，B：試料を清浄化するためのイオン銃，C：電子銃のためのレンズ系，D：電子銃，E：電子増倍管，F：CMA。

いたが，CMA(cylindrical mirror analyzer) を用いる装置が主流となり，主として XPS に用いられている半球型分光器 (concentric hemispherical analyzer, CHA) も用いられるようになった。図 5.14 に CMA を用いた装置を示す。ここで，A：試料，B：試料を清浄化するためのイオン銃，C：電子銃のためのレンズ系，D：電子銃，E：電子増倍管，F：CMA，である。電子銃から数〜20 keV の電子線を試料に照射し，発生したオージェ電子を円筒形の CMA でエネルギー分析し，特定のエネルギーを持った電子が電子増倍管に入射し，そこで約 $10^6$ 倍程度に増倍されて検出される。通常，RFA や CMA で測定される場合は微分形で，CHA では積分形でスペクトルが得られる。電子ビームは電子レンズなどで絞ることができるので約 10 nm の微小領域の表面分析が可能である。また，EPMA(electron probe micro analyzer) と同様に電子線を走査して特定の原子の表面 2 次元分布図を作成することもできる。

オージェ電子エネルギーは元素により固有のエネルギーを持つので，そのエネルギー値から元素を同定することができる。一般には図 5.15 のような表があり[4]，それらを利用する。例として，$Al_2O_3$ のオージェスペクトルを図 5.16 に示す[4]。AES では電子線を用いるので，電子線による損傷を

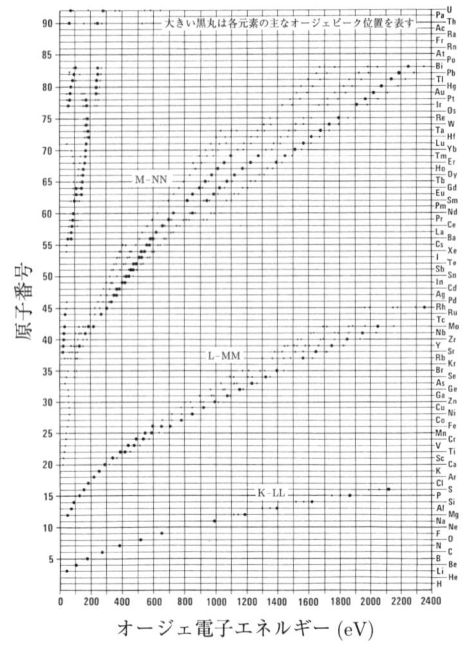

図 5.15 元素とそのオージェ電子エネルギーの相関図 [4]。

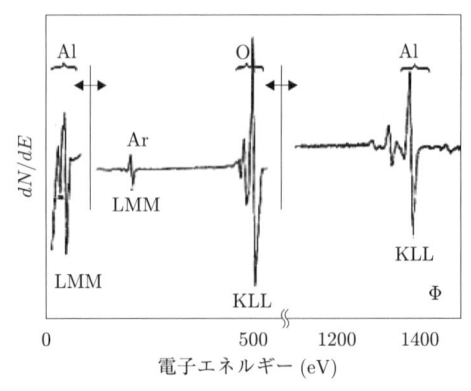

図 5.16 Al$_2$O$_3$ のオージェスペクトル図 [4]。

受けやすい試料や絶縁体を測定する場合は注意が必要である（AES は XPS と比較してチャージアップが大きい）。

### 5.4.3 AES の特徴

**(1) 化学状態分析** [1,2]

XPS と異なり，AES は化学状態分析には一般的に不向きである。しかしながら，価電子帯を含む遷移のオージェピークには化学状態を反映するピーク形状が現れるので，それらを利用することができる。Si の LVV 遷移（約 100 eV 付近）や炭化物とグラファイトも特徴的なスペクトルを示す。

**(2) 定量分析** [1,2]

AES においても，XPS と全く同じ式で理論的にオージェ電子強度を求めることができる。しかし，実際にはオージェ電子強度は入射電子線エネルギーや元素により異なるので，定量分析を行う場合，オージェ電子相対感度因子を用いる。たとえば，3 keV の電子線を用いた場合の Ag の 351 eV ピーク強度を 1 として，他元素の相対感度因子が求められている [4]。また，固体内部で発生した電子による背面散乱により発生するオージェ電子を定量分析においては考慮しなければならない。AES による定量分析においても XPS と同様にオージェ電子の平均自由行程は元素，化合物により異なるので，その見積もりが困難となるが詳しい計算も報告されている [6]。AES においても XPS と同じ単純化した式 (5.4) を用いて定量分析を行うことができる。

**(3) 1，2，3 次元元素分析**

AES では電子線を用いるので電子線を絞り試料表面を走査し，検出器側を測定希望の元素のエネルギーに固定して，1 次元，2 次元走査することにより，測定希望元素の線分析，面分析を行い，1 次元，2 次元の元素分布を知ることができる。3 次元（表面からの深さ方向）分析においては XPS で述べたと同様にイオンスパッタにより表面から原子層で剥離を行い，その後 AES スペクトルの測定を行う，これを繰り返すことにより 3 次元における元素の濃度分布を知ることができる。また，多層膜のそれぞれの膜厚を推定できる。

## 5.5 逆光電子分光法 (IPES)[7]

逆光電子分光法 (inverse photoemission spectroscopy, IPES) は読んで字

のごとく光電子分光法の逆で，電子を試料に照射して放出された光（紫外線や X 線）を検出することにより非占有電子状態（empty states あるいは unoccupied states）を調べる方法である。

### 5.5.1 原理

電子を試料に照射し，試料の非占有状態に電子が補足されときに光が放出される。したがって，$J_{el}(\boldsymbol{k})$ と同様に放出される光の強度，$J_{ph}(\boldsymbol{q})$ は以下のように表される。

$$J_{ph}(\boldsymbol{q}) = \frac{\omega^3}{4\pi^2 \boldsymbol{k} c^3} \Sigma |\langle f|\delta h|i\rangle|^2 \delta(E_f - \hbar\omega - E_i) \tag{5.16}$$

ここで，定数，変数などは XPS における式 (5.2) と同じである。

$J_{ph}(\boldsymbol{q})$ と $J_{el}(\boldsymbol{k})$ を UV（紫外線）領域での波長で比較すると前者は後者の約 $10^{-5}$ 倍である。このことは UPS 実験に比較すると IPES 実験は非常に難しいことを表している。

エネルギー保存の法則を考えると次式が成立する。

$$E_f - E_i = \hbar\omega \tag{5.5}$$

ここで，$E_f$：終状態エネルギー，$E_i$：始状態エネルギー，$\hbar\omega$：試料から放出される光のエネルギーを表す。したがって，検出する光のエネルギー $\hbar\omega$ を一定に保ち，入射電子のエネルギー $E_i$ を連続的に変化させれば $E_f$，すなわち，非占有電子状態を調べることができる。試料，入射電子のエネルギー模式図を図 **5.17** に示す。左が試料の価電子状態で，斜線部は占有電子状態（価電子帯）密度を表し，$E_F$（フェルミエネルギー）より上は非占有電子状態を表す。右は電子銃からの入射電子を表す。ここで，$\delta$：電子の熱による広がり，$\phi_c$：電子銃に用いる物質の仕事関数，$eV_a$：電子のエネルギーを表す。

### 5.5.2 装置（測定法）

入射電子のエネルギーにより放出される光のエネルギーが異なることは式 (5.5) より明らかであり，IPES では大別すると紫外線と X 線に分けられる。前者を検出する方法を特に逆光電子分光法 (IPES) と呼び，後者を検出する方法を特に bremusstrahlung isochromat spectroscopy(BIS) と呼んでいる。

## 5.5 逆光電子分光法 (IPES)

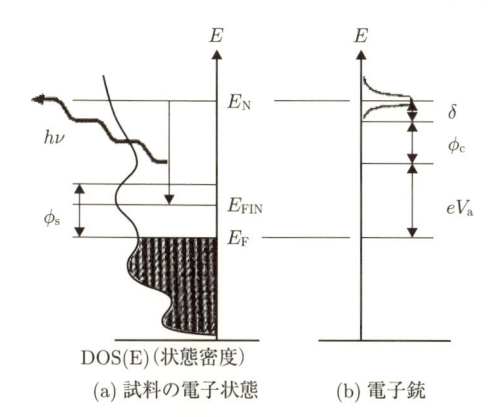

**図 5.17** IPES における試料，入射電子のエネルギー模式図．
(a) 試料の電子状態で，斜線部は占有電子状態密度を表し，$E_F$（フェルミエネルギー）より上は非占有電子状態を表す．ここで，$E_{FIN}$：電子の終状態エネルギー，$E_N$：電子の始状態エネルギー，$\phi_s$：試料の仕事関数，$h\nu$：放出光のエネルギーを表す．
(b) 電子銃からの入射電子を表す．ここで，$\delta$：電子の熱による広がり，$\phi_c$：電子銃に用いる物質の仕事関数，$eV_a$：電子のエネルギーを表す．

IPES においては種々の光検出方法があり，アルカリ土類フッ化物を低パスフィルター (low-pass filter) に用い，GM カウンターや KBr などを高パスフィルター (high-pass filter) として一定エネルギーの光を選別して光電変換を行い，電子を検出する方法がある．前者の光電変換法では分解能を上げることはできるが安定性に問題点がある．後者では分解能は多少劣るが安定性に優れている．筆者らが作製した IPES 装置の概略図を図 **5.18** に示す[8]．通常 $CaF_2$ が低パスフィルターとして用いられ，感度は高いが分解能は低い．筆者らの装置では $CaF_2$，$SrF_2$，$BaF_2$ を用いた場合，分解能は 1.2, 0.8, 0.6 eV であり，感度は $CaF_2$ の場合を 100 とするとそれぞれ 10, 2.5 であった[8]．

角度分解 IPES スペクトルを測定するためには入射電子線は平行ビームであることが要求され，また，先述のように光放出確率が極端に低いことから，用いる電子銃には低エネルギーで大電流を発生させることが要求される．このような要求を満たす電子銃は Erdman-Zipf 型の電子銃である．

BIS においては通常，より高エネルギー電子を照射して Si 単結晶（XPS の $AlK\alpha$ 線を単色化するのに用いられる）を用いて一定エネルギーの X 線を検出する．この場合，$\boldsymbol{k}$ ベクトルの分散は小さいので，より正確な状態密

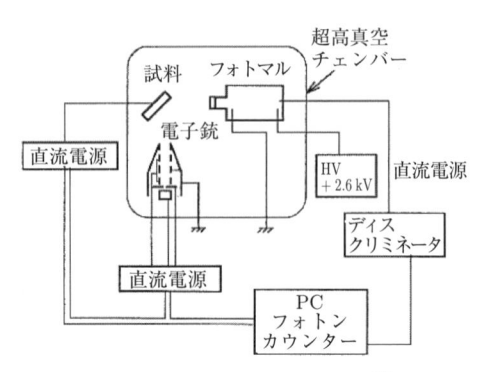

図 5.18 IPES 装置の概略図[8]。

度が求められる。

一定エネルギーの電子線を試料に照射して放出された光を分光器で分光する方法もある。しかしながら，分光器が高価であり，また，超高真空チェンバー内に分光器を設置するため大きなチェンバーが必要であるので，装置全体のコストは高価となる。

### 5.5.3　IPES の特徴

IPES は UPS と相補的に用いられ，高温超伝導のようなホールが物性に重要な役割を演じる場合，IPES は重要な研究手法となる。その例として高温超伝導体である $Bi_2Sr_2Ca_{1-x}Gd_xCu_2O_y$($x$：(a)～(f)：0.1～1.0) の IPES スペクトルを図 5.19 に示す[9]。+2 価である Ca イオンを +3 価である Gd イオンで置換すると電子がドープされホール量が減少すると予想される。図 5.19 からフェルミ準位付近の O 2p 非占有電子状態密度が Gd イオン量の増加に従って減少していることがわかる。すなわち，O 原子上のホール量が減少していることを示している。

UPS が価電子帯（占有電子状態：filled(occupied) electronic states）のバンド構造を調べることができるように，IPES では非占有状態 (empty (unoccupied) electronic states) のバンド構造を以下の式を用いて行うことができる。

$$\bm{k}_{i\|} = \bm{K}_{i\|} + \bm{G}_{\|} \tag{5.17}$$

ここで，$\bm{k}_{i\|}$：入射電子の表面平行運動量ベクトル，$\bm{K}_{i\|}$：始状態の表面平

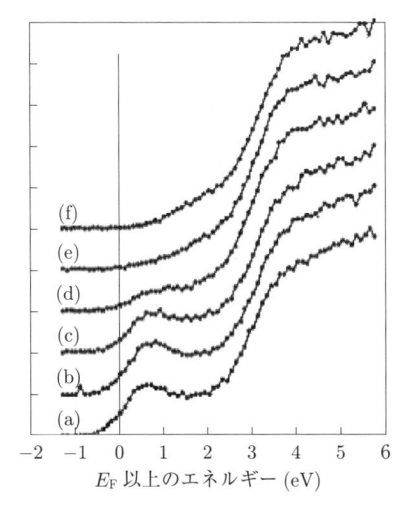

図 5.19 高温超伝導体である $Bi_2Sr_2Ca_{1-x}Gd_xCu_2O_y$ ($x$ : (a)〜(f) : 0.1〜1.0) の IPES スペクトル [9]。

行波数ベクトル，$G_\parallel$：2次元格子ベクトルを表す。$\hbar\omega$ が十分小さい場合，$G_\parallel = 0$ となり，次式が得られる。

$$K_{i\parallel} = \left\{\frac{2m}{\hbar^2(E_f + \hbar\omega - \phi_s)}\right\}^{\frac{1}{2}} \sin\theta \tag{5.18}$$

ここで，$m$：電子の質量，$\hbar$：プランク定数，$E_f$：終状態のエネルギー，$\hbar\omega$：検出する光のエネルギー，$\phi_s$：試料の仕事関数，$\theta$：入射電子の角度を表す。$\hbar\omega$ を一定にして $\theta$ を変化させると $K_{i\parallel}$ に対する $E_f$，すなわち非占有電子状態を作図することができる。

## 5.6 電子エネルギー損失分光法 (EELS)[7,10]

電子を試料に照射すると試料中で一部の電子はエネルギーを損失し，固体外に放出される。電子エネルギー損失分光法 (electron energy loss spectroscopy, EELS) ではその損失エネルギーを測定することにより原素・化合物の同定・定量，電子状態，原子・分子の振動状態を調べることができる。EELS では種々の入射電子エネルギーが使用されるが，表面の研究には電子

の固体内からの脱出深さ（電子の平均自由行程）を考慮すると約数 keV 以下が望ましい。したがって，ここでは高エネルギー入射電子を用いる（通常電子顕微鏡が用いられ，約数十 keV 以上が多い）透過型 EELS を除くことにする。

### 5.6.1 原理

電子の表面における主なエネルギー損失過程はそのエネルギーによって異なる。したがって，ここでは図 5.20 のように 4 つのエネルギー範囲に分けて考えることにする。

(a) 約 0.1 eV 以下

電子が表面で振動している原子や分子を励起して振動エネルギー分のエネルギーを損失して反射され，その反射電子のエネルギー分析を行い，分子の振動状態や表面のフォノンの状態を調べることができる。振動によるエネルギー損失（赤外線分光と同じエネルギー範囲）は数〜数百 meV(1 meV：約 8 cm$^{-1}$)であり，これを調べるには高エネルギー分解能が要求される。したがって，この分光法は特に高分解能電子エネルギー損失分光法 (high-resolution electron energy loss spectroscopy, HREELS) と呼ばれる。HREELS では表面に垂直方向の振動が specular position（入射角度と検出角度が等しい位置）で強く検出される (dipole scattering)。水平方向の振動は禁制となるが off-specular position で検出できる (impact scattering)。

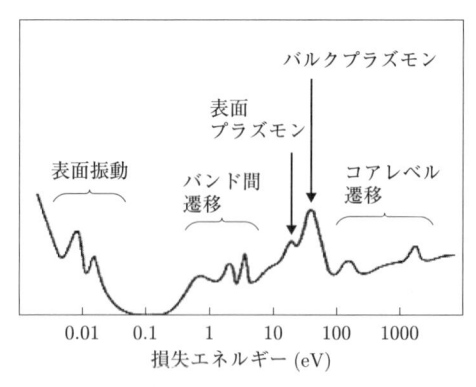

図 5.20 電子線照射によるエネルギー損失過程の模式図。

(b) 約 0.1〜約 10 eV

電子のバンド間遷移（価電子帯から非占有電子状態への電子の遷移）によるエネルギー損失がこのエネルギー範囲に対応する。このバンド間遷移ではダイポール選択則は成立しないので得られたスペクトルは両バンドの joint density of states に対応する。

(c) 約 10〜約数十 eV

このエネルギー範囲は価電子の集団振動エネルギーによるエネルギー損失 (plasmon loss) に対応する。プラズモンにはバルクプラズモンと表面プラズモンがあり後者は表面状態に非常に敏感である。自由電子系ではバルクおよび表面プラズモンの振動エネルギー，$P_\mathrm{b}$, $P_\mathrm{s}$ は次式で表される。

$$P_\mathrm{b} = \left(\frac{4\pi n e^2}{m}\right)^{\frac{1}{2}} \tag{5.19}$$

$$P_\mathrm{s} = \frac{P_\mathrm{b}}{\sqrt{2}} \tag{5.20}$$

ここで，$n$：電子密度，$e$：電子の電荷，$m$：電子の質量を表す。

(d) 約数十〜約 1000 eV

このエネルギーは内殻電子の非占有電子軌道への励起エネルギーに対応する。すなわち，入射電子により内殻電子がイオン化され非占有電子軌道に励起されてその分のエネルギーを損失し，電子が放出される。したがって，得られるスペクトルは，内殻電子準位と非占有電子状態との joint density of states を表しているが，内殻電子準位はデルタ関数で表されるので得られたスペクトルは非占有電子状態に対応する。

### 5.6.2 装置（測定法）

HREELS には高分解が必要であるので入射電子と反射電子の単色化 (monochromatization) が必要である。通常，電子エネルギー分析器を 2 段に組み合わせたタンデム型が用いられ，最近では市販の装置でも 0.1 meV 以下の分解能が得られている。また，低速電子を用いるので磁場の影響を受けやすく，その対策が必須である。

通常の EELS 実験では LEED や AES 実験で用いる電子銃を入射電子源として用い，反射電子のエネルギー分析器として，LEED 用の電場阻止分析器，AES 用の CMA 分析器，XPS に用いられる CHA 分析器などが用い

られる。これらの EELS 実験は非常に表面敏感であるので超高真空（$10^{-10}$ Torr 以下）チェンバー内で行わなければならない。

### 5.6.3 EELS の特徴

**(1) 分子吸着状態および表面フォノンの測定**

これらの研究には HREELS が用いられる。図 **5.21** に 140 K で Ni(111) 面に CO を吸着させた表面の HREELS スペクトルを示す[11]。1900 および 400 cm$^{-1}$ にピークが観測され，それぞれ C-O および CO-Ni の伸縮振動に対応し，CO 分子は表面に垂直に吸着していることがわかる。また，CO 分子はブリッジサイトに吸着していることも明らかになった。IR（赤外線）分光法では金属表面における振動状態を測定することは困難であるが HREELS を用いると感度よく調べることができる。表面フォノンについても多くの研究がなされている。

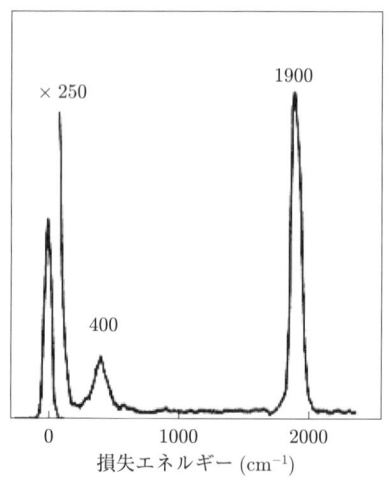

図 **5.21** 140 K で Ni(111) 面に CO を吸着させた表面の HREELS スペクトル[11]。

**(2) プラズモンおよび非占有電子状態の測定**

図 **5.22** に Si(111)-(7×7) 表面およびそれに Fe を蒸着した表面の EELS スペクトルを示す[12]。Si(111)-(7×7) 表面では 2, 5, 8, 10.5, 15, 17.8 eV にピークが観察された。5 eV ピークはバルクのバンド間遷移，2, 5, 15 eV ピークは表面状態 (surface state) からの非占有状態への遷移，10.5 および 17.8

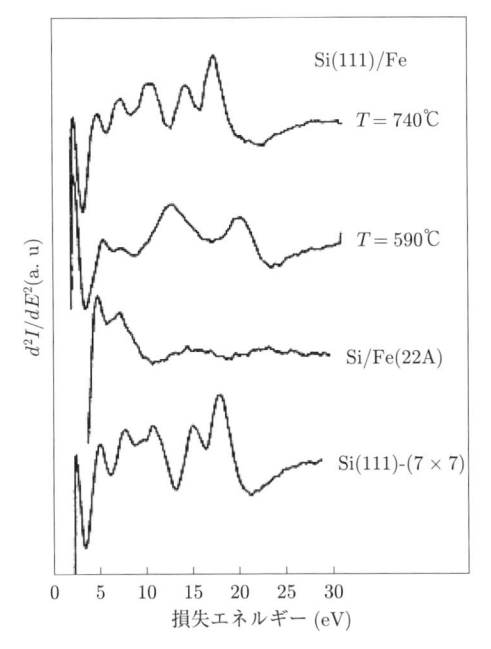

図 5.22 Si(111)-(7×7) 表面およびそれに Fe を蒸着した表面の EELS スペクトル[12]。

eV ピークは表面およびバルクプラズモンの励起, に帰属できる。590℃ でアニールすると $\beta$-FeSi が形成され, さらに 740℃ でアニールすると表面に $\beta$-FeSi と Si が混在することがわかった。

## 引用・参考文献

[1] D. ブリッグス, M. P. シーア (編), 合志陽一, 志水隆一 (監訳): "表面分析", (アグネ承風社, 1990).
[2] 一村信吾: オージェ電子分光, "固体表面分析 I", 大西孝治, 堀池靖浩, 吉原一紘 (編) (講談社サイエンティフィク, 1995), p.98.
[3] P. Auger: Compt. Rend. **177**, 169(1923).
[4] L. E. Davis, N. C. Macdonald, P. W. Palmberg, G. E. Riach and R. E. Weber: "Handbook of Auger electron spectroscopy", (Perkin-Elmer Corp., 1978).
[5] H. L. Hagedoom and A. H. Wapstra: Nucl. Phys. **15**, 146(1960).
[6] S. Tanuma, C. J. Powell, D. R. Penn: Surf. Interface Anal. **21**, 165(1994).
[7] "Unoccupied Electronic States - Fundamentals for XANES, EELS, IPES, and

BIS", J. C. Fuggle and J. E. Inglesfield(Eds.), (Springer-Verlag, 1992).
[ 8 ] N. Sanada, M. Shimomura and Y. Fukuda: Rev. Sci. Instrum. **64**, 3480(1993).
[ 9 ] N. Sanada, M. Shimomura, Y. Suzuki, Y. Fukuda, M. Nagoshi, M. Ogita, Y. Syono and M. Tachiki: Phys. Rev. B **49**, 13119(1994).
[10] H. Ibach and D. L. Mills : "Electron Energy Loss Spectroscopy and Surface Vibrations", (Academic, 1982).
[11] S. Lehwald, J. M. Szeftel, H. Ibach, T. S. Rahman and D. L. Mills: Phys. Rev. Lett. **50**, 518(1983).
[12] A. Rizzi, H. Moritz and H. Lüth: J. Vac. Sci. Technol. A **9**, 912(1991).

## III. イオンによる表面分析法

　一般的に，表面分析における表面としては，最表面の分子・原子層が考えられるが，表面の第1層は他の相との界面でもあり，最表面分子・原子は接している他の相と相互作用して特異な特徴を示す場合もある。したがって，表面の分子・原子層の本来の特徴を表すのは最表面の2から10程度の分子・原子層と考えるべきときもある。いずれにしても，試料全体の分子・原子の存在量から考えれば，表面に存在する分子・原子はごくわずかである。したがって，表面分析法には，表面のごくわずかな分子・原子情報を感知するだけの高い感度が必要である。わずかな分子・原子が検出できるほどの高い感度が求められるような測定では，大気中の分子でさえも測定に大きな影響を及ぼすため，一般に高い真空条件下で測定が行われる。

　5.7節で紹介する2次イオン質量分析法 (SIMS) は，巨大分子の計測などでは1分子層以下の情報が得られる場合もあるが，一般的には表面数層の情報が得られると考えられる。また，5.8節に紹介するイオン散乱分析法は，表面に非常に敏感な手法で，基本的に表面の1分子層の情報が得られる。

## 5.7　2次イオン質量分析法 (SIMS)

### 5.7.1　SIMS の原理および測定上の特徴

　2次イオン質量分析法 (secondary ion mass spectrometry, SIMS) は，図 5.23 に示すように，イオンビーム（1次イオン）の照射によって固体表面から放出される粒子のうちイオン化した粒子（2次イオン）を質量分析計で検出する方法であり，1960年代から実用化[1]され，広く使われるようになった。SIMS では，質量スペクトルや2次イオン像から固体表面に関する情報が得られる[1-3]。これまで SIMS は，固体試料表面および表面近傍の微量不純物の検出や化学構造の解明などに用いられてきた[4-7]。また，2次イオン像によって，試料表層の2次元的およびスパッタリングを併用するこ

---

5.7，5.8 節執筆：青柳里果，工藤正博

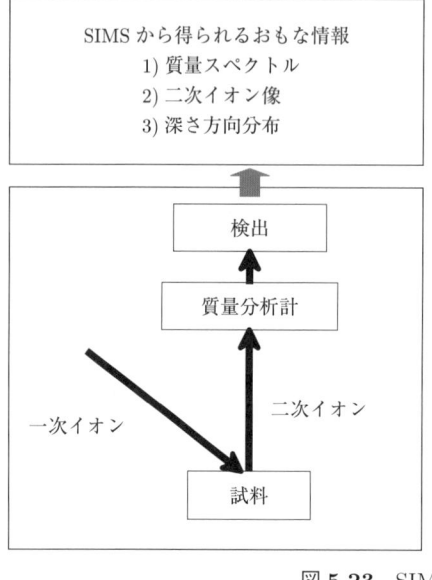

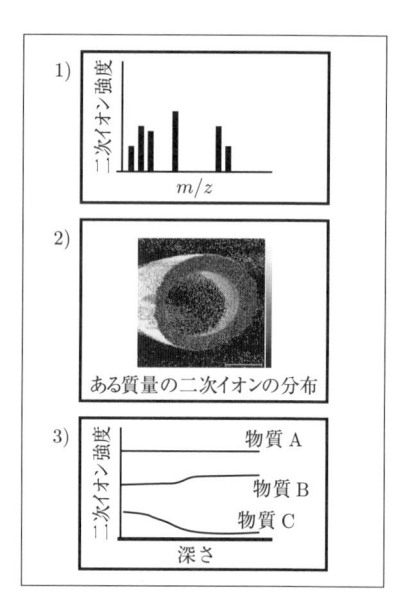

図 5.23 SIMS の概要。

とによって3次元的な化学種の分布観察が可能[7]である。

SIMS の最大の特徴は高感度なことである。以下に SIMS から得られる代表的な情報を挙げる。

・水素からウランまでの全元素およびそれらの同位体の質量スペクトル
・多くの元素に対して ppm～ppb の範囲での定量
・表面から数十 $\mu$m 深さまでの微量元素および化合物の濃度分布
・元素および化合物の2次元および3次元濃度分布（イメージング）
・分子構造

SIMS で重要なイオンと固体の相互作用によって生じる現象としては，主にスパッタリングと2次イオン生成過程が考えられる。イオンと固体表面の衝突で生じる代表的な現象であるスパッタリングは，元素，イオン照射条件，酸素存在下であるかなど雰囲気によって大きく変化する。また，計測される2次イオンの強度が表面の化学状態に依存するため，定量情報を得るためには化学状態と2次イオンとの関係を明らかにする必要があり，計測される2次イオン生成過程の解明も重要である。

## 5.7 2次イオン質量分析法 (SIMS)

**(1) スパッタリング**

大きな運動量を持ったイオンや原子を固体試料の表面に照射すると，イオン，中性粒子，電子や光子などが表面から叩き出 (sputtering) される。ただし，イオンや原子を照射された試料内の一部の粒子は衝突によって変位するが内部に留まる（反跳：recoiling）。また，入射粒子は散乱 (scattering) もしくは固体中に留まり注入 (implantation) される。スパッタリング収率は，1次イオンエネルギー，1次イオン種，1次イオンの入射角，試料の種類，温度，スパッタリングの雰囲気などに依存する[1]。低エネルギー領域ではエネルギーの増加に伴ってスパッタリング率も増加するが，エネルギーがある領域を越えると，1次粒子は後方散乱されて，2次粒子は反跳されるため，スパッタリング率は低下する[1-3]。

**(2) 2次イオン生成とマトリックス効果**

2次イオン生成では，1次イオン照射によるスパッタリング過程と，イオン化過程の2過程が含まれると考えられているが，イオン化がスパッタリングと同時に生じるのか，もしくはスパッタリング後にイオン化されるのかは未解明で，いくつかの理論[1,8-10]が提案されている。

2次イオン質量分析法 (SIMS) では，定量分析において元素の2次イオン化率が必要であり，実用的な定量では，母材の種類に応じた相対感度係数 (relative sensitivity factor, RSF) がよく用いられる。また，イオン照射によって放出される特定元素の2次イオンの個数と放出された全粒子の個数の比と定義するユースフルイールド (useful yield) も用いられる。

各元素の2次イオン化率は，試料の母材の種類（マトリックス効果)[11,12]，元素の種類，測定条件等によって変化することが知られている。マトリックス効果を逆に利用して，測定感度を上げる方法も研究されている。一般的には，金属[13,14]，イオン液体[15]などに2次イオン強度を上げる効果があることが知られており，こうした物質を積極的に利用したマトリックス支援 SIMS(ME-SIMS)[13-16]と呼ばれる研究も行われている。

**(3) ダメージとスタティック限界**

金属などの固体試料表面には，$1\,\mathrm{cm}^2$ あたりおおよそ $10^{15}$ 個の原子が存在すると考えられる。SIMS には，後述するように，破壊的な測定と呼ばれるダイナミック SIMS(dynamic SIMS, DSIMS) と DSIMS に比べると非破壊的と呼ばれるスタティック SIMS(static SIMS, SSIMS) がある。SIMS

は，1次イオンを照射して試料表面を破壊しながら測定する手法であるが，1次イオンの照射量が$1\,\mathrm{cm}^2$あたり$10^{12}$粒子以下の場合，非破壊的な測定と呼ばれる。$1\,\mathrm{cm}^2$あたりで考えると，$10^{15}$個の試料表面の粒子に対して，$10^{12}$個以下の粒子を照射する場合，一度照射された場所に再び1次イオンが照射される確率は，おおよそ$10^{12}/10^{15} = 1/1000$であり，ほとんど起こらないと考えられる。この1次イオン照射の限界値をスタティック限界[17]と呼び，この限界内での測定をSSIMSと呼ぶ。前述のように，SIMSでは，1次イオンが一度照射された段階で，試料表面で激しい衝突が起こり，分子・原子の配列は著しく乱される。したがって，同じ場所に再び1次イオンが衝突した際に得られる情報は最初の衝突と同じとは限らないため，特に有機材料や高分子材料を対象とする場合，最表面の化学情報を得るためにはスタティック限界内での測定が望まれる。

**(4) チャージアップと帯電補正等**

SIMSでは，1次イオンを電場で加速して試料に衝突させ，放出される2次イオンを質量分析するため，試料は電位制御が容易な導電物が望ましい。したがって，試料が絶縁物である場合は，試料表面を導電物で被覆したり，電子ビームを照射して帯電（チャージアップ）を防ぎ，試料表面を電気的に中性化する配慮が必要である。DSIMSでは，主として試料表面を金属薄膜で被覆し，電子銃を併用する処置がとられるが，パルスイオンを用いるSSIMS（後述するTOF-SIMS）では最表面情報を得る必要があるため，電子ビームのみによって帯電補正[16,17]する必要がある。TOF-SIMSの場合は，1次イオン照射に対応した電子ビームのパルス的照射の制御により，低エネルギー電子線による自由度の高い中和が可能であり，試料状態に応じた最適な測定が期待できる。ただし，高分子材料などを測定対象として詳細な化学構造分析する場合などには，電子線による損傷を小さく抑えるために，低エネルギー電子ビームを用いたよりきめ細かい制御が望ましい[18]。

### 5.7.2 質量分析器とイオン源

固体試料表面から放出されたイオン（2次イオン）は，電場でエネルギーを与えられ，次式に示すように自身の電荷と質量に依存した速度を得る。

$$qE = \frac{1}{2}mv^2 \tag{5.21}$$

表 5.1　質量分析計の特徴。

|  | 扇形磁場 | 四重極 | 飛行時間型 |
|---|---|---|---|
| 質量分解能 (M/dM) | > 5000 | 2000 | > 10000 |
| 質量範囲 | ～10000 | < 1000 | ～10000($\infty$) |
| 透過率 | > 20% | ～5% | < 50-100% |
| 全質量同時検出 | 不可/可能 | 不可 | 可能 |

ここで，$q$ は2次イオンの電荷 (C)，$E$ は電圧 (V)，$m$ は質量 (kg)，$v$ は速度 (m/s) を表すものとする．したがって，2次イオンの質量に相当する $m/q$ を質量分析計で求めることにより，化学種の組成分析が可能となる．SIMS では，扇形磁場 (magnetic sector) 質量分析計，四重極 (quadrupole) 質量分析計および飛行時間型 (time of flight) 質量分析計が用いられている．各質量分析計のおおまかな特徴を表 5.1 に示す．

ここでは代表例として，飛行時間型質量分析計 (TOF-MS) について図 5.24 に基づいて説明する．TOF-MS では，電場でエネルギーを与えられた2次イオンが，等速で，ある一定距離 $L$(m) を飛行して検出器に到達する時間 $t$(s) の測定を基本としている．このとき，式 (5.22) が成立する．

$$L = vt \tag{5.22}$$

したがって，式 (5.21)，(5.22) から

$$m/q = t^2 \frac{2E}{L^2} \tag{5.23}$$

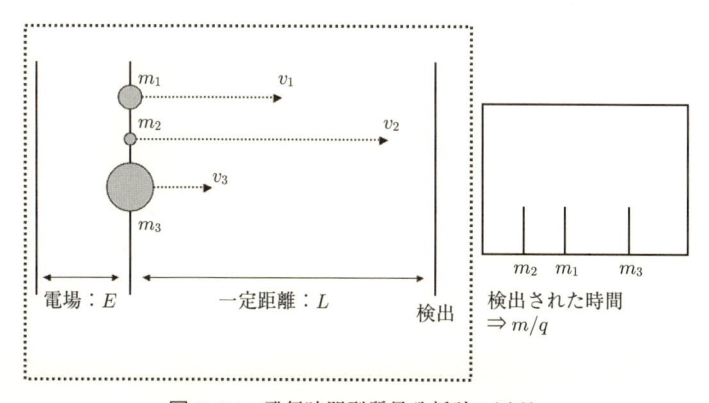

図 5.24　飛行時間型質量分析計の原理．

が求められる。

　飛行時間から質量を換算して，直線回帰する質量較正には3点以上の2次イオンピークが必要である。たとえば，正2次イオン測定の場合は，一般的に $CH_3^+$，$C_2H_3^+$，$C_3H_5^+$ の3点がよく用いられるが，これらに加えて，$C_4H_5^+$，$C_6H_5^+$，$C_4H_7O^+$ を用いるとより高精度な質量較正が可能と報告されている[19]。

- **1次イオン源**

　SIMS では，100 eV～30 keV のエネルギーを持つ1次イオンが照射され，試料の表面もしくは表面近傍から2次イオンが放出される。SIMS で用いられるエネルギーの範囲では，一般にスパッタリング率は1次イオンビームのエネルギーが高いほど大きくなる。また，1次イオンによって，スパッタされる2次イオン強度やイオン種が異なるため，1次イオンの選択は重要である。現在は，一般的な1次イオンとしては $Cs^+$, $O_2^+$, 希ガス，液体金属イオンが用いられることが多く，特に $Cs^+$ もしくは $O_2^+$ はダイナミックSIMS(DSIMS) に，液体金属イオンは TOF-SIMS によく用いられる。以前は，液体金属の中では $Ga^+$ が微細化に有利なため TOF-SIMS の1次イオン源として主流であったが，近年 Bi，Au などの金属クラスターイオンの微細化が可能となり，新設の装置では主に Bi クラスターイオンが採用されている。

　大きなクラスターを叩き出す必要がある有機材料や生体試料の分析では，エネルギーを分散して与えられるポリアトミック状態[6]の $SF_5^{+[20]}$，$C_{60}^{+[21]}$，$Ar_{1000}^{+[22-26]}$ などを用いた結果が報告されている。$C_{60}^+$，$Ar_{1000}^+$ などは有機，バイオ系サンプルのスパッタリング用のイオン源としての有用性も示されている。

　DSIMS 分野では，1次イオンのエネルギーを小さくしつつ，電流量を維持するイオン銃が開発され，表面近傍のごく浅い領域を高い深さ分解能で測定[27,28]することも可能となった。

### 5.7.3　ダイナミック SIMS(DSIMS)

　ダイナミック SIMS(dynamic SIMS, DSIMS) と，TOF-SIMS などに代表されるスタティック SIMS(SSIMS) の違いは，1次イオン照射条件から生じる。DSIMS では，通常，電流密度として $10\,\mu Acm^{-2}$ 以上が用いられる。

このとき放出される2次イオンの多くは，原子イオンや低質量分子イオンである。また，スパッタ速度も大きいため，最表面の情報は得られず，内側の深さ方向の組成分析によく用いられる。1次イオン源としては，主に電気的陰性元素では負イオン測定で$Cs^+$，電気的陽性元素では正イオン測定で$O_2^+$が用いられ，質量分析計としては，扇形磁場と四重極質量分析計が一般に用いられる。

DSIMSからは，深さ方向分布（深さ方向分析），質量スペクトル，2次イオン像を得ることができるが，この中では，スパッタリング率の高いDSIMSの特徴から深さ方向分布が最も頻繁に測定されている。近年では，薄膜化技術の進歩に伴い，極表面領域の測定が要求されている。すでに言及したように，以前は数十 nm 以下のごく浅い領域の計測は困難だったが，低エネルギー1次イオン照射技術の開発[27,28]より，数 nm～数十 nm の深さの情報も得られるようになった。

DSIMSは半導体材料，岩石，隕石のような無機試料中の微量物質や同位体の計測によく用いられるが，近年はナノレベルの空間分解能を活かして，生体試料の計測[29,30]にも用いられるようになった。ただし，DSIMSを用いた生体試料の計測では基本的に元素分析となるため，一般的には試料の同位体標識[29]などが必要とされる。DSIMSを用いると，凍結した細胞をスパッタしながら計測することにより，元素分布の3次元像[31]を得ることも可能である。

また関連する分析法として，SIMSのようにイオンを照射するのではなく，電界もしくはレーザーによって，試料中の原子をイオン化するアトムプローブ[32,33]が近年注目されている。

### 5.7.4 飛行時間型SIMS(TOF-SIMS)

TOF-SIMSに先だって，表面の化学情報を取得できるスタティックSIMS (static SIMS, SSIMS) が1970年代にBenninghovenらによって開発された。その後，飛行時間型質量分析計(TOF-MS)を用いたSSIMSに発展し，現在ではTOF-SIMS(time of flight SIMS)と呼ばれて広く使われている。TOF-SIMSは，エネルギーとしてはDSIMSと同程度のイオンビームを用いるが，パルス的に試料に照射することによって，実質的に試料を非破壊的に測定可能であり，高い質量分解能と広い質量範囲で，全2次イオンを同

時に測定する．つまり TOF-SIMS では，1次イオン照射量が DSIMS に比べて極端に少ないため，一度，1次イオンが衝突した場所に再びイオンが衝突する確率は，無視できるほど小さい．このような低電流密度の測定は，飛行時間型質量分析計 (TOF-MS) が高感度であり，高質量分解能を持つため可能となった．

このような TOF-SIMS の出現によって，理論的には質量スペクトルの上限がなくなり，また，高質量イオンの測定において特に感度が増加したため，化学構造情報を容易に得ることができるようになった．その他の TOF-SIMS の特徴としては，1次イオン照射量が DSIMS と比べて極端に少ないために帯電が起こりにくく，絶縁物測定が容易であり，微細1次イオンビームを用いるためイメージングに有利であることが挙げられる．

TOF-SIMS においては，高質量イオンを検出する際には，最初に照射された1次イオンパルスによる一連の2次イオンを次のパルスによって発生した2次イオンが検出器に到達する前に検出し終える必要がある．つまり，TOF-SIMS はパルス的な1次イオン照射でも2次イオンが十分検出できるほど高感度であり，試料最表面からの分子イオンの検出に適しているが，試料内部（バルク）分析においては，1次イオンの連続照射によって2次イオン放出量が圧倒的に多い DSIMS の方が感度は高いことになる．したがって一般には，TOF-SIMS は深さ方向分析には不向きであるが，大電流が得られるスパッタリング用イオン銃と TOF-MS 測定用イオン銃を併用したデュアルイオン銃システム[9,15]を用いれば，高感度深さ方向分析も可能である．

TOF-SIMS は，有機・高分子およびバイオ材料の分析に用いられることが多く，たとえば，材料の表面化学修飾工程の化学構造および分布に基づいた評価[34]，高分子[35]やタンパク質[36-38]の配向評価などに応用されている．さらに，金属クラスターイオンの普及によって高質量ピークの高感度検出が可能となったため，動物[40-45]および植物組織[46,47]における特定の物質の分布評価にもよく用いられている．一般的な装置でも，$m/z$ 1000 以上の2次イオンの検出は可能となったが，イメージングの観点では，$m/z$ 1000 程度[48,49]までが比較的容易に観測できる．また，$C_{60}$ や Ar ガスクラスターイオン源を用いることによって，有機・高分子およびバイオ試料のダメージの小さいスパッタリングが可能となったため，有機系材料の深さ方向

分析[31]にも用いられている。

### 5.7.5 表面分析のためのデータ解析法

スペクトルデータは多くの有用な情報を含んでいるが，正確な解釈は簡単でない場合が多い。特にTOF-SIMSスペクトルでは，フラグメント化や2次イオン化の過程がわからない有機・高分子およびバイオ試料の解釈が難しい場合が多い。たとえば，ほぼ同質量で化学組成の異なる2次イオンピークの重ね合わせによって，特に高質量2次イオンピークの同定が困難となる場合がある。

近年，他のスペクトル分析分野でも利用されていた多変量解析がTOF-SIMSに応用されるようになり，それ以前は解釈ができなかった複雑な試料のスペクトルから有用な情報を引き出せるようになった。ここでは，そうしたデータ解析法を簡単に紹介する。

図5.25に示すように，2次イオン像は1ピクセルごとにスペクトル情報を持つ。ある2次イオンの分布は各ピクセルが持つスペクトルのその2次イオンの強度をマッピングすることによって得られる。そこで，各ピクセルのスペクトルをそれぞれ独立したスペクトルとして扱うと，解像度128×128で得られたTOF-SIMSデータから，16384のスペクトルデータが得られることになる。つまり，多変量解析の結果に信頼性を確保するために十分なサンプル数が得られる。各ピクセルのスペクトルデータに基づいて得ら

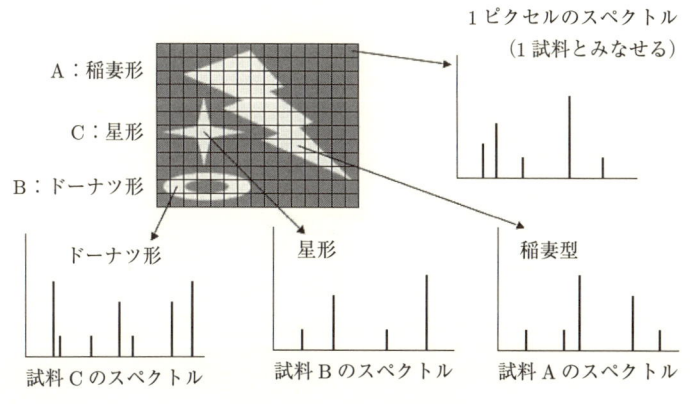

図5.25 データ解析概要。

れた多変量解析の結果の各成分の分布が，測定されたサンプルの特徴と一致するかどうかで解析結果の正しさが検証できる．図 5.25 の場合は，3 種類の成分が正しい分布を持つ成分として分離されれば，そのイメージング結果と対応するスペクトルデータは信頼できると考えられる．こうした解析は，主成分分析 (principal component analysis, PCA) や多変量スペクトル解析 (multivariate curve resolution, MCR) を用いて行われることが多いため，ここでは代表例としてこれらの方法の概要を説明する．

図 **5.26** に示すように，スペクトルデータから解析にかける 2 次イオンピークの強度情報を行列の形で表し，これを $X$ とすると，PCA では次式に示すように，$X$ を得点行列 (score matrix)$U$ と負荷量行列 (loadings matrix)$V$ に分解する．$E$ は誤差などに基づく残差行列だが，ここではほぼ 0 とみなす．

$$X = UV^T + E \tag{5.24}$$

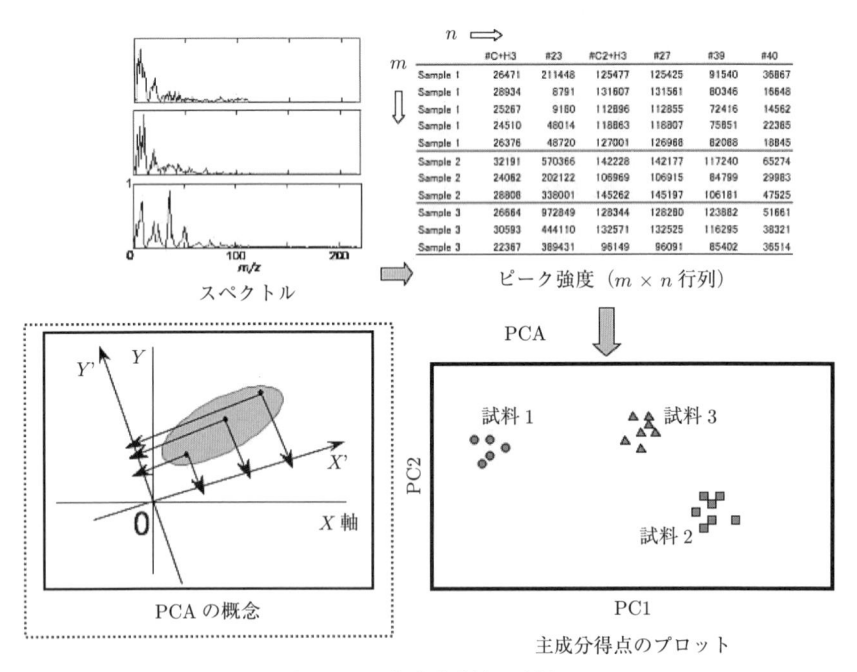

図 **5.26** 主成分分析の手順．

$U$ および $V$ は，$X$ の分散・共分散行列の固有値と固有ベクトルから一意的に求まる行列である．第一主成分として求められる成分は，元のデータから最も多くの情報を抽出した成分であり，第二主成分は第一主成分と直行する成分の中で最も多くの情報を抽出した成分である．このように順番に主成分が抽出されるが，多くの場合，最初の3～5程度の主成分だけで元のデータのほとんどの情報を抽出してしまうため，数個の主成分という新しい変量でデータを解釈できるようになる．ただし，適切に PCA を実行するためには，データの前処理が一般に不可欠である．PCA では，最も分散が大きくなるように軸を回転して，回転させた軸に元のデータの値を投影させて主成分を得るため，あらかじめ平均が原点を通るように処理 (mean-centering) した上で各データの分散の幅を揃えるオートスケーリング (auto scaling) すると適切な結果が得られる場合が多い[7,50,51]．

PCA は，データの概要を示唆する解析法であり，多くの場合で有用な情報を提供するが，各主成分の示すスペクトルとしての物理的意味は不十分な場合が多い．一方，計算過程は類似している MCR は，純成分のスペクトルを抽出する方法として優れている．MCR では，次式のようにスペクトルデータの行列 $X$ を純成分の濃度行列 $C$ と純成分のスペクトル行列 $S$ に分解する．

$$X = CS^T + E \tag{5.25}$$

MCR は PCA と異なり，$C$ および $S$ は一意的には求まらず，解は多数存在する．そこで，残差行列をほぼ0とみなして，$CS^T = D$ とおき，最適解を求めるのが一般的であり，最もよく知られているのが ALS(alternating least square)[52] に基づく計算方法であり，次の計算過程を繰り返すことにより最適解を得る．

$$\begin{aligned} D &= CS^T, \quad S_{\mathrm{new}}{}^T = TS_{\mathrm{old}}{}^T, \quad C_{\mathrm{new}} = C_{\mathrm{old}} T^{-1} \\ &=> D = C_{\mathrm{new}} S_{\mathrm{new}}{}^T \\ &= (C_{\mathrm{old}} T^{-1})(TS_{\mathrm{old}}{}^T) = C_{\mathrm{old}} S_{\mathrm{old}}{}^T \end{aligned}$$

MCR は，一般に安定した解を与える解析法であり，データの前処理をしない場合でも適切な結果が得られることが多い．また，スペクトルを直接抽出するため，データに対して平均値が原点を通る処理 (mean-centering)

をするとピークの一部が負となってしまい適切な解が得られにくくなることもある。しかし，生体試料のように複雑な試料の微量成分を解析対象とする場合などは，ポアソンスケーリング (Poisson scaling) が有効である。TOF-SIMS 装置の測定のあいまいさがポアソン分布に従うため[53]，低強度ピークを適切に解析するにはポアソンスケーリング（TOF-SIMS の場合は平方根平均）が TOF-SIMS データの前処理として有効である。特に，データを 1 ピクセルごとのスペクトルに分離して扱う場合は各ピークのカウント数が小さくなってしまうため，ポアソンスケーリングが有効である[50,51]。

- **TOF-SIMS 応用例**

タンパク質は 10 nm 程度の巨大分子であり，TOF-SIMS で測定すると複雑なフラグメントイオンが検出される。他のタンパク質や有機系の不純物から発生するフラグメントイオンとも類似するため，測定対象であるタンパク質から発生したフラグメントイオンの特定が難しい。しかし，PCA や MCR などの多変量解析[18,19]を用いれば，測定対象であるタンパク質にのみ起因する 2 次イオンピークが容易に見つけられる場合が多い。図 **5.27** にはタンパク質を固定化した ITO 電極の TOF-SIMS データを MCR で解析した結果 (a) と各領域の元の TOF-SIMS スペクトル (b) を示す。図 5.27(a) の成分 1 で示す A 領域はタンパク質が固定化されており，B 領域にはタンパク質は存在しない。それぞれの領域分布を示す成分のスペクトルを調べたところ，図 5.27(a) に示すように，成分 3 はタンパク質由来のフラグメントイオンを含み，成分 5 は基板成分由来の 2 次イオンを含むことがわかった[54]。タンパク質や高分子材料が複数存在する場合でも，同様に各成分の抽出は可能である。

### 5.7.6 その他

**(1) ガスクラスターイオン**

近年注目を浴びている SIMS のイオン源にアルゴン (Ar) ガスクラスターイオン源がある。数百から数千のクラスターイオンを用いることにより，試料のダメージを極力抑えたスパッタリング[22,23]や，分子量数万のタンパク質の分子イオン検出に成功[25]している。Ar クラスターイオンは，スパッタリング用のイオン源としてはすでに市場への流通が始まっている。

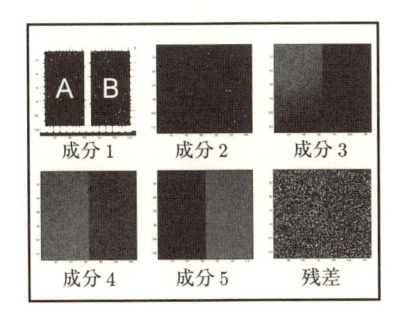

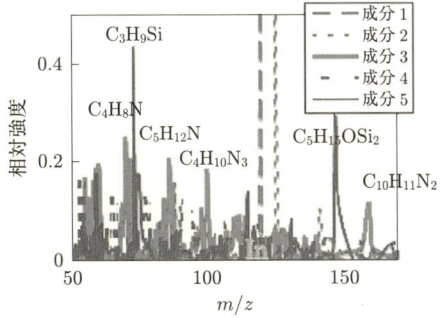

(a) 各成分の分布とスペクトル

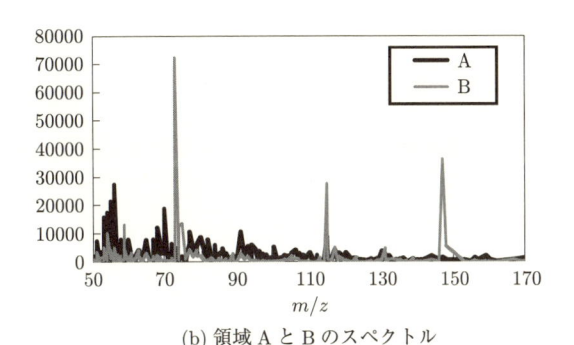

(b) 領域 A と B のスペクトル

図 5.27　TOF-SIMS スペクトルの MCR 解析結果。

## (2) 2次中性粒子質量分析法

**(secondary neutron mass spectrometry, SNMS)**

照射した1次粒子がイオンであっても，スパッタされる粒子の大部分は中性粒子である．したがって2次粒子の検出としては，イオンを検出する代わりに中性粒子を検出することも可能である．近年，レーザーを用いたポストイオン化と Ga イオンビームを組み合わせた，レーザー SNMS[55,56] の開発が改めて行われており，レーザー技術の進歩に伴い，有機系物質の高感度検出の可能性が期待されている．

## 5.8　イオン散乱分析法（高速，低速，中速）

エネルギーの揃ったイオンビームを固体試料に入射し，原子核との衝突

による弾性散乱が広角（90度以上）で発生し，試料外に後方散乱されたイオンをエネルギー分析することによって，化学組成，構造情報を得る手法である．後方散乱は発生確率が小さいため，測定は非破壊的と考えてよい．用いるイオンビームのエネルギーの大きさによって，高エネルギー（高速），低エネルギー（低速）イオン散乱法，およびその中間の中エネルギー（中速）イオン散乱法に大別される．高エネルギーイオン散乱法 (high energy ion scattering, HEIS) はラザフォード後方散乱法と同義であり，低エネルギーイオン散乱法 (low-energy ion scattering, LEIS) はイオン散乱分光法とも呼ばれる．基本的な物理的原理はいずれの場合でも同じであるため，代表として，ラザフォード後方散乱法について詳しく述べる．

### 5.8.1 ラザフォード後方散乱法 (RBS)

高速イオンビームが試料物質に照射され，ある程度以上原子核に近づくと，入射イオンは原子核のクーロンポテンシャルによる斥力を受け，最終的には弾性散乱（ラザフォード散乱）される．入射イオンと散乱イオンのエネルギーから，試料の原子核の質量が得られ，散乱されたイオンが電子との衝突によって失うエネルギーを考慮すると深さ方向分析ができる．入射イオンと原子核の相互作用および散乱断面積 (scattering cross section) がクーロンポテンシャルによって導かれるという関係があるため，正確な定量が可能である．

具体的には，ラザフォード後方散乱法 (Rutherford back scattering, RBS) では約 100 keV（$H^+$ の場合）〜数 MeV（$He^+$ など）のイオンビームを用いる．RBS は，表面から深さ方向について，組成情報が得られる定量性に優れた方法である．また，100 keV 程度の $H^+$ を用いる場合，中エネルギーイオン散乱法 (MEIS) に分類されることもある．

### 5.8.2 イオン散乱分光法 (ISS)

イオン散乱分光法 (ion scattering spectroscopy, ISS) では，0.5〜5 keV のイオンビームを試料表面に当てる．1次イオン源としては，希ガスイオン（$He^+$，$Ne^+$ $Ar^+$）もしくはアルカリ金属イオン（$Li^+$，$Na^+$，$K^+$）が用いられる．低速イオンは試料内部に侵入せず，固体表面の最外層（最表面の1, 2原子層）の化学組成，構造を高感度検出できる．ただし，低速イオンは固

体との相互作用が強いため，深さ方向の分析には向かない。

### 5.8.3 中エネルギーイオン散乱 (MEIS)

中エネルギーイオン散乱 (middle energy ion scattering, MEIS) は，RBS と ISS の中間のエネルギーである数十 keV から数百 keV の H や He イオンビームを試料表面に当てて，表面およびある程度の深さについて，ISS および RBS と同様の情報を得る手法である。

## 引用・参考文献

[1] A. Benninghoven, F. G. Rüdunauer and H. W. Werner: "Secondary Ion Mass Spectrometry", (John Wiley & Sons, 1987).
[2] 日本表面科学会（編）:"二次イオン質量分析法"，(丸善，1999).
[3] 工藤正博:"固体表面分析 I"，大西孝治，堀池靖浩，吉原一紘（編），(講談社サイエンティフィク，1995), pp.196-257
[4] H. Bubert and H. Jenett (Eds.): "Surface and Thin Film Analysis", (John Wiley & Sons, 2002).
[5] J. C. Vickerman (Ed.): "Surface Analysis -The Principle Techniques", (John Wiley & Sons, 1997).
[6] J. C. Vickerman and D. Briggs (Eds.): "TOF-SIMS", (IM Publications and SurfaceSpectra Limited, 2001).
[7] J. C. Vickerman and I. S. Gilmore (Eds.): "Surface Analysis -The Principle Techniques", (John Wiley & Sons, 2009).
[8] P. Sigmund: "Inelastic ion-surface collisions", N. H. Tolk, J. C. Tully, W. Heiland and C. W. White(Eds.), (Academic Press, 1977) , pp.121-152.
[9] J. C. Riviere: "Surface Analytical Techniques", (Oxford University Press, 1990), pp.470-527.
[10] Z. Sroubek: Phys. Rev. B **25**, 6046 (1983).
[11] A. E. Morgan and H. W. Werner: Anal. Chem. **49**, 927 (1977).
[12] H. W. Werner: Surf. Interface Anal. **2**, 55 (1980).
[13] O. Restrepo, A. Prabhakaran, K. Hamaraoui, N. Wehbe, S. Yunus, P. Bertrand and A. Delcorte: Surf. Interface Anal. **42**, 1030 (2010).
[14] R. M. A. Heeren, B. Kükrer-Kaletas, I. M. Taban, L. MacAleese and L. A. McDonnell: Appl. Surf. Sci. **255**, 1289 (2008).
[15] J. J. D. Fitzgerald, P. Kunnath and A. V. Walker: Anal. Chem. **82**, 4413 (2010).
[16] Y. Murayama, M. Komatsu, K. Kuge and H. Hashimoto: Appl. Surf. Sci. **252**, 6774 (2006).
[17] G. Marletta, S. M. Catalano and S. Pignataro: Surf. Interface Anal. **16**, 407 (1990).

[18] I. S. Gilmore, M. P. Seah: Appl. Surf. Sci. **203-204**, 600 (2003).
[19] F. M. Green, I. S. Gilmore and M. P. Seah: J. Am. Soc. Mass Spectrom **17**, 514 (2006).
[20] C. Szakal, Steven M. Hues, J. Bennett and G. Gillen: J. Phys. Chem. C **114**, 5338 (2010).
[21] J. S. Fletcher, X. A. Conlan, N. P. Lockyer and J. C. Vickerman: Appl. Surf. Sci. **252**, 6513 (2006).
[22] S. Ninomiya, K. Ichiki, Y. Nakata, T. Seki, T. Aoki and J. Matsuo: Nuclear Instruments and Methods in Physics Research B **256**, 493 (2007).
[23] S. Ninomiya1, K. Ichiki., H. Yamada., Y. Nakata., T. Seki, T. Aoki and J. Matsuo: Rapid Commun. Mass Spectrom. **23**, 1601-1606 (2009).
[24] K. Moritani, M. Hashinokuchi, J. Nakagawa, T. Kashiwagi, N. Toyoda and K. Mochiji: Appl. Surf. Sci. **255**, 948 (2008).
[25] K. Mochiji, M. Hashinokuchi, K. Moritani and N. Toyoda: Rapid Commun. Mass Spectrom. **23**, 648 (2009).
[26] K. Moritani, G. Mukai, M. Hashinokuchi and K. Mochiji: Appl. Phys. Express **2**, 046001 (2009).
[27] M. G. Dowsett, S. B. P. Patel and G. A. Cooke: SIMS XII, 85 (2000).
[28] A. J. Murrell, E. J. Collart and M. A. Foad: J. Vac. Sci. Technol. B **18**, 462 (2000).
[29] G. M. Pumphrey, B. T. Hanson, S. Chandra and E. L. Madsen: Environ. Microbiol. **11**, 220 (2009).
[30] N. Tanji, M. Okamoto, Y. Katayama, M. Hosokawa, N. Takahata and Y. Sano: Appl. Surf. Sci. **255**, 1116 (2008).
[31] J. S. Fletcher: Analyst **134**, 2204 (2009).
[32] A. Vella, J. Houard, F. Vurpillot and B. Deconihout: Appl. Surf. Sci. **255**, 5154 (2009).
[33] C. M. Parish and M. K. Miller: Ultramicroscopy **110**, 1362 (2010).
[34] J. S. Park and H.-J. Kim: Appl. Surf. Sci. **25**, 1604 (2009).
[35] Y.-T. R. Lau, J. M. Schultz, L.-T. Weng, K.-M. Ng and C.-M. Chan: Langmuir **25**, 8263 (2009).
[36] K. Leufgen, M. Mutter, H. Vogel and W. Szymczak: J. Am. Chem. Soc. **125**, 8911 (2003).
[37] R. Michel and D. G. Castner: Surf. Interface Anal. **38**, 1386 (2006).
[38] P. Bertrand: Appl. Surf. Sci. **252**, 6986 (2006).
[39] S. Aoyagi, A. Rouleau and W. Boireau: Appl. Surf. Sci. **255**, 1071 (2008).
[40] A. Brunelle, D. Touboul and O. Laprevote: J. Mass Spectrom. **40**, 985 (2005).
[41] P. Sjövall, B. Johansson and J. Lausmaa: Appl. Surf. Sci. **252**, 6966 (2006).
[42] I. Lanekoff, M. E. Kurczy, R. Hill, J. S. Fletcher, J. C. Vickerman, N. Winograd, P. Sjövall and A. G. Ewing: Anal. Chem. **82**, 6652 (2010).
[43] M. Okamoto, T. Tanji, Y. Katayama and J. Okada: Appl. Surf. Sci. **252**, 6805 (2006).
[44] P. Malmberg, H. Nygren, K. Richter, Y. Chen, F. Dangardt, P. Friberg and Y. Magnusson: Microsc. Res. Tech. **70**, 828 (2007).

[45] H. Nygren and P. Malmberg: Proteomics **10**, 1694 (2010).
[46] Y. Matsushita, A. Suzuki, T. Sekiguchi, K. Saito, T. Imai and K. Fukushima: Appl. Surf. Sci. **255**, 1022 (2008).
[47] K. Saito, T. Mitsutani, T. Imai, Y. Matsushita, A. Yamamoto and K. Fukushima: Appl. Surf. Sci. **255**, 1088 (2008).
[48] Y. Magnusson1, P. Friberg1, P. Sjövall, F. Dangardt, P. Malmberg and Y. Chen: Clin Physiol Funct Imaging **28**, 202 (2008).
[49] D. Belazi, S. Solé-Domènech, B. Johansson, M. Schalling and P. Sjövall: Histochem Cell Biol **132**, 105 (2009).
[50] B. J. Tyler, G. Rayal and D. G. Castner: Biomaterials **28**, 2414 (2008).
[51] J. L. S. Lee, I. S. Gilmore, I. W. Fletcher and M. P. Seah: Surf. Interface Anal. 653 (2009).
[52] J. Jaumot, R. Gargallo, A. de Juan and R. Tauler: Chemometr. Intell. Lab. Syst. **76**, 101 (2005).
[53] M. R. Keenan and P.G. Kotula: Surf. Interface Anal. **36**, 203 (2004).
[54] S. Aoyagi, M. Okamoto, N. Kato and M. Kudo: J. Surf. Anal. **17**, 220 (2011).
[55] N. Kubota and S. Hayashi: Appl. Surf. Sci. **255**, 1516 (2008).
[56] M. Koizumi and T. Sakamoto: Appl. Surf. Sci. **255**, 901 (2008).

## IV. その他の表面分析法

## 5.9 低速電子回折 (LEED) および反射高速電子回折 (RHEED)

### 5.9.1 はじめに

物質の微細化に向けた新機能性材料の創成は，電子デバイスの開発のみならず環境問題やエネルギー問題対策の観点からも注目されている。物質の微細化が進めば，相対的に表面の演ずる役割は重要となる。表面の評価には，構造，組成，電子状態など分析目的に応じて多くの表面分析法が開発されてきた。ここで紹介する低速電子回折 (low-energy electron diffraction, LEED) および反射高速電子回折 (reflection high-energy electron diffraction, RHEED) は主に結晶表面の原子構造を分析する手法である。1924 年に de Broglie により提唱された物質波，とりわけ電子に対しては電子波の存在が 1927 年に実験的に確認されて以来，電子回折の研究が始まった。電子線は原子との相互作用が強く，X 線と比べて散乱強度で $10^6$ 倍程度大きいため，表面に敏感であると同時に多重散乱効果も強い。したがって，厳密な強度解析には動力学的回折理論が必要となる。しかしながら，回折図形の幾何学的解釈であれば 1 回散乱理論の運動学的回折理論でほぼ十分である。LEED と RHEED のような反射電子回折は，透過電子回折のように試料を薄片化する必要がないため，基板上の薄膜形成の分析や制御に広く活用されている。

### 5.9.2 電子の波動性

1897 年 J. J. Thomson によって発見された電子には波の性質（波動性）を有することが 1927 年 C. J. Davison と L. H. Germer のニッケル表面を用いた回折実験と同年の G. P. Thomson による金箔を用いた回折実験により確認された。電子回折法は，この電子の波動性を利用して主として結晶試料の原子構造に関する知見を得る手法である。ド・ブロイの関係式 $\lambda = h/p$

---

5.9 節執筆：堀尾吉已

から電子の波長 $\lambda$ は，その運動量 $p$ とプランク定数 $h$ から求められる．電子が電圧 $V$ で加速されるとき，電子の運動量は $p = m_0 v = \sqrt{2m_0 eV}$ として与えられる．ただし，$m_0$ と $v$ はそれぞれ電子の質量と速度である．したがって，電子の波長は，

$$\lambda = \sqrt{\frac{h^2}{2m_0 eV}} \simeq \sqrt{\frac{150.4}{V}} [\text{Å}] \tag{5.26}$$

により求まる．たとえば 150 V で加速された電子の波長は約 1.0 Å であり，15 kV では約 0.1 Å である．これらの波長は原子間隔と比べて十分短いため，原子スケールの分解能を持つ．上式は特殊相対論による補正はなされていないが，50 keV 程度以下の電子であればほとんど問題なく使用できる．電子波の波長は X 線のようにターゲット材料に固有の値ではなく，加速電圧に依存した任意の波長を利用することができる．

電子波はその波長と進行方向で特徴付けられ，波数ベクトル $\bm{k}$ で表される．その大きさは $|\bm{k}| = 1/\lambda$ であり，方向は電子の進行方向にとる．ド・ブロイの関係より電子の運動量ベクトルは $\bm{p} = h\bm{k}$ で表される．一般に物性論では波数ベクトルの大きさを $|\bm{k}| = 2\pi/\lambda$ として扱うが，回折分野では $2\pi$ を除く場合があり，ここではこの表記に従った．もちろん，強度計算では位相情報としての $2\pi$ を加えて実行する．

このような電子波を結晶に入射すれば，結晶内の原子は回折格子としての役目を果たす．厳密には負電荷を持つ入射電子と結晶内の原子が作る周期的静電ポテンシャル場との相互作用の結果として生じる多重散乱効果を考慮した動力学的回折理論を用いる必要がある．一方，近似的に波の一回散乱による干渉問題として扱う運動学的回折理論を用いる場合も少なくない．何をどこまで明らかにするかにより回折理論の使い分けが必要である．

### 5.9.3 装置

反射電子回折は図 5.28 に示すように，入射電子の運動エネルギーと入射条件の違いにより次の 2 種類に大別される．数十 V から数百 V に加速された低速電子線を試料表面に垂直に入射し，後方散乱する電子線群を球面型蛍光スクリーンに映して観察する LEED[1-3] と 10 kV 程度以上に加速された高速電子線を試料表面に対して後方からすれすれ（入射視射角 0〜7° 程度）

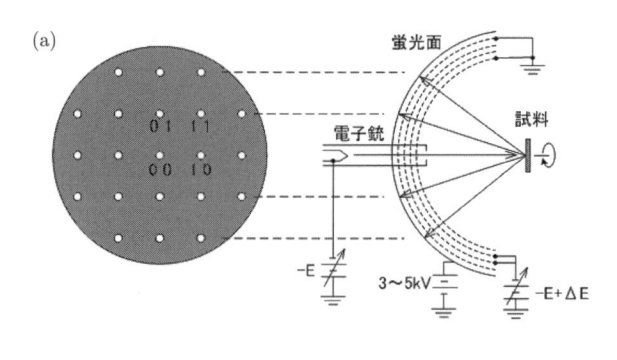

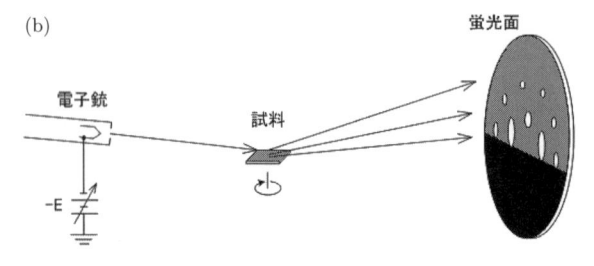

図 5.28　(a)LEED,(b)RHEED 装置の概念図。

の角度で入射し，表面近傍で反射回折する電子線群を前方に置かれた平板状の蛍光スクリーンで観察する RHEED[4-7] である。両者の蛍光スクリーンの配置の違いは，低速電子線は後方散乱が，高速電子線は前方散乱が支配的であることによる。

　LEED で用いる入射電子線の平均自由行程は 1 nm 程度であり[8]，入射電子の表面侵入深さは浅い。一方，RHEED で用いる入射電子線の平均自由行程は 10 nm 程度であるが，視斜角が低いため LEED と同様，入射電子線の実効的な表面侵入深さは 1 nm 程度と浅く，表面構造を敏感に反映した回折図形が得られる。

　特に RHEED 法は試料表面上の空間が広く取れるため，複数の蒸着源を配置できる。したがって薄膜成長の様子がその場観察でき，結晶基板上の薄膜形成に対する原子レベルの評価が可能となる。さらに，電子銃と蛍光スクリーンさえあれば実験可能といった簡便性も挙げられる。

　LEED，RHEED いずれにおいても観察対象は回折図形といった逆格子空間の情報である。そこで，回折図形の成り立ちについて以下に解説する。

### 5.9.4 2次元結晶からの回折図形

結晶表面の原子構造を反映して LEED あるいは RHEED の美しい回折図形が観察されるが，その回折斑点の幾何学は各原子からの反射電子波の干渉として解釈される。LEED あるいは RHEED の入射電子が結晶内部に侵入する深さは入射条件や加速電圧にも依存するが，おおむね 1 nm と考えられる。特に，最表面の原子層には極めて敏感である。そこで，例として面心立方格子の (001) 面を表面とする 2 次元正方格子を対象として LEED や RHEED の回折図形の成り立ちを逆格子空間とエワルドの作図を通して解説する。

電子線の入射方位は RHEED の場合，[110] の方位から電子線を入射させ，LEED の場合は表面に対して垂直入射を考える。図 **5.29**(a) は $fcc$ 結晶の単位格子ならびに (001) 表面原子の配列を示す。表面原子だけの 2 次元格子を考えると，$a$, $b$ を基本並進ベクトルとする正方格子の単位格子（単位網ともいう）が存在する。ただし，$|a| = |b| = a$ である。RHEED の入射方位はちょうど $b$ ベクトルと平行な方向である。この 2 次元格子の逆格子空間は図 5.29(b) あるいは (d) に示すように，表面に垂直な逆格子ロッド群が形成される。2 次元格子には $z$ 方向の周期性がないため，逆格子空間には $z$ 方向に一様な強度の逆格子ロッドが存在する。複数の 2 次元格子層を積み重ねていくと，ロッドの $z$ 方向の強度分布には変調が生じる。逆格子ロッドの位置ベクトルは，ロッドベクトル $B_{hk}$ で表され，$B_{hk} = ha^* + kb^*$（ただし，$h, k$ は整数）である。ここで，逆格子ベクトル $a^*$ と $b^*$ は，実格子空間の基本並進ベクトル $a$ と $b$，そして表面垂直方向の単位ベクトル $\hat{z}$ を用いて，次式で求められる。

$$\begin{cases} a^* = \dfrac{b \times \hat{z}}{S} \\ b^* = \dfrac{\hat{z} \times a}{S} \end{cases} \tag{5.27}$$

ただし，$S$ は単位網の面積であり，$S = |a \times b|$ である。平易に述べれば，$a^*$ と $b^*$ の大きさはそれぞれ実格子空間の単位網の 2 組の平行に向かい合う辺と辺の間の距離の逆数，すなわち $a^* = 1/(a \sin \alpha)$ と $b^* = 1/(b \sin \alpha)$ であり（$\alpha$ は $a$ と $b$ とのなす角度を示す），それぞれの辺に垂直かつ表面に

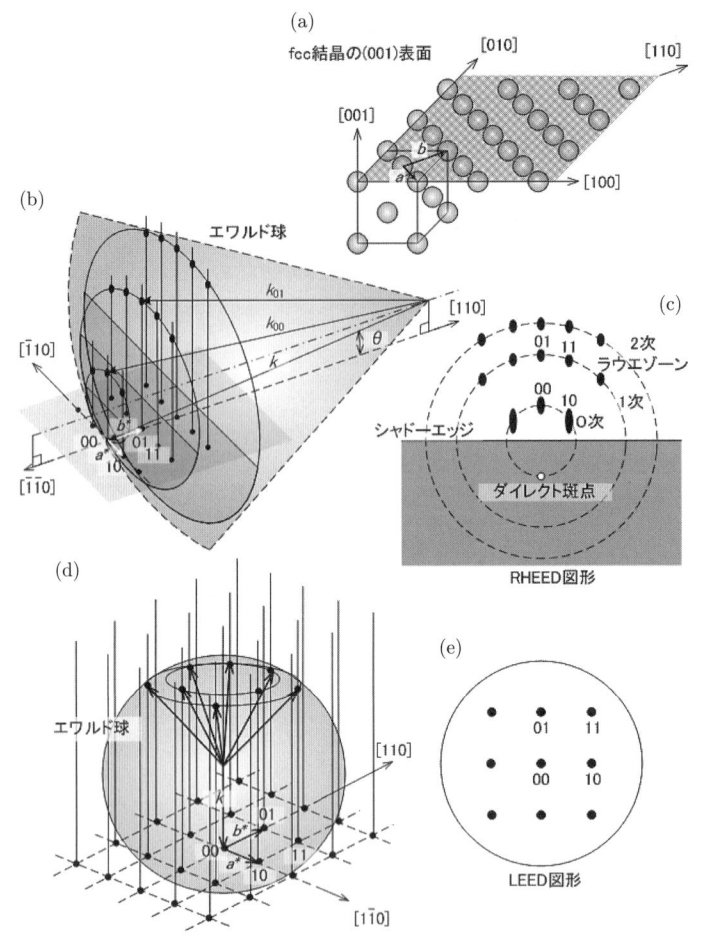

**図 5.29** RHEED および LEED の回折図形の作図。

平行なベクトルである．2次元正方格子の場合は簡単で，$a^*$, $b^*$ はそれぞれ $a$, $b$ と同じ向きとなり，大きさはともに $1/a$ である．

視斜角 $\theta$ で電子線が入射する RHEED の場合，入射電子の波数ベクトル $k$ の終点を図 5.29(b) に示す逆格子空間の原点に合わせ，その始点（発散点）を中心とする半径 $|k|$ の球を描く．これをエワルド球と呼ぶ．エワルド球と各逆格子ロッドとの交点が回折条件を満たす点となり，この交点に向かって発散点から引いた各波数ベクトル $k_{hk}$ が反射回折電子の反射方向を

表す．図では例として $k_{00}$ や $k_{01}$ の反射回折電子の波数ベクトルが示されている．特に，00ロッドとの交点に向かう $k_{00}$ は鏡面反射を表す．各反射回折電子は蛍光スクリーンに到達して，図5.29(c)に示すような同心円上に並ぶ回折斑点となる．各円は内側から順に0次から高次のラウエゾーンに対応する．回折図形の下部領域（暗領域）は試料の影となるため観察できないが，低角入射の場合には入射電子線の一部が試料をかすめて蛍光スクリーンに到達するため，ダイレクト斑点が観察される．ダイレクト斑点と鏡面反射斑点（00斑点）とを結ぶ線分の垂直2等分線が明・暗領域を分けるシャドーエッジとなる．各回折斑点はロッド指数 $hk$ に対応して $hk$ 斑点と名づける．

一方，LEEDの場合は低い電子エネルギーのため，入射波数ベクトル $k$ はRHEEDのそれよりもかなり短くなる．図5.29(d)に示す逆格子空間内で表面垂直方向に入射波数ベクトル $k$ を入射させ，その終点を原点に合わせ，発散点を中心として半径 $|k|$ のエワルド球を描く．各逆格子ロッド $hk$ とエワルド球との交点に向かう方向に反射回折電子の波数ベクトル $k_{hk}$ が生まれる．したがって球面状の蛍光スクリーンを正面から観察すれば図5.29(e)に示す4回対象の回折図形となる．00斑点は鏡面反射する電子線によるものであるが，一般に試料あるいは電子銃に隠れて観察できない．そこで，入射角を垂直から少しずらして観察する場合もある．

このようにLEED図形は逆格子ロッドの平面投影となるため，逆格子ロッドの対称性は容易に認識できる．一方，RHEED図形は逆格子ロッドの立面投影となるため，その対称性を認識するには少々慣れが必要となる．

### 5.9.5 おわりに

表面構造を調べる手法にはLEEDやRHEEDのような反射電子回折による逆空間観察法の他にも走査型プローブ顕微鏡による実空間観察法も最近では広く用いられるようになり，特に局所領域の構造や状態の分析に威力を発揮している．これに対して，反射電子回折は電子線照射領域の平均構造を観察するものであり，逆格子空間が回折図形に反映される．

電子線が結晶表面に入射する際には，他にもいくつかの現象がある．結晶の平均内部電位は，表面での入射電子の屈折効果を生むのみならず，透過率や反射率にも影響を与える．また，結晶表面が低指数面からわずかに傾いて

いる場合には，微傾斜面のテラス幅やステップの効果も含まれる[9]。実用面では反射回折電子強度の振動現象[10]が基板結晶表面上の薄膜成長のモニターあるいは制御法として広く利用されている。結晶表面に3次元島が存在する場合には，RHEED図形は反射回折ではなく，透過回折図形[11]となる。

その他，発展的応用例として以下の研究が報告されている。RHEEDの高速電子を照射すれば，結晶表面から特性X線[12]やオージェ電子[13]も放射されるため，それら副産物を調べることにより，組成分析や吸着サイトの情報が得られる。エネルギーフィルター型RHEEDにより，反射回折電子には表面プラズモン損失電子がいかに多く含まれているかが明らかにされた[14]。蛍光スクリーンを試料真上に置けば[15]，表面から数nm深くから脱出する菊池電子を観察でき，内部構造情報も取得可能となる。最近ではRHEED図形をコンピュータで画像処理して表面構造情報を得る振動相関熱散漫散乱解析[16]やワイゼンベルグRHEED法[17]の開発も注目されており，反射電子回折のさらなる発展が期待されるところである。

## 5.10 走査型プローブ顕微鏡 (SPM)

### 5.10.1 はじめに

1980年代初頭に走査型トンネル顕微鏡 (scanning tunneling microscope, STM) が固体表面を原子分解能で可視化できることを証明し[18,19]，顕微鏡法ならびに表面分析法に革命をもたらした。STMの傑出した成功の中身は，その手法が原子スケールの超高分解能を実現したことだけではなく，その手法の原理を応用した走査型プローブ顕微鏡 (scanning probe microscope, SPM) の開発を促したことにもある。最も代表的なバリエーション (その後，SPMファミリーと呼ばれるようになる) は，原子間力顕微鏡 (atomic force microscope, AFM)[20]および走査型近接場光学顕微鏡 (scanning near-field optical microscope, SNOM)[21]である。AFMは，SPMファミリーが同じ動作原理に基づいていることを強調する場合は，走査型力顕

---

5.10節執筆：村上健司

微鏡 (scanning force microscope, SFM) と呼ばれる。

すでにご存知のように，SPM ファミリーを利用することにより，物質表面の多種多様な物理的または化学的性質が同様な汎用的操作で取得することができる。このことには，SPM が有する非常に単純な構成と原理が深く関係している。そこで，ここでは SPM に共通した基本原理について解説する。SPM ファミリーを利用する際のお役に立てれば幸いである。

### 5.10.2 基本原理

図 5.30 に SPM の模式図を示す。SPM の原理は，先端の非常に鋭い探針（プローブ）を，対象となる試料表面に近づけ 2 次元的に走査することである。この探針を試料表面形状に沿って追随できるようすることにより，SPM は表面の凹凸や形態を 3 次元的に描くことができる。この探針を近接場領域となるまで試料表面に近づけ，回折限界を打ち破ることで非常に高い空間分解能が実現される。

さらに，SPM にはもう 1 つ重要な機能がある。それは，探針を走査表面上の局所的な物理的／化学的相互作用の観察に利用し，観察結果を探針の位置の関数として可視化できることである。したがって，SPM は異なった動作パラメータを設定することにより，試料表面の完全に異なった物理的／化学的情報を得ることができ，その結果を 2 次元分布像として表示することができる。代表的な局所相互作用として，電子のトンネル現象，原子間力および光学特性があり，STM，AFM および SNOM はそれぞれの相互作用を可視化するために開発されている。以下では，SPM の動作に欠かせない探針の位置制御，分解能に及ぼす探針の影響および動作モードについて記述する。

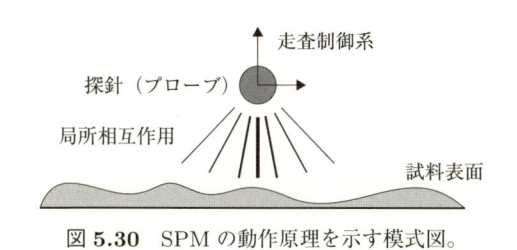

図 5.30　SPM の動作原理を示す模式図。

## (1) 高精度位置制御

SPM は，探針を常に近接場領域に維持しながら高精度に 2 次元走査を行っている。この操作を実現する高精度位置決め機構として，圧電アクチュエータの逆圧電効果が利用されている。

最初に発明された STM は，棒状の圧電体を 3 本組み合わせたトライポッドを搭載し，高精度で完全な 3 次元位置決めを達成した[18]。現在では，円筒型の圧電アクチュエータを利用し[22]，1 つの圧電体で 3 次元位置決めを可能としている。円筒型圧電体では，円筒の内側と外側に電極を設け，外側の電極は長さ方向に 4 分割されている。いま，内側と外側の全ての電極の間に電圧 $V$ を印加すると，円筒の長さ $l$ が，

$$\Delta l = d_{31} \frac{l}{h} V \tag{5.28}$$

だけ変化する。ここで，$d_{31}$ は圧電係数，$h$ は円筒の厚さである。式 (5.28) は長さ $l$，厚さ $h$ の棒状の圧電体と同じであるが，円筒型の場合，厚さが非常に薄いのでより高感度な長さ方向制御が可能となる。また，4 分割された電極のそれぞれ対向する 2 つの電極を 1 対とし，2 対の電極と内側の電極との間に，大きさが同じで極性が反対の電圧を別々に印加することにより，次式で表されるような円筒の中心軸に対して対称な横方向の偏位が得られる。

$$\Delta(x,y) = 2\sqrt{2} d_{31} \frac{l^2}{\pi dh} V_{x,y} \tag{5.29}$$

ここで，$d$ は円筒の内径である。このように，圧電アクチュエータを利用することにより，印加電圧の制御を通して，探針と試料表面との間の距離（式 (5.28)）ならびに試料表面内の走査（式 (5.29)）が原子スケールで制御されている。

## (2) 探針と分解能

圧電アクチュエータを利用して実現される近接場走査により，局所相互作用に対して，SPM は長距離場手法の分解能の限界を克服し光子や電子の波長をはるかに超えた分解能を実現している。しかしながら，この分解能は探針の（特に探針先端の）形状に大きく依存している。この形状は，特に試料表面内の横方向分解能にも影響を与え，その分解能は試料表面構造の凹凸に大きく依存することになる。

探針先端の典型的な形状は円錐形と考えられるので，急峻な段差は不鮮明

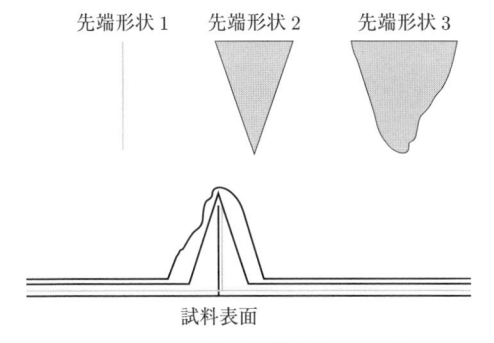

図 5.31　SPM 像の先端形状による違い。

になり，先端半径より小さな表面構造の形状は正確に捉えることができないと考えられる。すなわち，SPM 像は，表面構造と探針先端形状とが合成されたものとなっている。この様子が図 5.31 に示されている。

しかしながら，実際の SPM 動作では，測定対象となる相互作用が探針と試料表面との局所領域に限定されその大きさに強く依存しているため，試料表面に対して常に探針先端の最接近部のみが寄与することになり，自動的に高い分解能が維持されていることが多い。

**(3) 動作モード**

SPM の最大の特徴は，STM による表面原子像の観察に代表されるように，試料の表面構造や表面性状を原子スケールで可視化できる点である。SPM のこの結像モードには，局所相互作用が一定になるように探針と試料表面間の距離を制御する方法と，距離を常に一定に保ちながら相互作用の変化を測定する方法とがある。しかしながら，SPM では結像モード以外に，分光モードおよびマニピュレーションモードと呼ばれる動作モードが利用可能である。

分光モードと呼ばれる動作モードは，図 5.32 に示すように，探針を試料表面上のある位置に停止させ，その位置での局所相互作用の変化を測定する。たとえば，STM の場合，探針と試料の間に印加された電圧の関数としてトンネル電流を測定することにより，試料表面のフェルミ準位における電子状態密度の 2 次元分布像が得られる。AFM の場合には，印加電圧に対する各点での力の変化を測定することにより，探針と試料表面との仕事関数差の 2 次元分布像を求めることができる。また，探針と試料表面との間の距

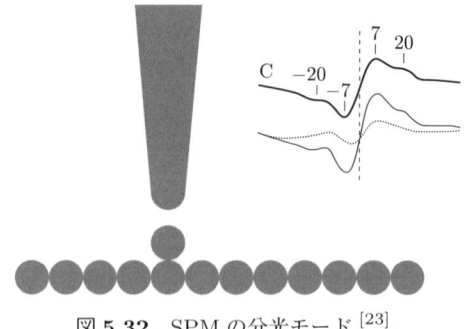

図 5.32　SPM の分光モード[23]。

離の関数として力を測定することにより，局所相互作用に関する新たな情報を得ることも可能である。

マニピュレーションモードは，探針を利用して試料表面を修飾しようとするものである。たとえば，STM においては，表面上の単一原子または分子を探針との相互作用を利用して移動させ，ナノメートルサイズの人工的な構造を作製するために，マニピュレーションモードが利用されている。この様子が図 5.33 に示されている。AFM では，絶縁試料表面上への帯電粒子の堆積や試料表面の加工に応用されている。さらに，SNOM においても，試料表面上の分子などの光学的修飾に応用されている。これらのマニピュレーションの特徴は，表面修飾の道具である同じ探針を利用して，その効果や結果が SPM 像として得られることである。

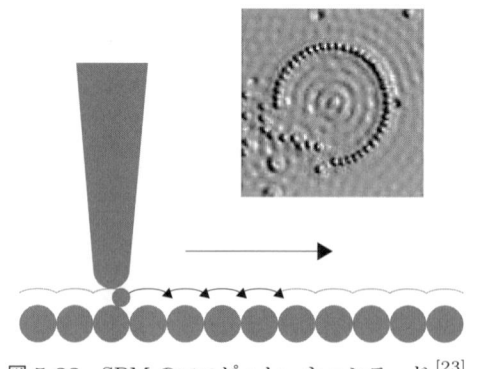

図 5.33　SPM のマニピュレーションモード[23]。

### 5.10.3 おわりに

SPM ファミリーの代表的手法である STM や AFM についてはすでに数多くの解説書が出版されているので，ここでは SPM ファミリーに共通する基本原理に焦点を絞って解説した．ここに記述しなかった SPM の特徴として，SPM は動作環境を選ばないという点が挙げられる．他の多くの表面解析手法が真空中での動作を必要とするのに対して，SPM は大気中はもちろんのこと溶液中でも同様に動作可能である．すなわち，SPM ファミリーを利用することにより，大気や溶液を介した物質表面上の局所相互作用も観察可能なのである．

最後に，STM，AFM および SNOM 以外の SPM ファミリーとそれらが対象とする相互作用を紹介し，本解説の締めくくりとする．

- 磁気力顕微鏡 (magnetic force microscope, MFM)：磁気力
- 静電気力顕微鏡 (electrostatic force microscope, EFM)：静電気力
- ケルビンプローブ顕微鏡 (Kelvin probe force microscope, KFM or KPFM)：表面電位
- 走査型静電容量顕微鏡 (scanning capacitance microscope, SCM)：静電容量
- 走査型熱顕微鏡 (scanning thermal microscope, SThM)：熱伝導

## 引用・参考文献

[1] J. B. Pendry: "Low Energy Electron Diffraction", (Academic Press, 1974).
[2] M. A. van Hove and S. Y. Tong: "Surface Crystallography by LEED", (Springer, 1979).
[3] M. A. van Hove, W. H. Weinberg and C.-M. Chan: "Low-Energy Electron Diffraction", (Springer, 1986).
[4] Z. L. Wang: "Reflection electron microscopy and spectroscopy for surface analysis", (Cambridge, 1996).
[5] W. Braun: "Applied RHEED", (Springer, 1999).
[6] A. Ichimiya and P. I. Cohen: "Reflection High Energy Electron Diffraction", (Cambridge University Press, 2004).
[7] L.-M. Peng, S. L. Dudarev and M. J. Whelan: "High-Energy Electron Diffraction and Microscopy", (Oxford University Press, 2004).
[8] M. P. Seah and W. A. Dench: Surface Interface Anal. **1**, 2(1979).

[ 9 ] 堀尾吉已：表面科学 **27**, 46(2006).
[10] B. A. Joyce, P. J. Dobson, J. H. Neave, K. Woodbridge, J. Zhang, P. K. Larsen and B. Boelger: Surf. Sci. **168**, 423(1986).
[11] Y. Horio: Jpn. J. Appl. Phys. **38**, 4881(1999).
[12] S. Hasegawa, S. Ino, Y. Yamamoto and H. Daimon: Jpn. J. Appl. Phys. **24**, L387(1985).
[13] Y. Horio and D. Sakai: Jpn. J. Appl. Phys. **48**, 066501(2009).
[14] 堀尾吉已：表面科学 **24**, 145(2003).
[15] Y. Horio: e-J. Surf. Sci. Nanotech. **4**, 1(2006).
[16] T. Abukawa, K. Yoshimura and S. Kono: Surf. Rev. Lett. **7**, 547(2000).
[17] T. Abukawa, D. Fujisaki, N. Takahashi and S. Sato: e-J. Surf. Sci. Nanotech. **7**, 866(2009).
[18] G. Binnig and H. Rohrer: Helv. Phys. Acta. **55**, 726(1982).
[19] G. Binnig, H. Rohrer, Ch. Gerber and E. Weibel: Phys. Rev. Lett. **49**, 57 (1982), Appl. Phys. Lett. **40**, 178(1982) and Physica B **109/110**, 2075(1982).
[20] G. Binnig and D. P. E. Smith: Rev. Sci. Instrum. **57**, 1988(1986) and G. Binning, C. F. Quate and Ch. Gerber: Phys. Rev. Lett. **56**, 930(1986).
[21] D. W. Pohl, W. Denk and M. Lanz: Appl. Phys. Lett. **44**, 651(1984).
[22] G. Binnig and D.P.E. Smith: Rev. Sci. Instrum. **57**, 1988(1986).
[23] E. Mayer, H. J. Hug and R. Bennewitz: "Scanning Probe Microscopy: The Lab on a Tip", (Springer, 2004).

# 第 6 章

# 表面の計算科学

　原子番号以外の実験的パラメータを用いず,物理学の第一原理(古典力学,電磁気学,熱・統計力学,量子力学)のみに基づいた物質の電子状態計算手法は第一原理(電子状態)計算法と呼ばれている[1-4]。なお,「第一原理計算」という用語は主として物性物理学の分野でよく使われており,量子化学の分野で「非経験的 (ab initio) 計算」と呼ばれている方法と目指すところは同じである。前者では主として密度汎関数法に基づく計算法で固体の計算を行うのに対し,後者ではハートリー–フォック近似を中心とした計算法で分子の計算を行うという点が異なる。第一原理計算法は,物質の電子状態を精度良く求めるのみならず,電子物性や物質の安定構造や運動状態,化学反応過程など,様々な性質を解析することにより,物性を支配する要因を明らかにすることを可能とする。そのために,現在では基礎物質科学分野においては,必要不可欠な手法となってきている。

　第一原理計算法に対して,経験的計算法と呼ばれる電子状態計算法は,電子準位,平衡原子間距離,結合エネルギーなどの物性値を再現するように調節されたパラメータを用いる。経験的計算法は,第一原理計算法に比較して計算量が遥かに少なくてすむという反面,パラメータを求めるために用いた物質の範囲内では正しいことが期待できるが,全く別の物質を計算するときには正しいとは期待できないという欠点をもつ。経験的計算法は非常に手軽

---

第 6 章執筆：森川良忠

であるため，定性的な電子状態の解析には重宝するが，未知物質の物性や安定性を定量的に求めたい際には，致命的な欠点をもつ．

第一原理計算法は未知の物質に対しても精度の良い物性予測が可能であり，望ましい性質をもつ物質を計算機シミュレーションにより設計する「計算機マテリアルデザイン法」の主要な手法として，様々な応用分野に適用されようとしている．本章では，第一原理計算法の原理とそれを用いた表面・界面の問題について解説する．

## 6.1 ハートリー–フォック近似 [5]

ハートリー–フォック近似は多電子系を取り扱う上で最も基本となる近似であり，分子の計算にはよく用いられている．原子核の作るポテンシャルを外場 $v(x)$ として，外場 $v(x)$ 中で運動する $N$ 電子系を考える．ただし，$x$ は1つの電子の空間座標 $r$ とスピン座標 $\xi$ をあわせた4次元座標を表す．$N$ 電子系のハミルトニアンは次のように表される．

$$\hat{H}_N = \hat{T} + \hat{V}_{\text{ext}} + \hat{V}_{\text{ee}} \tag{6.1}$$

$$\hat{T} = \sum_{i=1}^{N} -\frac{\nabla_i^2}{2}$$

$$\hat{V}_{\text{ext}} = \sum_{i=1}^{N} v(x_i)$$

$$\hat{V}_{\text{ee}} = \frac{1}{2} \sum_{i \neq j}^{N} \frac{1}{|\boldsymbol{r}_i - \boldsymbol{r}_j|}$$

ここで，$\hat{T}$，$\hat{V}_{\text{ext}}$，および $\hat{V}_{\text{ee}}$ はそれぞれ，運動エネルギー，外場，および電子間相互作用を表す．なお，ここでは電子状態計算でよく使われる原子単位を用いてハミルトニアンを記述している．原子単位はリュードベリ原子単位とハートリー原子単位の2種類あり，少し異なっている．原子単位については，表 6.1 にまとめる．本節ではハートリー原子単位系を用いる．ここで，$m$ は電子の質量，$\hbar$ はプランク定数を $2\pi$ で割った値，クーロン相互作用の係数 $e$ は素電荷，$\varepsilon_0$ は真空の誘電率である．フェルミ粒子である電子は，パウリの排他原理と呼ばれる量子力学の基本原理に従う．パウリの排他原理は次のような，$N$ 電子波動関数の反対称性を要請する．

表 **6.1** 原子単位系。

|  | リュードベリ原子単位 | ハートリー原子単位 |
|---|---|---|
| m | 1/2 | 1 |
| $\dfrac{e^2}{4\pi\varepsilon_0}$ | 2 | 1 |
| $\hbar$ | 1 | 1 |
| 長さの単位 | ボーア半径<br>$a_0 = \dfrac{4\pi\varepsilon_0\hbar^2}{me^2} = 0.529177$ Å | ボーア半径<br>$a_0 = \dfrac{4\pi\varepsilon_0\hbar^2}{me^2} = 0.529177$ Å |
| エネルギーの単位 | Rydberg(Ry と略記)<br>$1\mathrm{Ry} = \dfrac{me^4}{2(4\pi\varepsilon_0\hbar)^2} = 13.6058$ eV | Hartree(Ha と略記)<br>$1\mathrm{Ha} = \dfrac{me^4}{(4\pi\varepsilon_0\hbar)^2} = 27.2116$ eV |
| 時間の単位 | $t_\mathrm{R} = \dfrac{2(4\pi\varepsilon_0)^2\hbar^3}{me^4} = 4.837\times 10^{-17}$ 秒 | $t_\mathrm{H} = \dfrac{(4\pi\varepsilon_0)^2\hbar^3}{me^4} = 2.418\times 10^{-17}$ 秒 |

$$\Psi(x_1, x_2, \cdots, x_i, \cdots, x_j, \cdots, x_N) = -\Psi(x_1, x_2, \cdots, x_j, \cdots, x_i, \cdots, x_N) \tag{6.2}$$

この波動関数の反対称性より，平行スピンをもつ2つの電子が同じ場所に来る確率はゼロになる．ハートリー–フォック近似においては，$N$電子波動関数を反対称化された$N$個の1電子軌道$u_i(x)$の積（スレーター行列式）で近似する．

$$\Psi_\mathrm{HF}(x_1, x_2, \cdots, x_N) = \frac{1}{\sqrt{N!}} \begin{vmatrix} u_1(x_1) & u_2(x_1) & \cdots & u_N(x_1) \\ u_1(x_2) & u_2(x_2) & \cdots & u_N(x_2) \\ \vdots & \vdots & \ddots & \vdots \\ u_1(x_N) & u_2(x_N) & \cdots & u_N(x_N) \end{vmatrix} \tag{6.3}$$
$$= \frac{1}{\sqrt{N!}} \det[u_1 u_2 \cdots u_N]$$

ただし，1電子軌道$u_i(x)$は空間軌道$\psi_n(\boldsymbol{r})$とスピン軌道$\chi_s(\xi)$の積であり，規格直交化されているとする．

$$\int u_i^*(x) u_i(x) dx = \delta_{ij} \tag{6.4}$$

波動関数$\Psi_\mathrm{HF}$でハミルトニアン$\hat{H}_N$の期待値を計算すると，

$$E_{\mathrm{HF}} = \langle \Psi_{\mathrm{HF}} | \hat{H}_N | \Psi_{\mathrm{HF}} \rangle = \sum_{i=1}^{N} H_i + E_{\mathrm{H}} + E_{\mathrm{x}} \tag{6.5}$$

$$E_{\mathrm{H}} = \frac{1}{2} \sum_{i,j=1}^{N} J_{ij}$$

$$E_{\mathrm{x}} = -\frac{1}{2} \sum_{i,j=1}^{N} K_{ij}$$

$$H_i = \int u_i^*(x) \left[ -\frac{\hbar^2}{2m} \nabla^2 + v(x) \right] u_i(x) dx$$

$$J_{ij} = \iint \frac{u_i^*(x_1) u_j^*(x_2) u_i(x_1) u_j(x_2)}{r_{12}} dx_1 dx_2$$

$$K_{ij} = \iint \frac{u_i^*(x_1) u_j^*(x_2) u_j(x_1) u_i(x_2)}{r_{12}} dx_1 dx_2$$

となる。ここで，$H_i$ は 1 電子積分，$E_{\mathrm{H}}$ はハートリーエネルギー，$E_{\mathrm{x}}$ は交換エネルギー，$J_{ij}$ はクーロン積分，$K_{ij}$ は交換積分と呼ばれる項である。容易に確かめられるように，$J_{ii} = K_{ii}$ が成り立ち，自分自身との相互作用は相殺して消える。1 電子密度 $\rho(\bm{r}) = \int \sum_{i=1}^{N} |u_i(x)|^2 d\xi$ を使うと，ハートリーエネルギーは

$$E_{\mathrm{H}} = \frac{1}{2} \iint \frac{\rho(\bm{r_1}) \rho(\bm{r_2})}{r_{12}} d\bm{r}_1 d\bm{r}_2 \tag{6.6}$$

となり，電子雲の分布 $\rho(\bm{r})$ による古典的な電子間の静電相互作用を表すことがわかる。一方，交換エネルギーの項は，多電子波動関数の反対称性からくる量子力学的な補正であり，交換相互作用と呼ばれている。交換エネルギーの式を変形すると，

$$E_{\mathrm{x}} = \frac{1}{2} \iint \frac{\rho_{\mathrm{x}}(\bm{r_1}, \bm{r_2}) \rho(\bm{r_1})}{r_{12}} d\bm{r}_1 d\bm{r}_2 \tag{6.7}$$

$$\rho_{\mathrm{x}}(\bm{r_1}, \bm{r_2}) = -\iint \frac{(\gamma_1(x_1, x_2))^2}{\rho(\bm{r_1})} d\xi_1 d\xi_2 \tag{6.8}$$

$$\gamma_1(x_1, x_2) = \sum_{i=1}^{N} u_i(x_1) u_i^*(x_2) \tag{6.9}$$

となる。各電子の周りには，その電子と平行なスピンをもつ電子が近づけなくて，電子密度が減少する領域ができる。これを交換正孔と呼んでいる。$\rho_{\mathrm{x}}(\bm{r_1}, \bm{r_2})$ は点 $\bm{r}_1$ に電子があるときの点 $\bm{r}_2$ における交換正孔の密度を表し

ている．交換エネルギーは，電子とその周りの正の電荷をもつ交換正孔とのクーロン相互作用で書けることを示している．$\int \rho_x(\boldsymbol{r}_1, \boldsymbol{r}_2) d\boldsymbol{r}_2 = -1$ であることから，交換正孔はちょうど電子1つ分の孔があいていることがわかる．

式 (6.5) を式 (6.4) の条件下で最小化することにより，ハートリー–フォック方程式が得られる．

$$\hat{F} u_i(x) = \varepsilon_i u_i(x) \tag{6.10}$$

$$\hat{F} = -\frac{1}{2}\nabla^2 + v(x) + \hat{j} - \hat{k}$$

$$\hat{j} u_i(x_1) = \sum_{j=1}^{N} \int \frac{u_j^*(x_2) u_j(x_2)}{r_{12}} dx_2 u_i(x_1)$$

$$\hat{k} u_i(x_1) = \sum_{j=1}^{N} \int \frac{u_j^*(x_2) u_i(x_2)}{r_{12}} dx_2 u_j(x_1)$$

ここで，$\varepsilon_i$ は規格直交条件 (6.4) のために導入したラグランジュ未定常数である．式 (6.10) は1電子軌道 $u_i(x)$ に対するシュレーディンガー方程式のような固有値方程式である．しかしながら，フォック演算子と呼ばれる $\hat{F}$ は他の1電子軌道 $u_j(x)$ の情報を含んでいるため，$u_i(x)$ に対する固有値方程式を構築するには他の1電子軌道 $u_j(x)$ の情報が必要ということになる．すなわち，ハートリー–フォック方程式 (6.10) は1電子軌道 $u_i(x)$ を自己無撞着に解いて求める必要がある．こうして求めた1電子軌道は，他の電子の作る平均的な場の中での固有状態になっており，ハートリー–フォック近似は1電子近似の1つであることがわかる．

$\varepsilon_i$ に関しては，以下のクープマンズの定理が成り立つ．

$$E_{N \mp 1}^{(k)} - E_N = \mp \varepsilon_k$$

ここで，$E_{N-1}^{(k)}$ は占有軌道 $k$ から1つ電子を取り除いた $N-1$ 電子系のエネルギー，$E_{N+1}^{(k)}$ は非占有軌道 $k$ に1つ電子を加えたときの $N+1$ 電子系のエネルギーを，1電子軌道 $u_i(x)$ が $N$ 電子系の場合から変化しなかったと仮定して計算したものであり，$\varepsilon_i$ は1電子軌道のエネルギー準位に対応しているといえる．しかしながら，1電子軌道が変化しないという仮定は誤差が無視できず，光電子分光や逆光電子分光等から求められるエネルギー準

位と比較すると，ハートリー–フォック近似での1電子エネルギーは占有状態については深くなり，非占有状態については浅くなる傾向がある。

ハートリー–フォック近似においては，多電子系の波動関数を1つのスレーター行列式で近似し，その範囲内で全エネルギーが最小になるように1電子軌道を最適化したものである。そのため，真の基底状態のエネルギーに比較して，ハートリー–フォック近似で求めた全エネルギーは必ず高くなっており，真の基底状態との差を相関エネルギーと呼んでいる。ハートリー–フォック近似においては，スピンが平行な電子同士は互いに避け合う効果が交換相互作用によって入っているが，スピンが反平行な電子同士にはそのような効果が入っていないために，全エネルギーが真のエネルギーより高くなってしまうのである。

さて，ハートリー–フォック近似を，金属の最も簡単なモデルである一様電子ガスに適用しよう。ジェリウムモデルでは，金属中のイオン芯のもつ正電荷を，一様に金属中に広がった正電荷で置き換える。その中を $N$ 個の電子が運動するモデルを考える。ジェリウムモデル中ではポテンシャルが平坦であるので，その中を運動する電子の1電子空間軌道は平面波 $\psi_{\bm{k}}(\bm{r}) = \frac{1}{\sqrt{V}}\exp(i\bm{k}\bullet\bm{r})$ になり，電子密度は一定 $\rho(\bm{r}) = \frac{N}{V}$ である。ここで $V$ はジェリウムの体積である。中性のジェリウムモデルのハートリー–フォック近似による全エネルギーでは，1電子積分中の外場と電子の相互作用エネルギーと，電子間の古典的な静電エネルギーであるハートリーエネルギーは互いに打ち消し合い，運動エネルギーと交換エネルギーのみが寄与する。運動エネルギーは

$$E_\mathrm{K} = 2\sum_{\bm{k}}^{k \leq k_\mathrm{F}} \frac{k^2}{2} = \frac{V}{(2\pi)^3}\int_{k<k_\mathrm{F}} k^2 d\bm{k} \qquad (6.11)$$
$$= N\frac{3}{10}k_\mathrm{F}^2$$

ここで上向きスピンと下向きスピンの状態は縮退しているとした。また，$k_\mathrm{F}$ はフェルミ波数でフェルミ波数内の状態数は系の電子数に一致する。

$$\frac{2V}{(2\pi)^3}\int_{k<k_\mathrm{F}} d\bm{k} = \frac{Vk_\mathrm{F}^3}{3\pi^2} = N \qquad (6.12)$$

次に式 (6.7) で定義される交換エネルギーについて考えてみよう。式 (6.9) の密度行列に平面波を代入して，

$$\gamma_1(x_1,x_2) = \sum_{\boldsymbol{k},s} \frac{1}{\sqrt{V}} \exp(i\boldsymbol{k}\bullet\boldsymbol{r}_1)\frac{1}{\sqrt{V}}\exp(-i\boldsymbol{k}\bullet\boldsymbol{r}_2)\chi_s(\xi_1)\chi_s^*(\xi_2)$$
$$= \frac{1}{(2\pi)^3}\int_{k\leq k_\mathrm{F}} \exp(i\boldsymbol{k}\bullet(\boldsymbol{r}_1-\boldsymbol{r}_2))d\boldsymbol{k}\sum_s \chi_s(\xi_1)\chi_s^*(\xi_2)$$
$$= \frac{3\rho}{2}\frac{j_1(k_\mathrm{F}r_{12})}{k_\mathrm{F}r_{12}}\sum_s \chi_s(\xi_1)\chi_s^*(\xi_2)$$

ここで，$j_1(x)$ は 1 次の球ベッセル関数である．
$$j_1(x) = \frac{\sin(x)-(x)\cos(x)}{x^2}$$

これより，交換正孔は

$$\rho_\mathrm{x}(\boldsymbol{r}_1,\boldsymbol{r}_2) = -\frac{9\rho}{4}\left\{\frac{j_1(k_\mathrm{F}r_{12})}{k_\mathrm{F}r_{12}}\right\}^2\iint\sum_{s,s'}\chi_s(\xi_1)\chi_s^*(\xi_2)\chi_{s'}^*(\xi_1)\chi_{s'}(\xi_2)d\xi_1 d\xi_2$$
$$= -\frac{9\rho}{2}\left\{\frac{j_1(k_\mathrm{F}r_{12})}{k_\mathrm{F}r_{12}}\right\}^2$$

となる．これを式 (6.7) に代入し，

$$E_\mathrm{x} = -\frac{9\rho^2}{4}\iint \frac{j_1(k_\mathrm{F}r_{12})^2}{k_\mathrm{F}^2 r_{12}^3}d\boldsymbol{r}_1 d\boldsymbol{r}_2$$
$$= -\frac{9\rho^2}{4}\int d\boldsymbol{r}\int_0^\infty \frac{j_1(k_\mathrm{F}r_{12})^2}{k_\mathrm{F}^2 r_{12}^3}4\pi r_{12}^2 dr_{12}$$
$$= -\frac{9\pi\rho^2}{k_\mathrm{F}^2}\int d\boldsymbol{r}\int_0^\infty \frac{(\sin s - s\cos s)^2}{s^5}ds$$
$$= -N\frac{3}{4\pi}k_\mathrm{F} = -N\frac{3}{4}\left(\frac{3}{\pi}\right)^{\frac{1}{3}}\rho^{\frac{1}{3}} \tag{6.13}$$

ここで，$\boldsymbol{r}_{12} = \boldsymbol{r}_1 - \boldsymbol{r}_2$，$s = k_\mathrm{F}r_{12}$ と積分変数の変換を行った．

ボーア半径 $a_0$ を単位として測った電子間の平均的な距離を表すパラメータ $r_\mathrm{s}$ を

$$\frac{4\pi}{3}(a_0 r_\mathrm{s})^3 = \frac{1}{\rho} \tag{6.14}$$

で定義する．リュードベリ単位系を用いると，ハートリー–フォック近似による一様電子ガスの 1 電子あたりのエネルギーは，式 (6.11)〜(6.14) を用いて，

$$\frac{E_{\mathrm{HF}}}{N} = \frac{2.21}{r_s^2} - \frac{0.916}{r_s}\mathrm{Ry} \tag{6.15}$$

となる．通常の金属では $2 < r_s < 6$ の範囲にある．

次にジェリウムモデルでのハートリー–フォック近似における 1 電子エネルギーを求めてみよう．ハートリー–フォック方程式 (6.10) より，

$$\begin{aligned}
-\frac{1}{2}\nabla^2 \exp(i\bm{k}\bullet\bm{r}) &= \frac{k^2}{2}\exp(i\bm{k}\bullet\bm{r}) \\
-\hat{k}\,\exp(i\bm{k}\bullet\bm{r}) &= -\frac{1}{V}\sum_{\bm{q}}^{\mathrm{occ}}\int\frac{1}{r'}\exp(-i(\bm{k}-\bm{q})\bullet\bm{r}')d\bm{r}'\,\exp(i\bm{k}\bullet\bm{r}) \\
&= -\frac{2k_{\mathrm{F}}}{\pi}F\!\left(\frac{k}{k_{\mathrm{F}}}\right)\,\exp(i\bm{k}\bullet\bm{r}) \\
F(x) &= \frac{1}{2} + \frac{1-x^2}{4x}\ln\left|\frac{1+x}{1-x}\right|
\end{aligned} \tag{6.16}$$

よって 1 電子エネルギーは，

$$\varepsilon_{\bm{k}} = \frac{k^2}{2} - \frac{2k_{\mathrm{F}}}{\pi}F\!\left(\frac{k}{k_{\mathrm{F}}}\right) \tag{6.17}$$

となる．このハートリー–フォック近似の与える 1 電子エネルギーの $k$ による微分 $d\varepsilon_{\bm{k}}/dk$ は発散してしまう．このことはフェルミ準位 $\varepsilon_{\mathrm{F}}$ 付近において状態密度がゼロになることを示しているが，現実の金属ではそのようなことにはなっておらず，ハートリー–フォック近似は金属の電子状態を記述する上で大きな欠点があることがわかる．

## 6.2 密度汎関数理論 [6]

上に述べたようにハートリー–フォック近似は多電子系を記述する上で基本的に重要な近似法であるが，電子相関の効果が全く入っていない．電子相関の効果を取り入れる方法として，非占有の 1 電子軌道を用いたスレーター行列式を多体波動関数に含める，いわゆる配置間相互作用 (configuration interaction) の方法が分子の電子状態計算には用いられている．しかしながら，取り入れるべきスレーター行列式は，電子の数とともに爆発的に増加するため，系のサイズが比較的小さいものに限られてしまう．電子相関の

効果をある程度取り入れ，しかも，計算量がハートリー–フォック近似と同程度の方法として，密度汎関数理論における局所密度近似 (LDA)，あるいは一般化密度勾配近似 (GGA) の方法がある。この手法について本節では解説する。

通常の量子力学においては，外場 $v(\boldsymbol{r})$ が与えられると，基底状態が縮退していなければ，シュレーディンガー方程式を解くことにより，多体波動関数が一義的に求まり，さらに，1 電子密度 $\rho(\boldsymbol{r})$ も一義的に求まる。密度汎関数理論の基本定理である，ホーヘンベルク–コーンの第一の定理では，その逆，すなわち，1 電子密度 $\rho(\boldsymbol{r})$ が与えられれば，外場 $v$ が定数の不定性を除いて一義的に決まることを示している。$N$ 電子系の基底状態の電子密度 $\rho(\boldsymbol{r})$ を与える 2 つの外場 $v(\boldsymbol{r})$，$v'(\boldsymbol{r})$ が存在するとする。ただし，$v(\boldsymbol{r})$ と $v'(\boldsymbol{r})$ の差は定数ではないとする。それぞれのハミルトニアン，基底状態のエネルギー，および波動関数は，$\hat{H}$，$\hat{H}'$，$E_0$，$E_0'$，$\Psi$，$\Psi'$ とする。量子力学の変分原理により，

$$\begin{aligned} E_0 &= \langle \Psi | \hat{H} | \Psi \rangle < \langle \Psi' | \hat{H} | \Psi' \rangle \\ &= \langle \Psi' | \hat{H}' | \Psi' \rangle + \langle \Psi' | (\hat{H} - \hat{H}') | \Psi' \rangle \\ &= E_0' + \int \rho(\boldsymbol{r}) \{ v(\boldsymbol{r}) - v'(\boldsymbol{r}) \} d\boldsymbol{r} \end{aligned} \quad (6.18)$$

一方，同様に

$$\begin{aligned} E_0' &= \langle \Psi' | \hat{H}' | \Psi' \rangle < \langle \Psi | \hat{H}' | \Psi \rangle \\ &= \langle \Psi | \hat{H} | \Psi \rangle + \langle \Psi | (\hat{H}' - \hat{H}) | \Psi \rangle \\ &= E_0 + \int \rho(\boldsymbol{r}) \{ v'(\boldsymbol{r}) - v(\boldsymbol{r}) \} d\boldsymbol{r} \end{aligned} \quad (6.19)$$

これらの両辺を足すと，$E_0 + E_0' < E_0 + E_0'$ で矛盾となる。よって，$\rho(\boldsymbol{r})$ を与える外場 $v(\boldsymbol{r})$ は定数部分を除いて唯一に決まる。

この定理は，$4N$ 次元の関数である多体波動関数を求めなくとも，3 次元の関数である 1 電子密度 $\rho(\boldsymbol{r})$ さえ求めれば，原理的には，全エネルギーをはじめとする，全ての物理量が密度の汎関数として与えられることを示している。

$$E_v[\rho] = T[\rho] + V_{\text{ee}}[\rho] + \int \rho(\boldsymbol{r})v(\boldsymbol{r})d\boldsymbol{r}$$
$$= F_{\text{HK}}[\rho] + \int \rho(\boldsymbol{r})v(\boldsymbol{r})d\boldsymbol{r} \tag{6.20}$$

これは,一見,非常に飛躍した考え方をしているように思える。しかし,基底状態の電子密度関数の尖った位置と形状から原子核の配置がわかり,よって,全系のポテンシャルがわかることになると考えると,この定理は直感的に理解しやすい。

ホーヘンベルク-コーンの第二の定理は,このエネルギー汎関数は密度の汎関数として変分原理が成り立つことを示している。すなわち,ある試行的な密度 $\tilde{\rho}(\boldsymbol{r})$ に対し,

$$E_v[\tilde{\rho}] = T[\tilde{\rho}] + V_{\text{ee}}[\tilde{\rho}] + \int \tilde{\rho}(\boldsymbol{r})v(\boldsymbol{r})d\boldsymbol{r} \geq E_0 \tag{6.21}$$

が成り立つ。ただし,

$$\tilde{\rho} \geq 0, \quad \int \tilde{\rho}(\boldsymbol{r})d\boldsymbol{r} = N \tag{6.22}$$

この証明は,ホーヘンベルク-コーンの第一の定理より,$\tilde{\rho}(\boldsymbol{r})$ は $\tilde{v}$, $\tilde{H}$, $\tilde{\Psi}$ を決める。

$$\langle \tilde{\Psi}|\hat{H}|\tilde{\Psi}\rangle = T[\tilde{\rho}] + V_{\text{ee}}[\tilde{\rho}] + \int \tilde{\rho}(\boldsymbol{r})v(\boldsymbol{r})d\boldsymbol{r} = E_v[\tilde{\rho}] \geq E_v[\rho] \tag{6.23}$$

これまで,与えられた $\rho(\boldsymbol{r})$ に対して,それを与える外場 $v(\boldsymbol{r})$ が存在するということを前提として話を進めてきた。これを $v$-表示可能性 ($v$-representability) という。しかしながら,適当に決めた $\rho(\boldsymbol{r})$ が常に物理的な外場 $v(\boldsymbol{r})$ から導かれるとは限らない。そこで,$\rho(\boldsymbol{r})$ に関する変分をとる場合,$\rho(\boldsymbol{r})$ の探索空間としては,常に,$v$-表示可能な $\rho(\boldsymbol{r})$ に限る必要がある。困ったことに,どのような $\rho(\boldsymbol{r})$ が $v$-表示可能な $\rho(\boldsymbol{r})$ であるか,その必要十分条件はわかっておらず,$\rho(\boldsymbol{r})$ に関する変分は実行不可能になる。そこで,$\rho(\boldsymbol{r})$ の探索空間を $N$-表示可能な範囲に拡張する。ここで,$\rho(\boldsymbol{r})$ が $N$-表示可能である ($N$-representable) とは,$\rho(\boldsymbol{r})$ が適当な $N$ 電子系の反対称波動関数 $\Psi$ から得られるものであることを示す。$F_{\text{HK}}[\rho]$ の $\rho(\boldsymbol{r})$ が変化する範囲を $N$-表示可能な $\rho(\boldsymbol{r})$ に拡張して,

$$F[\rho] = \underset{\Psi \to \rho}{\text{Min}} \langle \Psi | \hat{T} + \hat{V}_{ee} | \Psi \rangle \qquad (6.24)$$

を定義する．これは，ある $\rho(\boldsymbol{r})$ を与える反対称波動関数 $\Psi$ を探索空間として，$\langle \Psi | \hat{T} + \hat{V}_{ee} | \Psi \rangle$ を最小化することを示す．これを用いて，

$$\begin{aligned} E_0 &= \underset{\Psi}{\text{Min}} \langle \Psi | \hat{T} + \hat{V}_{ee} + \sum_{i=1}^{N} v(\boldsymbol{r}_i) | \Psi \rangle \\ &= \underset{\rho}{\text{Min}} \left\{ \underset{\Psi \to \rho}{\text{Min}} \langle \Psi | \hat{T} + \hat{V}_{ee} | \Psi \rangle + \int v(\boldsymbol{r}) \rho(\boldsymbol{r}) d\boldsymbol{r} \right\} \\ &= \underset{\rho : N\text{-representable}}{\text{Min}} \left\{ F[\rho] + \int v(\boldsymbol{r}) \rho(\boldsymbol{r}) d\boldsymbol{r} \right\} \end{aligned} \qquad (6.25)$$

すなわち，ホーヘンベルク-コーンが証明した変分原理(式 (6.21)) では v-representable な $\tilde{\rho}(\boldsymbol{r})$ の範囲内で成り立つ式であったが，レヴィーの導いた式 (6.23) では $\rho(\boldsymbol{r})$ の探索空間を $N$-表示可能な範囲に拡張してもなお，変分原理が成り立つことが示されている．これをレヴィーの拘束条件付き探索と呼ぶ．

ホーヘンベルク-コーンの定理，およびレヴィーの拘束条件付き探索により，密度汎関数理論の基礎が確立した．しかしながら，レヴィーの方法では多体波動関数を導入しており，従来のシュレーディンガー方程式を解いて $4N$ 次元の関数である多体波動関数を求める問題に戻ってしまう．そこで，1 電子軌道を導入し，コーン-シャーム方程式を解くことにより，4 次元の関数である 1 電子軌道を $N$ 個求める問題に簡略化する．これによって，密度汎関数理論は実用的な理論となる．

$$\rho(\boldsymbol{r}) = \int \sum_{i=1}^{N} |u_i(x)|^2 d\xi \qquad (6.26)$$

と表す補助的な 1 電子軌道 $u_i(x)$ を導入する．ここで，$u_i(x)$ は規格直交性を満たしているとする．

$$\int u_i^*(x) u_j(x) dx = \delta_{ij} \qquad (6.27)$$

この条件の下でエネルギー汎関数を $E[\rho]$ 最小化する．さらに，1 電子運動

エネルギー

$$T_\mathrm{s} = \sum_{i=1}^{N} \langle u_i | -\frac{\nabla^2}{2} | u_i \rangle \tag{6.28}$$

を導入する．これは，正確な多電子系の運動エネルギー

$$T = \langle \Psi | \hat{T} | \Psi \rangle \tag{6.29}$$

とは異なっている．そこで，全エネルギーを以下のように書き換え，量子力学的な多体効果は全て，交換相関エネルギー $E_\mathrm{xc}$ にまとめてしまう．

$$\begin{aligned}
E[\rho] &= T[\rho] + V_\mathrm{ee}[\rho] + \int v(\boldsymbol{r})\rho(\boldsymbol{r})d\boldsymbol{r} \\
&= T_\mathrm{s}[\rho] + E_\mathrm{H}[\rho] + \int v(\boldsymbol{r})\rho(\boldsymbol{r})d\boldsymbol{r} + E_\mathrm{xc}[\rho] \\
V_\mathrm{ee}[\rho] &= \langle \Psi | \hat{V}_\mathrm{ee} | \Psi \rangle \\
E_\mathrm{xc}[\rho] &= T[\rho] - T_\mathrm{s}[\rho] + V_\mathrm{ee}[\rho] - E_\mathrm{H}[\rho]
\end{aligned} \tag{6.30}$$

ここで，$V_\mathrm{ee}[\rho]$ は正確な 2 電子間相互作用である．このエネルギー汎関数の $u_i^*(x)$ に関する変分をとることにより，$u_i(x)$ の満たすべき方程式 (コーン-シャーム方程式) が導かれる．

$$\begin{aligned}
\left\{ -\frac{\nabla^2}{2} + v_\mathrm{eff}(\boldsymbol{r}) \right\} u_i(\boldsymbol{r}) &= \varepsilon_i u_i(\boldsymbol{r}) \\
v_\mathrm{eff}(\boldsymbol{r}) &= v(\boldsymbol{r}) + \int \frac{\rho(\boldsymbol{r}')}{|\boldsymbol{r} - \boldsymbol{r}'|} d\boldsymbol{r}' + v_\mathrm{xc}(\boldsymbol{r}) \\
v_\mathrm{xc}(\boldsymbol{r}) &= \frac{\delta E_\mathrm{xc}[\rho(\boldsymbol{r})]}{\delta \rho(\boldsymbol{r})}
\end{aligned} \tag{6.31}$$

ここで，$\varepsilon_i$ は 1 電子軌道の規格化条件からくるラグランジュの未定定数である．各 1 電子軌道の占有数が非整数のものを許すとし，それを $f_i$ とすると，ヤナックの定理

$$\varepsilon_i = \frac{dE[\rho]}{df_i} \tag{6.32}$$

が成り立つ．これは，ハートリー-フォック近似におけるクープマンズの定理に対応するもので，$\varepsilon_i$ は系に無限小の電子を加えるとき，あるいは，取り去るときの 1 電子あたりのエネルギー変化に一致することを示している．

さて，複雑な量子力学的多体効果は全て交換相関エネルギー $E_{\rm xc}$ に押し込めてしまったが，これを正確に求めるには，シュレーディンガー方程式を解くことと同等になる。そこで，交換相関エネルギーを近似する必要がある。最も代表的な近似は，各空間点でのエネルギーを一様電子ガスのエネルギー密度で表す局所密度近似 (local density approximation, LDA)，あるいはより一般化した局所スピン密度近似 (local spin density approximation, LSDA) である。

$$E_{\rm xc}^{\rm LSDA}\left[\rho^\uparrow,\rho^\downarrow\right] = \int \rho(\boldsymbol{r})\varepsilon_{\rm xc}^{\rm LSDA}\left(\rho^\uparrow(\boldsymbol{r}),\rho^\downarrow(\boldsymbol{r})\right)d\boldsymbol{r}$$

$$\varepsilon_{\rm xc}^{\rm LSDA}\left(\rho^\uparrow(\boldsymbol{r}),\rho^\downarrow(\boldsymbol{r})\right) = \varepsilon_{\rm x}^{\rm LSDA}\left(\rho^\uparrow(\boldsymbol{r}),\rho^\downarrow(\boldsymbol{r})\right) + \varepsilon_{\rm c}^{\rm LSDA}\left(\rho^\uparrow(\boldsymbol{r}),\rho^\downarrow(\boldsymbol{r})\right)$$

$$\varepsilon_{\rm x}^{\rm LDA}(\rho(\boldsymbol{r})) = -\frac{3}{4}\left(\frac{3}{\pi}\right)^{\frac{1}{3}}\rho^{\frac{1}{3}}(\boldsymbol{r}) \tag{6.33}$$

ここで，$\varepsilon_{\rm x}^{\rm LDA}(\rho(\boldsymbol{r}))$ はジェリウムモデルで求めた 1 電子あたりの交換エネルギーであり (式 (6.13))，ディラックの交換エネルギーと呼ばれる。$\varepsilon_{\rm c}^{\rm LDA}(\rho(\boldsymbol{r}))$ については，通常，正確な量子モンテカルロの計算で得られた相関エネルギーにフィッティングした関数を用いる。LDA は非常に簡略化した近似法にも関わらず，物質の構造や電子状態を比較的良く再現する方法であった。しかしながら，(1) 原子間の結合エネルギーを過大評価する，(2) 半導体や絶縁体のバンドギャップを過小評価する，(3) 長距離の電子相関に由来する分散力 (長距離ファン・デル・ワールス相互作用) が記述できない，といった欠点があった。(1) の点については，空間の各点での密度に加えて，密度の一次勾配まで含めて交換相関エネルギー密度を改良することにより，大幅に改善される。これを，一般化密度勾配近似 (generalized gradient approximation, GGA) と呼ぶ。

$$E_{\rm xc}^{\rm GGA}[\rho] = \int \rho(\boldsymbol{r})\varepsilon_{\rm xc}^{\rm GGA}(\rho(\boldsymbol{r}),|\nabla\rho(\boldsymbol{r})|)d\boldsymbol{r} \tag{6.34}$$

GGA では (2) や (3) の問題は解決できない。

## 6.3 具体的な計算手法

### 6.3.1 擬ポテンシャル法の概念

　密度汎関数法の範囲内では，ポテンシャルの形状に対する近似なしで内殻電子まで含めた全電子の状態を計算する full-potential linearlized augmented plane wave(FLAPW) 法が原理的には最も精度の良い計算手法である．しかしながら，FLAPW 法は計算量が多く，対称性の低い複雑な物質への適用は困難を極める．そのため，計算精度を落とさずにより効率的に物質の性質を予測できる手法が望まれる．原子内に強く結合している内殻電子は，ほとんど 1 つの原子核付近に局在していて，隣の原子位置にまで出てくることはない．そのため，隣にどのような原子が来ようとその状態はほとんど影響を受けないはずである．内殻光電子分光という電子分光の手法で内殻電子の準位を測定すると，周りに存在する原子の種類によって結合エネルギーが変化することが知られている．いわゆる化学シフトと呼ばれる現象であるが，これは原子核付近の静電ポテンシャルが周りの原子に依存するマーデルングポテンシャルの変化によって一様にシフトする効果と，光電子が抜けた後の正孔が周りの電子によって遮蔽される効果に違いがあることが原因となっており，内殻電子の状態そのものが変わったためではない．隣に来る原子によって大きく影響を受けるのは，原子の最外殻にある価電子と呼ばれる電子である．価電子は主として原子と原子の間に分布しているので，物質の組成や構造によって大きく変化する．つまり，物質の構造や反応性，さらには電気的，磁気的，光学的特性といったほとんどの物理的・化学的性質は価電子の状態によって支配されるということである．このため，内殻電子の状態をいちいち解かなくとも，価電子の状態さえ正しく再現できれば物質の性質は高い精度で予想が可能であるはずである．そういうわけで，内殻の電子状態は孤立原子で一度求めておいて，物質の構造が変わっても同じ内殻の電子状態を用いるフローズンコア近似はたいていの場合良い近似となる．

　擬ポテンシャル法はさらに価電子の波動関数についても近似を進めていく．価電子は内殻電子と直交する必要があるため，原子の内殻付近では波動関数の振幅の符号が激しく振動し，振幅がゼロとなるノードをもっている．それに伴い，価電子のノルム (波動関数の自乗の積分値) は主として原子と

6.3 具体的な計算手法　189

(a) 　　　　　　　　(b)

　　　　↗電子　　　　　　　↗電子

正しい原子ポテンシャル　　　価電子のエネルギー領域のみ
　　　　　　　　　　　　　正しい散乱の性質を持つ
　　　　　　　　　　　　　　　（擬ポテンシャル）

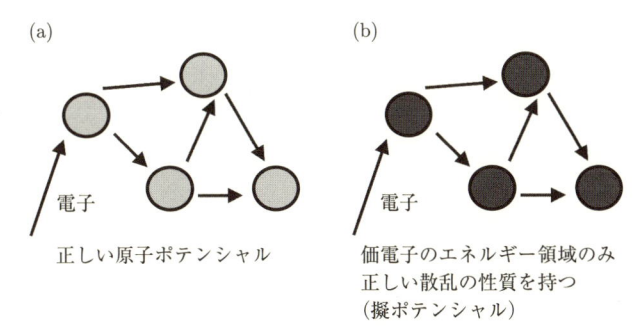

図 6.1　擬ポテンシャルの概念。左図のグレーの球が正しい原子ポテンシャル，右図の黒い球が擬ポテンシャルを表す。球の外側の領域のポテンシャルの形状は，左右両方の系で同じとする。球内部のポテンシャルの形状については，グレーの球と黒の球で異なっていてもよい。しかし，球の外側から見たとき，それぞれのポテンシャルが電子を散乱する性質は全く同じとする。そうすると，球の外側に形成される電子分布（電子の波動関数）は全く同じになる。

原子の間に存在する。仮に，物質内の原子ポテンシャルを，原子核から半径 $r_c$ の外側については正しい波動関数を再現するポテンシャルで置き換えたとする。ただし，隣り合う原子の距離はそれぞれの内殻半径 $r_c$ の和より大きいとする。このような偽のポテンシャルを用いて電子状態計算をしても，原子間に分布する波動関数については正しく再現されるので，物質の安定構造などを正しく再現するはずである。このように，半径 $r_c$ より外側から見たときに，真の原子ポテンシャルと同じ電子散乱の性質をもつようなポテンシャルを「擬ポテンシャル(あるいは偽ポテンシャル)」と呼ぶ。$r_c$ 内の波動関数は通常は簡単のためノード(節)のない滑らかな関数にする。この滑らかにした波動関数を「擬波動関数」と呼ぶ（図 6.1）。そのような大胆な近似を行っても $r_c$ より外側の波動関数が正しく再現されていれば良いのである。

　擬ポテンシャルを用いることによって，物質の重要な性質に対する精度は保ったまま，計算量を大きく簡略化することが可能となる。擬ポテンシャルを用いる電子状態計算法の利点としては以下の点が挙げられる。

(1) 価電子の状態に関する限り，精度はフルポテンシャルの全電子計算にほぼ匹敵する。擬ポテンシャルの精度は擬ポテンシャルの作成方法に大きく依存するが，精度を上げるための工夫がなされ，最近では物質の価電子の状態や安定構造などに関しては FLAPW に匹敵する精度をもつ

擬ポテンシャルが開発されている。

(2) 内殻電子を取り扱わないぶん計算が軽く，より複雑な物質への適用が可能となる。価電子の結合エネルギーは数 eV からせいぜい数十 eV であるが，内殻電子は数百から十万 eV と非常に大きく，内殻電子を取り扱うとエネルギーの桁数が 2～4 桁大きくなる。価電子のみを扱うと，取り扱うエネルギーの桁が小さくなるので，数値計算の必要な有効桁数が少なくてすむ。

(3) 擬ポテンシャルおよび擬波動関数を十分滑らかにしておけば，平面波基底で容易に展開可能になる。平面波基底は計算上様々な利点がある。

## 6.4 計算の精度

### 6.4.1 分子の構造とエネルギー

密度汎関数法による計算がどのくらいの精度をもっているかについて，まず見てみる。表 6.2 に水素以外の元素を 1～6 原子まで含む比較的小さい分子を対象にして，LDA，GGA，および混成汎関数でそれぞれ代表的な汎関数である SVWN，BLYP，および B3LYP を用いて行った計算結果につい

表 6.2 密度汎関数法の計算精度 [7,8]。

|  | SVWN | BLYP | B3LYP |
|---|---|---|---|
| 結合長 (Å) | 0.021 | 0.020 |  |
| 結合角 (度) | 1.93 | 2.33 |  |
| 電気双極子 (debye) | 0.252 | 0.251 |  |
| 振動数 ($cm^{-1}$) | 46 | 45 |  |
| 生成エンタルピー (298K)(kcal/mol) | 91.93 | 7.25 | 3.08 |

水素以外の元素を 1～6 原子含む分子群について計算した結合長，結合角，電気双極子，振動数，および生成エンタルピーの実験値からの平均絶対誤差。局所密度近似 (LDA)，一般化密度勾配近似 (GGA)，混成汎関数についてそれぞれ代表的な汎関数である SVWN，BLYP，および B3LYP の結果について示す。

て，実験値からの平均絶対誤差を示す．結合長は 0.02 Å，結合角は 2 度程度，電気双極子は 0.25 debye，振動数は 45 cm$^{-1}$ 程度の誤差で計算可能であることがわかる．これらの計算結果は LDA および GGA，いずれの汎関数を用いてもそれほど差がない．一方，分子の生成エンタルピーについては汎関数によって大きな違いが見られる．LDA では 90 kcal/mol 程度の大きな誤差がある．LDA では原子間の結合エネルギーを過大評価する傾向がある．GGA では 7 kcal/mol 程度，B3LYP では 3 kcal/mol とかなり誤差が小さくなることがわかる．固体の計算についても似たような傾向がある．格子定数は LDA では 1〜2% 過小評価するが GGA は LDA に比較してやや誤差が小さい．固体の凝集エネルギーについては LDA では 20〜30% 過大評価するのに対して GGA では数 % 程度の誤差である．

### 6.4.2 表面エネルギーと仕事関数

表面エネルギーについては，固体の凝集エネルギーとは違った傾向を示す．そのことを見るために，図 6.2 に表面エネルギーについて実験値と計算値の比較を示す．LDA は比較的実験値に近い値を与えるが，GGA はむしろ表面エネルギーを過小評価することがわかる．

図 6.3 に仕事関数について実験値と計算値の比較を示す．LDA の方が

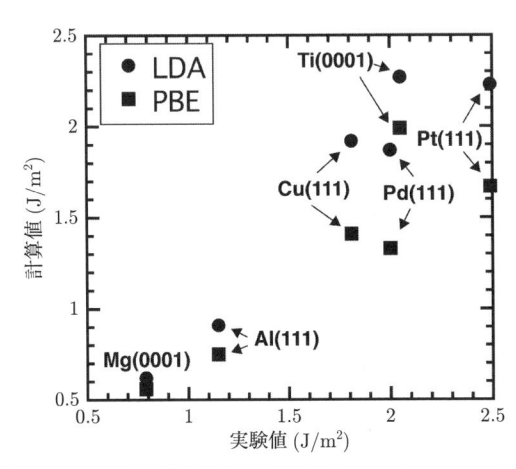

図 6.2 表面エネルギーの実験値と計算値の比較．Mg(0001), Al(111), Ti(0001), Cu(111), Pd(111), Pt(111) の結果について示してある ([9] からデータを引用して作図)．

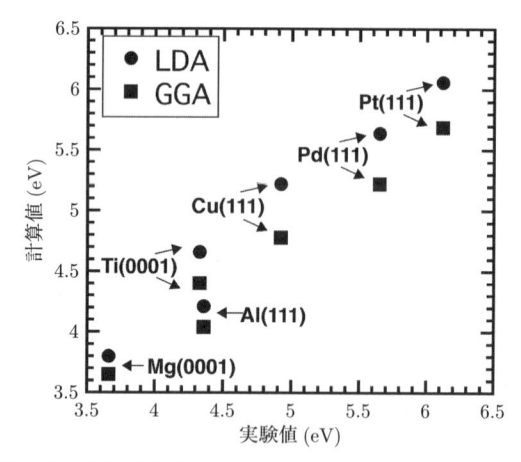

図 **6.3** 仕事関数の実験値と計算値の比較。Mg(0001), Al(111), Ti(0001), Cu(111), Pd(111), Pt(111) の結果について示してある ([9] からデータを引用して作図)。

GGA よりやや大きな仕事関数を与えるが，違いはそれほど大きくはなく，どちらも実験値と 0.3 eV 程度の誤差で一致している。また，LDA の方が GGA よりも実験値にやや近い値を与える傾向があるように見えるが，GGA の方が実験値に近い値を与える表面もあり，精度の良さについてはあまり明確なことはいえない。

### 6.4.3 原子・分子の吸着エネルギー

次に原子や分子の遷移金属表面上への吸着エネルギーについて見てみよう。表 **6.3** には，酸素原子 (O)，一酸化炭素分子 (CO)，一酸化窒素分子 (NO) の遷移金属表面上への吸着エネルギーの計算値について，実験値からの自乗平均誤差 ($\sigma$) を eV 単位で示す。エネルギー汎関数については，LDA，および代表的な GGA の汎関数である PW91，PBE，revPBE，RPBE について示してある。revPBE および RPBE は，PBE の交換エネルギー汎関数を，分子の結合エネルギーがより精度良く再現されるように修正した汎関数である。revPBE，RPBE は PW91 や PBE 汎関数よりも吸着エネルギーに関する誤差が小さくなっており，より良い精度をもつと考えられる。しかしながら，残念なことに，分子の結合エネルギーの精度を上げた revPBE や RPBE エネルギー汎関数は，基板金属の格子定数や凝集エネ

表 6.3　原子・分子の遷移金属表面上への吸着エネルギーの計算精度[11]。

|  | LDA | PW91 | PBE | revPBE | RPBE |
|---|---|---|---|---|---|
| $\sigma(\mathrm{O})$ | 1.84 | 0.57 | 0.47 | 0.22 | 0.24 |
| $\sigma(\mathrm{CO})$ | 1.58 | 0.78 | 0.67 | 0.39 | 0.37 |
| $\sigma(\mathrm{NO})$ | 1.98 | 0.52 | 0.43 | 0.14 | 0.22 |
| $\sigma(\mathrm{tot})$ | 1.76 | 0.66 | 0.56 | 0.30 | 0.30 |

酸素原子 (O)，一酸化炭素分子 (CO)，一酸化窒素分子 (NO) の遷移金属表面上への吸着エネルギーの計算値について，実験値からの自乗平均誤差 ($\sigma$) を eV 単位で示す。エネルギー汎関数については，LDA，および代表的な GGA の汎関数である PW91，PBE，revPBE，RPBE について示す。

ギー，表面エネルギーに関しては誤差がむしろ PBE より大きくなることが知られている[10]。このようにより局在化した電子状態をもつ分子系と，広がった電子状態をもつ固体系の両方に都合の良い汎関数を作成することには未だ成功しておらず，一方の精度を上げると他方の精度が犠牲になってしまう。

　GGA による吸着エネルギーには 0.3〜0.6 eV 程度の誤差があることに加えて，異なる吸着サイトの相対的な安定性について実験と異なる結果を与える場合があることが知られている。Pt(111) 表面上では CO 分子は Pt 原子の上の吸着サイトであるオントップサイトに吸着することが STM や LEED 解析の結果では報告されている。しかしながら，GGA を用いた計算ではオントップサイトが fcc ホロウサイトよりも約 0.25 eV 不安定になる[12]。吸着構造は表面科学の基本であり，GGA では吸着構造が再現できない場合があることに注意する必要がある。オントップサイトに吸着した CO 分子の CO 伸縮振動モードの振動数は 2100 cm$^{-1}$ 程度であるのに対してホロウサイトでは 1800 cm$^{-1}$ 程度であることが知られており，吸着サイトによって CO 伸縮振動の値が大きく変わることが知られている。そこで，GGA を用いて CO 伸縮振動モードの計算を行うと，オントップサイトの CO もホロウサイトの CO も振動数を良く再現する。そのため，吸着エネルギーのみならず，振動モードも計算と実験を比較することにより安定吸着サイトを正しく推定することが可能である。なお，最近，非局所な相関エネルギーを取

り入れたファン・デル・ワールス・エネルギー汎関数 (vdW-DF) を用いると，CO の吸着サイトが良く再現されることが示された [13]。

## 6.5 表面・界面の第一原理計算

これまで述べてきた様に，密度汎関数法における第一原理計算では，分子や固体，固体表面等の安定性や電子状態に関してかなり定量的な解析が可能になってきている。表面科学の分野においても，理論的研究と実験の研究の連携により，非常に精緻な研究が行われてきている。さらに，半導体デバイスや触媒，電池など，応用上重要な「現実表面」における現象についても第一原理計算が試みられる様になってきており，マテリアルデザインへ向けた研究が進められつつある。本節以降では，最近の表面・界面に関する具体的な計算例について紹介する。

### 6.5.1 物理吸着系

弱い相互作用であるファン・デル・ワールス相互作用 (分散力，vdW 相互作用) が支配的な吸着状態は物理吸着状態と呼ばれる。原子や分子の瞬間的な電荷分布の揺らぎから生じた電気双極子の電場が，そこから離れた他の原子や分子に電気双極子を誘起し，それらの間に引力的な相互作用をもたらすのが，vdW 相互作用の起源である。このように長距離の電子相関に由来する vdW 相互作用は，局所的あるいは準局所的な電子相関しか取り入れていない LDA や GGA では正しく記述することができない。そのため，第一原理電子状態計算では物理吸着状態についての研究があまりなされてこなかった。しかしながら，有機分子結晶や生体分子など，vdW 相互作用が構造を決める重要な役割を果たす物質は多く，vdW 相互作用を精度良く記述することは第一原理電子状態計算分野の重要な課題であった。最近，vdW 相互作用を記述する手法に進展があり，それらが有機/金属界面の問題等にうまく適用された例が出てきたので，それらの問題について見ていく。

### 6.5.2 有機/金属界面の電子準位接続

有機分子を用いた電子デバイスは，有機発光素子のディスプレイへの応用をはじめ，有機トランジスター，有機太陽電池等への応用が期待されてい

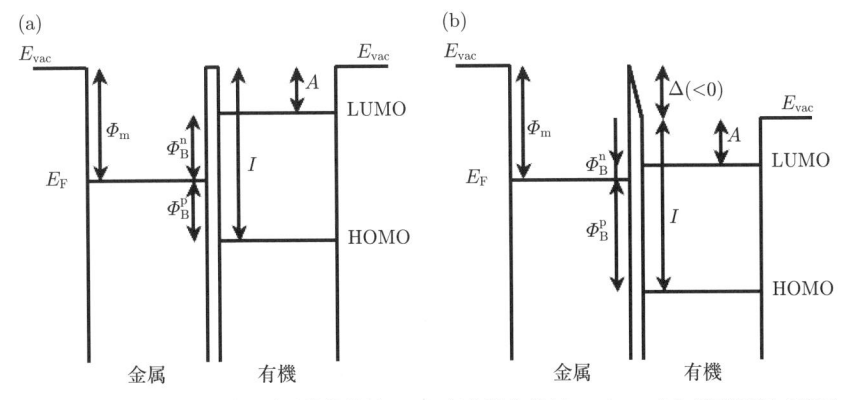

図 6.4 有機/金属界面の電子準位接続。(a) 真空準位接続モデル, (b) 界面電気二重層モデル。

る.このような電子デバイスの性能は,有機分子と金属電極との界面での電子状態によって大きく左右される.金属電極から有機分子層へ電子や正孔のキャリアを注入する際のバリヤーは,金属のフェルミ準位と分子との最高被占軌道 (HOMO) や最低空軌道 (LUMO) が作るバンド端との界面でのエネルギー差と考えられる.そこで,界面でのこれらの準位の位置関係が重要となってくる.最も単純には,金属の真空準位と半導体の真空準位が一致するように接合すると考えられる (図 6.4(a)).このような接合状態では,キャリア注入のバリヤーは金属の仕事関数に比例して変化することになる.すなわち,電子注入障壁 $\Phi_B^n$ ホール注入障壁 $\Phi_B^p$ はそれぞれ,

$$\Phi_B^n = \Phi_m - A$$
$$\Phi_B^p = I - \Phi_m$$
(6.35)

となる.これをショットキー–モットルールという.現実にはこのルールは成り立たず,多くの金属-有機界面で電気二重層が生成し,両者の真空準位が $\Delta$ だけずれていることが関らによって報告され,その後多くの実験によって支持されている (図 6.4(b)) [14,15]。

$$\Phi_B^n = \Phi_m - A + \Delta$$
$$\Phi_B^p = I - \Phi_m - \Delta$$
(6.36)

$\Delta$ は 1 eV 程度になる場合もあり,電荷注入障壁に対する $\Delta$ の影響は大き

い。この $\Delta$ は有機分子と電極金属との組み合わせによって様々な値をとる。同じ分子に対しても電極金属が異なれば $\Delta$ の値も一般には異なってくる。そのため，電極金属の仕事関数 $\Phi_\mathrm{m}$ を変えることによって電荷注入障壁を制御することが，自在に行える訳ではなくなってくる。無機半導体/金属界面の分野では，電子注入障壁 $\Phi_\mathrm{B}^\mathrm{n}$ を基板電極の仕事関数 $\Phi_\mathrm{m}$ で微分した量は界面 $S$ パラメータと呼ばれる。

$$S = \frac{d\Phi_\mathrm{B}^\mathrm{n}}{d\Phi_\mathrm{m}} = 1 + \frac{d\Delta}{d\Phi_\mathrm{m}} \tag{6.37}$$

$S = 0$ の場合，すなわち $d\Delta/d\Phi_\mathrm{m} = -1$ の場合，電子注入障壁 $\Phi_\mathrm{B}^\mathrm{n}$ は基板電極の仕事関数 $\Phi_\mathrm{m}$ によらず一定になる。この場合はバーディーン極限と呼ばれ，界面のバンドギャップ中に界面状態密度が生じフェルミ準位がピン留めされる。一方，$S = 1$ の場合，すなわち $d\Delta/d\Phi_\mathrm{m} = 0$ の場合，基板の仕事関数 $\Phi_\mathrm{m}$ に応じてフェルミ準位はバンドギャップ中を動く。この場合はショットキー極限の振る舞いに近い。分子と基板電極との相互作用が強く，フェルミ準位付近に大きな界面状態密度が生じる場合は $S = 0$，すなわちバーディーン極限的になると考えられる。たとえば，$C_{60}$ と金属電極との界面では $S = 0$ に近くなることが報告されているが，これは，$C_{60}$ の LUMO が金属電極の電子状態と混成し，フェルミ準位付近に大きな状態密度を生じるためと考えられる。

しかしながら，このような直感的な理解では一見，理解できない系もある。化学的に不活性な $n$-アルカンは，金属電極との相互作用は小さく，典型的な物理吸着系であり，大きな HOMO-LUMO バンドギャップをもち，電極との界面でのフェルミ準位付近にはほとんど状態密度が生じないと考えられるが，実験的には $S = 0.6$ と報告されており，中間的な振る舞いをする。このように $\Delta$ の基板金属依存性については，よく理解されていない面があり，理論的に解明すべき課題である。$\Delta$ の生成起源や大きさを支配する要因を明らかにすることは，界面電子準位接続を自在に制御し，有機分子デバイスの性能を向上させるためには必要不可欠と考えられる。

### 6.5.3 物理吸着系の界面電気二重層

希ガスや $n$-アルカンなどは不活性なため，金属表面に吸着した際に基板金属との電荷のやり取りはほとんどないと考えられる。また，これらの原子

や分子は孤立状態では電気双極子をもたない。このような典型的な物理吸着系においてさえ，仕事関数の変化が観測されている。

この界面電気二重層の生成要因として2つの効果が考えられている[16,17]。1つ目は鏡像力による効果である。希ガスや $n$-アルカンが金属表面に近づくと，吸着子の電子は鏡像力ポテンシャルによって金属側に引きつけられ，分極が生じる。2つ目はパウリ反発による「押し戻し効果」と呼ばれる効果である。金属表面付近の電子雲は真空側にしみ出した分布をもっている。閉殻の原子や分子のもつ電子雲が金属表面の電子雲と重なるくらいに近づくと，パウリ反発のために金属側からしみ出していた電子雲が金属側に押し戻される。Bagus らによると，一般に，より局在化した軌道をもつ原子側から，より広がった軌道をもつ原子側に電子が移動する[17]。これら2つの効果ではいずれも有機分子側がやや正，金属側がやや負になる電気二重層が生じ，金属の仕事関数が小さくなる。

物理吸着系においては，分子と基板との相互作用は弱く，ショットキー極限 $S=1$ に近いとナイーブには考えられる。しかしながら，典型的な物理吸着系である $n$-アルカン/金属界面については，上でも述べた様に $S \approx 0.6$，すなわちショットキー極限とバーディーン極限の中間的な振る舞いをすることが実験的に報告されている。この物理吸着系の界面電気二重層の基板金属依存性を理解するために，Morikawa らは第一原理計算を用いた研究を行った[18]。様々な金属表面上に $n$-アルカンを吸着した際に生じる界面電気二重層を，分子-基板間距離 ($Z_C$) の関数として図 **6.5** に示す。界面電気二重層は金属電極と接触している第1層目の分子層との界面で生じているので，計算では金属表面に分子を1層分吸着させた際の仕事関数の変化を求めている。

この図 6.5 より，2つの重要な結論が導きだされる。1つは，$n$-アルカン/金属界面において分子-基板間距離が同じだとすると，界面電気二重層の基板金属依存性はとても小さいということである。たとえば，清浄な Cu(100), Au(111), Pt(111) 表面の仕事関数はそれぞれ，4.59 eV, 5.31 eV, 5.70 eV で 1 eV 以上異なるが，$n$-アルカンが $Z_C = 0.38$ nm 付近で吸着する際に誘起する界面電気二重層は，いずれの表面上においても $-0.4 \sim -0.6$ eV 程度であると図 6.5 から読み取れる。これは，$n$-アルカン/金属界面において，吸着構造が同じであれば $S \approx 0.8$ とショットキー極限に近い振る

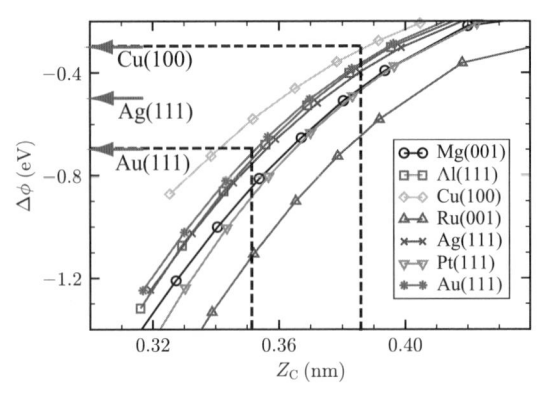

図 6.5　n-アルカン/金属界面における界面電気二重層の分子-基板金属距離依存性 [18]。

舞いをすることを示しており，直感的な考え方に一致している。しかしながら，実験的には Cu(100) と Au(111) で観測された界面電気二重層はそれぞれ $-0.3$ eV と $-0.7$ eV であり，かなり異なっている。

　図 6.5 から結論されるもう 1 つの重要な点は，実験的に観測される基板金属依存性は，構造の違い，特に分子 – 基板間の距離 ($Z_C$) の違いに由来しているということである。物理吸着系のように長距離 vdW 相互作用が重要な役割を果たす有機/金属界面において，分子 – 基板間距離は分子と基板との相互作用の微妙なバランスによって影響を受けやすく，基板によって大きく変わる。さらに，物理吸着系における界面電気二重層の起源として重要な「押し戻し効果」は，分子 – 基板間距離に大きく依存する。

　これら 2 点は物理吸着系に特徴的な性質であり，これまでよく研究されてきた無機半導体/金属界面ではあまり見られない，有機/金属界面に特徴的な性質であると考えられる。しかしながら，界面エネルギーが低い酸化物半導体/金属界面のような系では同様な現象が見られてもおかしくないのではないかと考えられる。

### 6.5.4　弱い化学吸着系の界面電気二重層

　Toyoda らはペンタセン/金属界面について，より精密な電子状態計算によって詳細に調べた [19-21]。図 6.6(a) は用いた表面構造モデルである。この計算では，従来の密度汎関数法に基づく局所密度近似 (LDA) や一般化密度勾配近似 (GGA) では精度良く計算できない vdW 相互作用について，

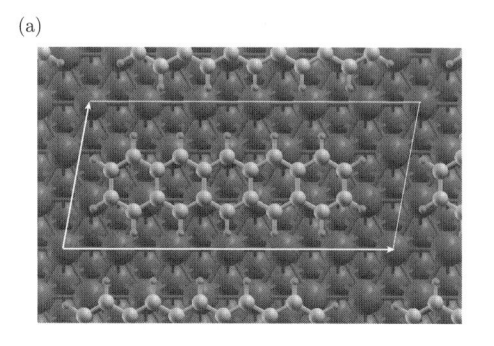

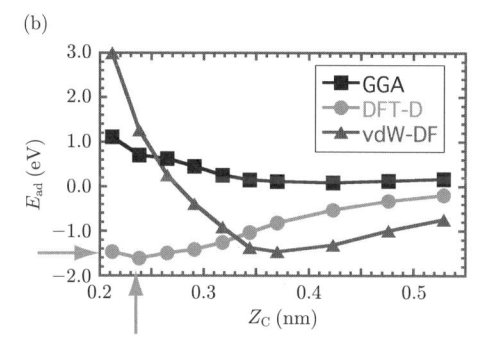

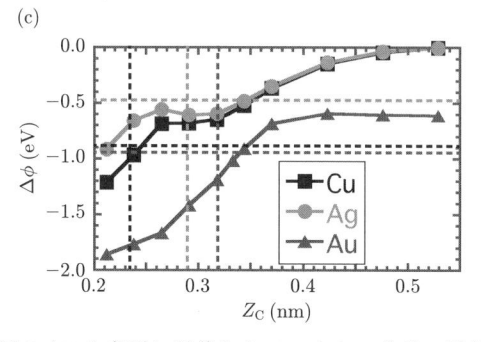

図 6.6 (a)fcc 金属の (111) 表面に吸着したペンタセン分子の構造，(b)Cu(111) 表面上のペンタセン分子の吸着エネルギーの分子-基板間距離 ($Z_C$) 依存性，(c)Cu(111), Ag(111), and Au(111) 表面上のペンタセン分子吸着による仕事関数変化[21]。

Dion らが提案しているファン・デル・ワールス密度汎関数法 (vdW-DF)[22] および，Grimme らが提案している GGA に対する半経験的 vdW 補正 (DFT-D)[23] の手法を取り入れて計算を行った．図 6.6(b) にペンタセンが

Cu(111) 表面に吸着する際の吸着エネルギーをペンタセン – 基板間距離 ($Z_C$) の関数として示す. グレーの矢印で吸着エネルギーと吸着距離について実験値を示す. 従来の GGA では吸着エネルギーが著しく小さくなり, また吸着距離も正しくないことがわかる. vdW-DF では吸着エネルギーは比較的良く再現できるが, 吸着距離が正しく計算できない. 半経験的ではあるが, DFT-D による計算は吸着エネルギーと吸着距離を, ともに精度良く再現していることがわかる. 図 6.6(c) に Cu(111), Ag(111), および Au(111) 表面上にペンタセンが吸着して誘起する仕事関数変化を $Z_C$ の関数として示す. また, 仕事関数変化の実験値を水平方向の破線で, DFT-D で求めた吸着距離を垂直方向の破線で示す. DFT-D で求めた吸着距離で計算した仕事関数変化は実験値と 0.3 eV 以内の誤差で一致しており, DFT-D を用いた計算により構造のみならず仕事関数変化も精度良く再現できることがわかる.

この図から読み取れる重要な結果として次の 2 点がある. 1 つは, Cu(111), Ag(111) および Au(111) 表面上では分子の吸着距離が大きく異なるということである. これは $n$-アルカンでも予想していたことであるが, より精度の高い計算方法で確かめられた. もう 1 つは, 分子 – 基板間距離 $Z_C$ が大きい領域 (概ね $Z_C>0.34$ nm) では 3 つの基板金属表面上での仕事関数変化は一致するのに対し, $Z_C$ が小さい領域 (概ね $Z_C<0.34$ nm) では異なってくることである[†]. すなわち, $Z_C>0.34$ nm の領域では $n$-アルカンやベンゼンと同様にショットキー極限的になるのに対して, $Z_C<0.34$ nm の領域では分子と基板との相互作用が強くなり, 大きな界面準位密度の形成によってフェルミ準位がピン留めされるバーディーン極限に近づくのである.

Yanagisawa らは有機 EL 材料として有名な tris-(8-hydroxy quinolinato) aluminum (Alq$_3$) 分子と金属電極との界面の構造と電子状態について研究を行った[24-26]. 金属電極から電子輸送層への電子注入効率が有機 EL デバイスの効率を大きく左右することから, Alq$_3$ 分子と金属との界面に関する

---

[†] Au(111) 表面上の結果は Cu(111), Ag(111) 表面上と異なって, $Z_C$ が大きくなると $-0.6$ eV 程度に収束しているように見えるが, これは GGA が分子の HOMO-LUMO ギャップを過小評価することからくる副作用で, 現実には他の金属表面上と同様に 0 eV に収束していくものである.

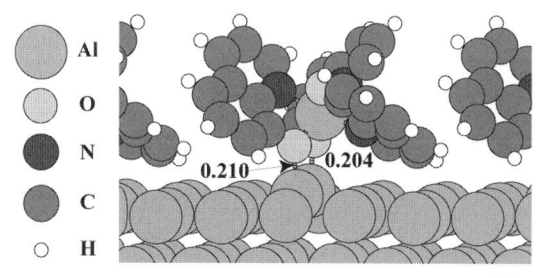

図 6.7 Al(111) 表面上での Alq$_3$ 分子の吸着構造[25]。

研究が多くなされてきた。実験的には界面で分子のギャップ内に新たな状態が観測され，また $-1.4\,\mathrm{eV}$ もの界面電気二重層が観測され，基板－分子間に強い化学的相互作用があると考えられている。

図 6.7 に Alq$_3$ 分子が Al 表面に吸着した構造の計算結果を示す。この図が示しているように，Alq$_3$ 分子の酸素原子と基板の Al とが結合を作っていることがわかる。さらに様々な分子の配置を計算して調べたところ，基板との結合エネルギーは，酸素原子が基板 Al 原子と作る結合の数に依存することも報告されている。また，多くの酸素原子が基板と結合を作って安定になる構造は，ちょうど分子のもつ双極子が真空側を向き，表面の仕事関数を $1.0\,\mathrm{eV} \sim 1.6\,\mathrm{eV}$ 下げる。これは実験値の $-1.4\,\mathrm{eV}$ と良く一致しており，界面の電気双極子は主として分子のもつ永久双極子によるものであることが明らかとなった。さらに，界面での分子の HOMO 準位，LUMO 準位と基板のフェルミ準位との位置関係は，分子のもつ双極子の方向によって大きく変わることもわかった。このため，実験的に観測された界面ギャップ状態は，いくつかの異なる分子の配向によって双極子の方向が異なり，HOMO 準位が異なる準位となって見えることに由来すると考えられる。

### 6.5.5 磁性分子の吸着

磁性をもつ分子と金属表面との相互作用は分子スピントロニクスに関連して興味がもたれており，最近盛んに研究がなされている。Co を中心金属にもつフタロシアニン分子 (CoPc) が，強磁性金属である Fe の薄膜上に吸着した構造と電子状態について密度汎関数法と STM を用いた詳細な研究がなされた。図 6.8 に孤立分子，GGA で最適化した構造，および vdW 補正を行った GGA による最適化構造での電子状態（スピン分極局所状態密度）に

202　第 6 章　表面の計算科学

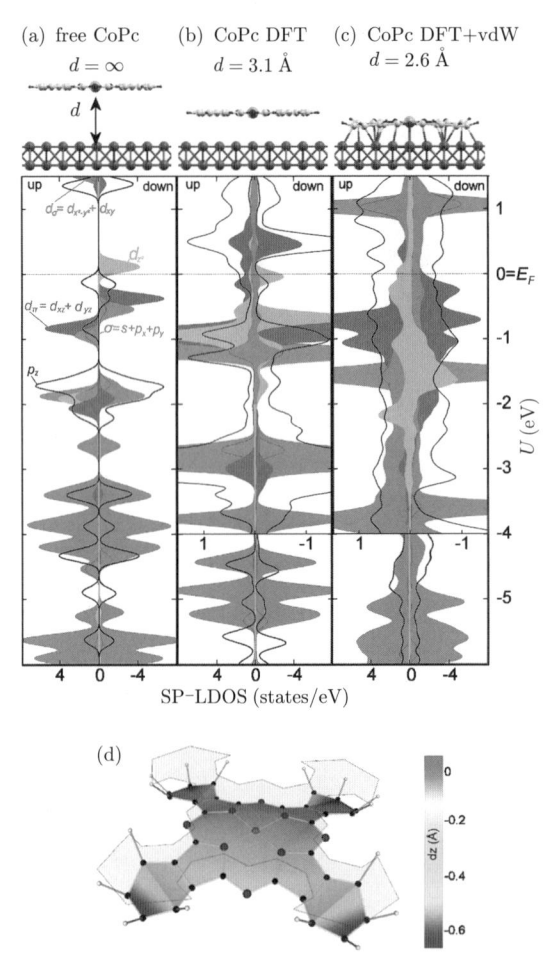

(a) free CoPc　(b) CoPc DFT　(c) CoPc DFT+vdW
$d = \infty$　$d = 3.1$ Å　$d = 2.6$ Å

**図 6.8**　鉄表面上に吸着した CoPc 分子の構造と電子状態[27]。
（カラー図は口絵 3 参照）

ついて示す。

　図 6.8(a) の孤立分子では $d_{z^2}$ 軌道には上向きスピンの電子のみが入っており，分子がスピン分極していることがわかる。図 6.8(b) の GGA による構造最適化では分子 - 基板間距離が 3.1 Å になり，分子構造はほぼ平面構造を保っている。金属基板に吸着することにより，電子がほぼ 1 個分基板金属から分子へ移動し，分子はスピンゼロの状態になるが，スピン分極した Fe 基板との軌道混成により，分子は依然としてややスピン分極してい

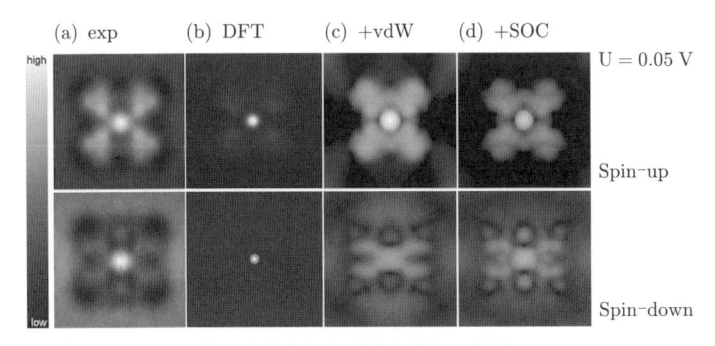

図 6.9 スピン分極 STM 像の実験結果と理論結果との比較。
(a) 実験結果，(b)DFT-GGA による結果，(c)DFT-GGA に vdW 補正を加えた結果，(d)(c) にさらにスピン-軌道相互作用を加えた結果 [27]。

ることがわかる。図 6.8(c) の vdW 補正を入れた GGA で構造最適化を行うと，分子-基板間距離が小さくなり，図 6.8(d) に示すように分子の構造が平面構造から大きくひずむことがわかる。その影響もあって，電子状態も図 6.8(c) に示すように大きく変わる。この場合も基板から分子の電子がほぼ一個移動し，分子のスピンはゼロとなるが，基板との相互作用により上向きスピンと下向きスピンは非対称になる。

図 6.9 にスピン分極 STM の実験結果と計算結果との比較を示す。GGA のみで構造最適化した場合，計算結果はあまり実験結果と一致しているとはいえないが，vdW 補正を入れると大きく変わり，実験との一致はかなり良くなる。スピン軌道相互作用の影響はそれほど大きくないこともわかる。

### 6.5.6 CO 分子吸着

遷移金属はアンモニア合成や自動車排ガス触媒をはじめとして様々な反応の触媒として用いられている。よって，遷移金属の反応性を支配する要因を明らかにすることは，より効率的な新規触媒を設計する指針を得るために重要であると考えられる。例として，一酸化炭素分子 (CO) が遷移金属表面上へ吸着する過程について見てみる。CO 分子の遷移金属表面上への吸着状態については，表面科学分野では典型的な分子吸着系として研究されてきた。また，応用上も様々な物質を合成するための中間体として触媒反応に関与している。CO 分子は図 6.10 に示すように $5\sigma$ と呼ばれる分子軌道が最高被占軌道 (highest occupied molecular orbital, HOMO) であり，$2\pi^*$ と呼ば

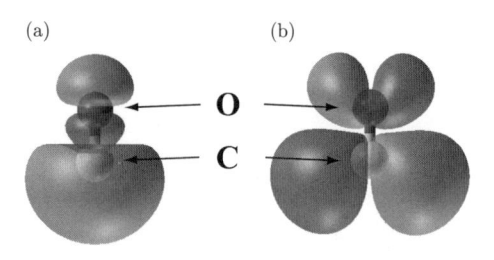

図 6.10　CO 分子の分子軌道。(a)HOMO($5\sigma$)，(b)LUMO($2\pi^*$)。

れる分子軌道が最低空軌道 (lowest unoccupied molecular orbital, LUMO) である。この図に示されるように，$5\sigma$ および $2\pi^*$，いずれの分子軌道も炭素 (C) 側に大きな振幅をもっていることがわかる。そのため，CO 分子が遷移金属表面へ吸着する際は，CO 分子の C が遷移金属に結合する。遷移金属原子は s 軌道と呼ばれる比較的広がった原子軌道と，d 軌道と呼ばれる比較的局在した原子軌道をもつ。s 軌道は結晶全体に広がっており，d 軌道は各原子付近に比較的局在して存在している。CO が遷移金属表面に吸着すると，CO の分子軌道と遷移金属の d 軌道とが軌道混成することにより安定化する。

Pt(111) 表面では CO 分子は表面 Pt 原子の真上 (オントップ・サイト) に吸着することが知られている。CO の $5\sigma$ 軌道は分子軸周りの回転に対して不変で軸対称性をもつ。この軌道と混成する Pt の軌道は，5 つある d 軌道のうち，軸対称性をもつ $d_{z^2}$ 軌道である。一方，$2\pi^*$ 軌道は分子軸を含む面で節をもち，この面に関して鏡映操作を行うと符号が反転する。この $2\pi^*$ 軌道と混成する Pt の軌道は，やはり同じ面上で節をもつ $d_{yz}$ 軌道，もしくは，$d_{zx}$ 軌道である。

CO の HOMO 準位を $\varepsilon_\sigma$，LUMO 準位を $\varepsilon_\pi$，遷移金属表面の d 軌道準位を $\varepsilon_\mathrm{d}$ とし，$5\sigma$ と d，および $2\pi^*$ と d との相互作用の重なり積分と行列要素をそれぞれ $S_\sigma$, $V_\sigma$, $S_\pi$, $V_\pi$ と書くとすると，軌道混成によるエネルギー変化は 2 次の摂動論から以下の式で与えられる (6.A 付録参照)。

$$E_\mathrm{hyb} = -2(1-f)\frac{|V_\sigma|^2}{\varepsilon_\mathrm{d}-\varepsilon_\sigma} + 2(1+f)|S_\sigma V_\sigma| - 4f\frac{|V_\pi|^2}{\varepsilon_\pi-\varepsilon_\mathrm{d}} + 4f|S_\pi V_\pi| \quad (6.38)$$

ここで，$f$ は Pt の d 軌道の占有率であり，およそ 0.9 である。$f=0.9$ で

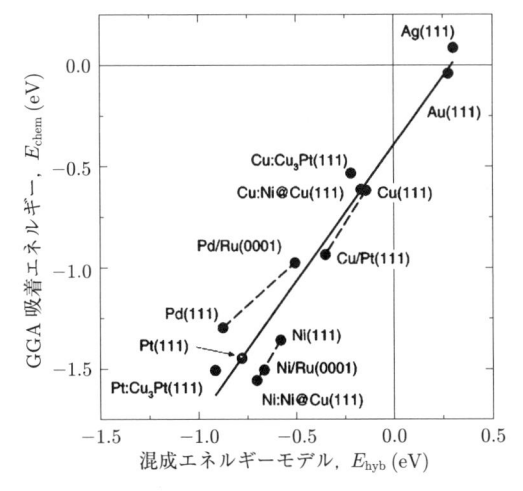

図 6.11 COの様々な遷移金属表面上への吸着エネルギーについて，遷移金属の $d$ 軌道と分子軌道との混成エネルギー $E_{\mathrm{hyb}}$ を横軸に，密度汎関数法 (DFT) における一般化密度勾配近似 (GGA) で計算した吸着エネルギーを縦軸にとった図[28]。

あるので，第1項の $5\sigma$ 軌道と $d$ 軌道の軌道混成によるエネルギー安定化の寄与は小さくなり，むしろ第3項の $2\pi^*$ 軌道と $d$ 軌道の軌道混成によるエネルギー安定化が CO 分子と Pt 表面との結合エネルギーに大きな寄与をしていることがわかる。CO の吸着をより安定化するには，$\varepsilon_d$ を高くして $\varepsilon_\pi$ との差を小さくするか，$V_\pi$ を大きくすると良いことがわかる。しかし，$V_\pi$ を大きくしすぎると，パウリ反発の項 $|S_\pi V_\pi|$ の項が大きくなり，不安定化する。実験的に，CO 分子の遷移金属表面への吸着は，周期律表上で左にある遷移金属 ($d$ 電子のエネルギー準位が高く占有数が小さい) ほど強く吸着し，周期律表の右にある遷移金属 ($d$ 電子のエネルギー準位が低く占有数が大きい) ほど弱く吸着することが知られている。$E_{\mathrm{hyb}}$ の表式から $d$ 軌道のエネルギー準位が高くなって CO の $2\pi^*$ 軌道エネルギーに近づくほど吸着が強くなることが説明できる。

さらに，この式が CO の吸着エネルギーの遷移金属依存性をよく説明していることは次のようにしても示される。図 **6.11** では，CO 分子の様々な遷移金属表面上への吸着エネルギーについて，$E_{\mathrm{hyb}}$ の表式を用いて見積もったエネルギーを横軸にとり，縦軸に密度汎関数法による GGA の手法を用いて計算した吸着エネルギーをとって，両者の関係を比較してある。DFT-

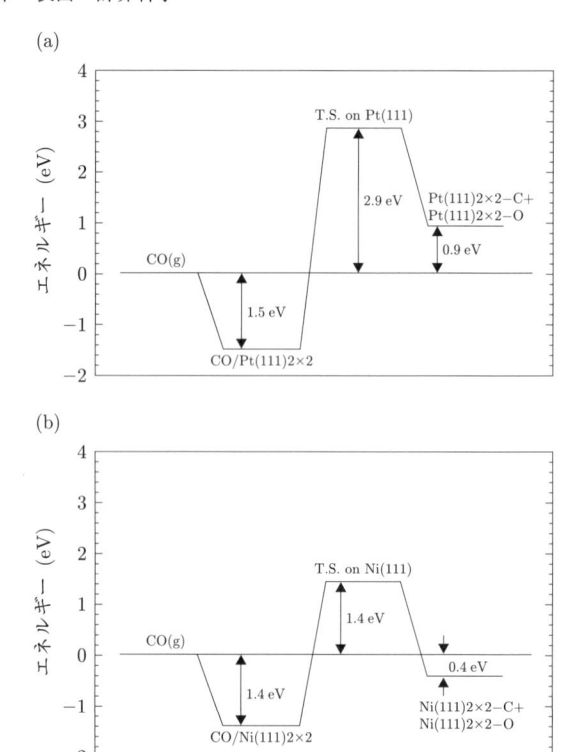

**図 6.12** CO 分子の Pt(111) 表面上および Ni(111) 表面上での解離反応過程のエネルギー変化[29]。

GGA による計算は，実験的な吸着エネルギーを比較的良く再現することが知られている。両者のエネルギーはほぼ直線関係になり，CO の吸着エネルギーの遷移金属依存性は，この CO の分子軌道と遷移金属の d 軌道の混成エネルギーの簡単な式で再現できることがわかる。

CO 分子の $2\pi^*$ 軌道と遷移金属の d 軌道の混成が強くなれば，もともと非占有状態であった $2\pi^*$ 軌道が部分的に占有されるようになる。$2\pi^*$ 軌道は C-O 結合に関して反結合軌道であるので，$2\pi^*$ 軌道の占有数が増えるに従い，C-O 結合は弱くなっていき，ついに解離する。そのため，d 軌道のエネルギー準位は，CO 分子の解離吸着の際のエネルギー障壁にも大きな影響を及ぼす。すなわち，d 軌道のエネルギー準位が高くなるほど，CO 分子は解離しやすくなり，吸着も強くなるのである。しかしながら，CO が解離

する際の活性化障壁の高さと CO 分子自身の吸着エネルギーの遷移金属依存性は必ずしも一致するものではない．むしろ，解離の際の活性化障壁は，解離した後の C 原子および O 原子の吸着エネルギーの和と強い相関をもっている．

図 **6.12** に Pt(111) 表面上および Ni(111) 表面上での CO 分子の解離反応過程のエネルギー変化を示す．分子状吸着エネルギーはどちらの表面上においても 1.5 eV 程度であるが，解離エネルギー障壁は Pt(111) 表面上では 2.9 eV なのに対し，Ni(111) 表面上では 1.4 eV しかない．この大きなエネルギー障壁の違いは，実験的に Pt(111) 表面では CO 分子の解離は観測されていないのに対して，Ni(111) 表面では高温，高圧にすると CO 分子の解離が観測されることと定性的に一致している．さらに，解離した後の C 原子と O 原子の吸着エネルギーの和から，解離の遷移状態のエネルギーと解離後のエネルギーの差を見積もると，どちらの表面上においても約 2 eV 程度とかなり近い値になっている．すなわち，遷移状態のエネルギーと生成系のエネルギーに強い相関がある．これは Evance-Planyi の原理として知られている．この起源としては，CO の解離過程の遷移状態の電子状態は CO 分子の分子軌道よりもむしろ，C 原子および O 原子の電子状態に近いためであると考えられる．

### 6.5.7 第一原理熱力学計算による表面相と反応性

実環境下で用いられている触媒は，高圧の反応ガスにさらされており，超高真空下で得られる清浄表面とは異なった表面組成や構造をもつことが考えられる．第一原理計算において，有限温度，有限圧力下での物質の安定性は重要な研究対象であり，表面構造に関しても研究がなされてきた．最近，触媒表面に関しても，反応ガスの圧力や温度によって表面安定相がどのように変わるか，また，どのような温度・圧力の場合に触媒反応性が最も高くなるか，第一原理計算から予測する方法が Scheffler らによって提案された[30-32]．彼らは $RuO_2$(110) 表面上での CO 分子の酸化反応について，その反応ガスである CO と $O_2$ の分圧によって表面構造がどのように変わり，それが反応性とどのように結びついているかについて考察した．温度 $T$ で化学ポテンシャル $\{\mu_i\}$ の気体と接している表面の安定性について考えよう．まず，バルクの内部エネルギー $U(S, V, \{N_i\})$ は，エントロピー $S$, 体

積 $V$，およびバルク物質を構成する原子または分子 $i$ の粒子数 $N_i$ の関数として与えられ，次式の全微分形式をもつ。

$$dU(S,V,\{N_i\}) = \left(\frac{\partial U}{\partial S}\right)_{V,N_i}dS + \left(\frac{\partial U}{\partial V}\right)_{S,N_i}dV + \sum\left(\frac{\partial U}{\partial N_i}\right)_{S,V}dN_i$$
$$= TdS - pdV + \sum \mu_i dN_i$$

$U, S, V, N_i$ はいずれも示量性変数であるから，

$$\alpha U(S,V,\{N_i\}) = U(\alpha S, \alpha V, \{\alpha N_i\})$$

この両辺を $\alpha$ で微分した後 $\alpha = 1$ とおけば，

$$U = \left(\frac{\partial U}{\partial S}\right)_{V,N_i}S + \left(\frac{\partial U}{\partial V}\right)_{S,N_i}V + \sum\left(\frac{\partial U}{\partial N_i}\right)_{S,V}N_i$$
$$= TS - pV + \sum \mu_i N_i$$

次に，この物質が面積 $A$ の表面をもつとすると，物質のもつ全エネルギーは $A$ に比例して増加する項が加わる。この比例係数を $\gamma$ として，

$$U = TS - pV + \sum \mu_i N_i + \gamma A$$

この $\gamma$ を表面張力，あるいは単位面積あたりの表面自由エネルギーと呼び，次式で与えられる。

$$\begin{aligned}\gamma(T,\{p_i\}) &= \frac{1}{A}\left[U - TS + pV - \sum_i N_i \mu_i(T,p_i)\right] \\ &= \frac{1}{A}\left[G(T,p,\{N_i\}) - \sum_i N_i \mu_i(T,p_i)\right]\end{aligned} \quad (6.39)$$

ここで，$G(T,p,\{N_i\})$ はこの物質のもつギブズの自由エネルギーである。固体の $G$ は全エネルギーに加えての圧力および格子振動や原子配置の自由度に依存したエントロピーの寄与を考慮する必要がある。しかし，比較的低い圧力や温度領域では固体の全エネルギーで近似すると第一原理計算で容易に求められる。こうして様々な表面構造の表面エネルギーが，化学ポテンシャルの関数として求めることができる。吸着子の被覆率が異なる構造は，表面エネルギーの化学ポテンシャル依存性が異なってくるので，化学ポテンシ

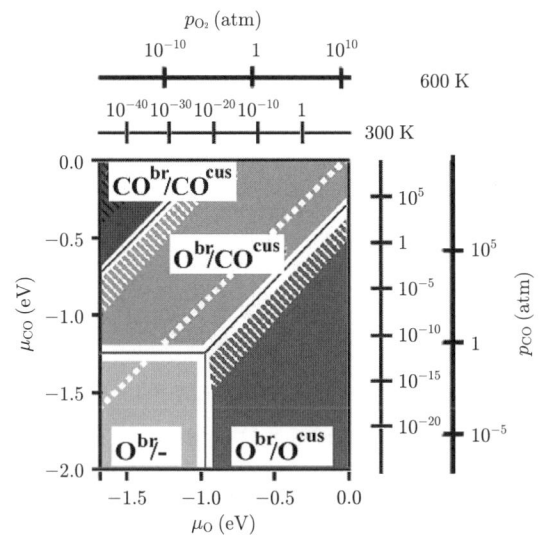

図 **6.13**　$O_2$ と CO の分圧・温度の関数としての $RuO_2(110)$ 表面相図 [30]。

ャルの関数として，安定な表面構造が求まる．理想気体の化学ポテンシャルは，

$$\mu_i(T, p_i) = \mu_i(T, p_i^0) + kT \ln\left(\frac{p_i}{p_i^0}\right) \tag{6.40}$$

であることを用いると，反応ガスの圧力の関数として，安定な表面構造を第一原理計算から求めることができる．図 **6.13** は $RuO_2(110)$ 表面について $O_2$ ガスと CO ガスが共存する際の安定構造を示す相図である．$RuO_2(110)$ 表面上には br, cus と名づけられた 2 種類の吸着サイトが存在し，br(cus) サイトに吸着した酸素原子，CO 分子をそれぞれ $O^{br}(O^{cus})$，$CO^{br}(CO^{cus})$ と記述してあり，「−」は吸着サイトが空いていることを示している．この図を見てわかるように，$O_2$, CO の両者の分圧がともに低い場合は $O^{br}$ のみが存在し，これはちょうどストイキオメトリックな安定な表面構造となっている．$O_2$ 分圧が高くなっていくと，空いていた cus サイトに O 原子が吸着し，CO の分圧が高くなると，CO 分子が cus サイトに吸着することが示される．CO のみの分圧が非常に高くなると，両方のサイトを CO 分子が占めるようになるが，実際にはこの領域では $RuO_2$ バルクの CO による還元が起こり，$RuO_2$ 自身が不安定になる領域である．

さて，次の問題は，この相図のどの領域でCO酸化反応が最も効率的になるかである。CO分子と酸素原子の両方が存在する$O^{br}/CO^{cus}$領域が最も反応性が高いように思える。しかしながら，この相図を作る際にはCOの酸化反応が起こることは考慮されていないことに注意すべきである。$O^{br}/CO^{cus}$領域でCO酸化反応が盛んになると，次々と吸着してくるCO分子によって吸着酸素が消費されてしまい，O原子の被覆率が減少すると考えられる。実際，CO酸化反応過程をはじめ，分子の吸着過程，拡散過程，脱離過程などを取り入れた詳細なシミュレーションから求めた相図は$O^{br}/CO^{cus}$の領域が消えて$CO^{br}/CO^{cus}$領域が広がっていることが示されている。そして，ちょうど，$CO^{br}/CO^{cus}$領域と$O^{br}/O^{cus}$領域の境界領域で触媒反応が最も活性となる。それぞれの領域ではCOのみ，あるいはO原子のみが存在する領域であるが，境界領域では，COとOがともに吸着することが可能で，吸着構造が大きく揺らいでいることが示されている。この境界領域はCOと$O_2$の分圧がほぼ同じくらいになる領域であり，実験的に触媒反応が観測されている領域と一致している。

### 6.5.8 ミクロキネティック・モデリング

ミクロキネティック・モデルでは，複雑な触媒反応を反応素過程に分解し，各素過程の反応速度を遷移状態理論で見積もる。そして，各素過程の反応速度を合成することにより，触媒反応全体の速度を記述する。従来は，各反応素過程の反応速度を記述するパラメータは，熱力学的なデータや表面科学的な研究で得た分子や原子の吸着エネルギー，振動モード，活性化エネルギーなどが用いられた。このようなモデルが現実の環境で用いられる触媒の反応速度をよく記述することが示されている。現在では第一原理計算でこれらの値を計算して，反応速度を第一原理から求めようと試みられている。アンモニア合成反応に対してNørskovグループにより詳細な研究がなされた[33-35]。FeやRu金属表面上でのアンモニア合成反応は，以下のような素過程で反応が進むと考えられている。

$$N_2 + 2* \rightarrow 2N* \tag{6.41}$$

$$H_2 + 2* \rightarrow 2H* \tag{6.42}$$

$$N* + H* \rightarrow NH* + * \tag{6.43}$$

$$\mathrm{NH}* + \mathrm{H}* \rightarrow \mathrm{NH}_2* + * \tag{6.44}$$

$$\mathrm{NH}_2* + \mathrm{H}* \rightarrow \mathrm{NH}_3* + * \tag{6.45}$$

$$\mathrm{NH}_3* \rightarrow \mathrm{NH}_3 + * \tag{6.46}$$

ここで，*は吸着サイトを示す．この反応では，式 (6.41) の $N_2$ 分子の解離過程が律速であると考えられているが，その反応速度は遷移状態理論により，

$$r_1 = k_1 \frac{P_{\mathrm{N}_2}}{P_0} \theta_*^2 \tag{6.47}$$

$$k_1 = \frac{k_\mathbf{B} T}{h} \frac{q_{\mathrm{TS}}}{q_{\mathrm{gas}}} \exp\left(-\frac{E_\mathrm{a}}{k_\mathrm{B} T}\right) \tag{6.48}$$

と表される．ここで，$q*$は空きサイトの密度であり，$P_{\mathrm{N}_2}$，$P_0$ はそれぞれ窒素ガスの分圧，標準状態の圧力 (1 bar)，$q_\mathrm{TS}$，$q_\mathrm{gas}$ はそれぞれ，$N_2$ 分子の遷移状態，気体の分配関数，$E_\mathrm{a}$ は解離のエネルギー障壁を表す．Ru 表面上での $N_2$ 分子解離反応過程を第一原理計算から求め，遷移状態のエネルギーと振動モードから分配関数を求め，それを用いて見積もられた反応速度は，実験値とかなり良く一致することが示された．

実際の触媒では，表面科学研究や第一原理計算で用いられるような理想的な表面だけでなく，様々な形をもった微粒子からなり，また，その表面には反応の中間体である原子や分子が様々な量吸着している．問題を複雑にしているのは，素反応過程の反応速度，特に反応の活性障壁が表面構造や周りの吸着子の被覆率によっても大きく変わることである．アンモニア合成の例でいうと，$N_2$ 分子の解離活性化障壁は，そばに吸着している窒素原子や水素原子によって大きく影響を受ける．Nørskov らは，様々な吸着子がそばに存在する際の解離活性化障壁を計算している．図 **6.14** に示すように周りに存在する吸着子の影響に依って解離活性化障壁が 47 kJ/mol(0.49 eV) から 121 kJ/mol(1.25 eV) まで変わる．各表面原子配置 $i$ の活性化障壁を $E_{\mathrm{a},i}$ とすると，反応速度は $k_i = \nu \exp\left(-\dfrac{E_{\mathrm{a},i}}{k_\mathrm{B} T}\right)$ で依存する．表面構造の違いは反応速度に対して大きな違いを生じる．これらの表面原子配置が出現する確率をグランドカノニカル・モンテカルロ法により見積もり，それぞれの配置の反応速度に出現確率 $P_i$ を掛けて足し合わせることにより，複雑な構造をもつ触媒の反応速度が見積もられた．

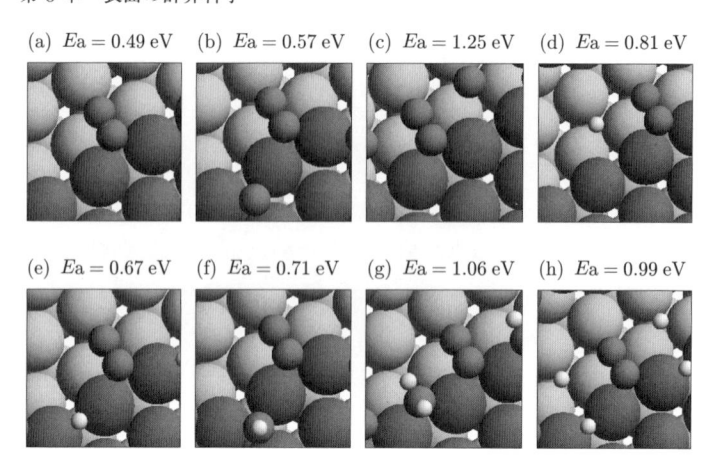

(a) $E_a = 0.49$ eV  (b) $E_a = 0.57$ eV  (c) $E_a = 1.25$ eV  (d) $E_a = 0.81$ eV

(e) $E_a = 0.67$ eV  (f) $E_a = 0.71$ eV  (g) $E_a = 1.06$ eV  (h) $E_a = 0.99$ eV

図 6.14　第一原理電子状態計算によって求めた，様々な局所的環境が異なる Ru(0001) 表面における $N_2$ 解離過程の活性化エネルギー，および遷移状態の構造[35]。

$$r = \left(1 - \frac{p_{NH_3}^2}{p_{H_2}^3 p_{N_2} K_g}\right) p_{N_2} \sum_i P_i k_i \tag{6.49}$$

ここで，$K_g$ は気体の平衡定数である。こうして見積もられた触媒の反応速度は，現実の触媒を用いた実験結果に比較して $1/3 \sim 1/20$ の値を与えることが示された。パラメータを全て第一原理計算から見積もって求めた反応速度がこの程度で実験値と一致することは，驚くほど一致しているといえる。

### 6.5.9　電極反応シミュレーション

　溶液と金属との界面での電極反応は，電気化学分野で多くの研究がなされてきたが，最近は燃料電池の電極触媒開発に関連して注目を集めている。電極反応では，水と吸着子との相互作用があり，複雑なためにこれまであまり第一原理シミュレーションによる研究が進められてこなかった。特に，吸着子と溶媒である水が水素結合する場合は，安定性が大きく変わる。実際，Pt(111) 表面上でのメタノールの分解反応過程において，水が存在する場合とない場合では反応の中間体の安定性がかなり変わることが示されている。もう 1 つ，電極反応を難しくしている要因として，電極電位の問題がある。電極表面近傍では大きな電場がかかっており，これが反応のドライビングフォースになっている。この電極表面近傍の電場の効果を容易に計算する方

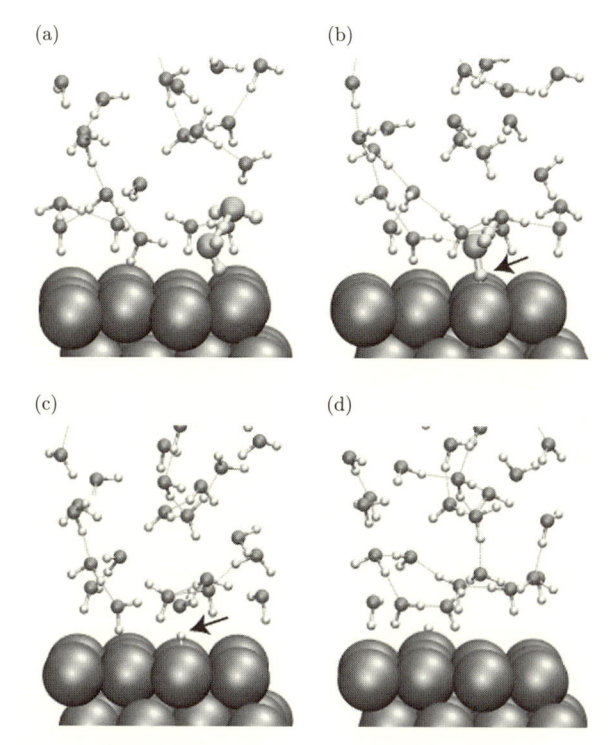

図 6.15 水/Pt(111) 電極界面における Volmer 過程の第一原理シミュレーション[36]。

法が提案されている．これら，溶媒の効果と電場の効果を取り入れることによって，図 6.15 に示すような現実に近い電極界面モデルを用いた計算が進められつつあり，今後電極反応の機構解明や新たな電極触媒設計のための知見が得られると期待される[36,37]．白金電極は Pt(111)($3 \times \sqrt{3}$) ユニットセルを用い，水はユニットセルあたり 32 分子取り入れた．そこへプロトンを 1 つ導入し，水和してヒドロニウムイオン ($H_3O^+$) となっている．図は 1 つのユニットセル中の原子配置を示している．このユニットを表面平行方向に周期的に無限に並べることにより，電極表面をモデル化している．このモデルによって，電極界面でのヘルムホルツ層における電気二重層は精度良く表すことができると考えられる．

この界面の第一原理分子動力学シミュレーションを行い，さらに，電極側が負になるように電極と水との間に電場を導入することにより，電極電

位による電極界面での構造変化を調べた。分子動力学法を行うことにより，ヒドロニウムイオンは $H_9O_4^+$ (Eigen カチオン) および $H_5O_2^+$ (Zundel カチオン) を形成し，Grotthuss 機構によりプロトンが電極表面付近で頻繁に拡散している様子がよくわかる (図 6.15(a),(b))。電極電位をさらに下げることにより，ヒドロニウムイオンがさらに電極に強く引きつけられ，水溶液中から金属表面に移動する。図 6.15(b),(c) に，水中のヒドロニウムイオンが白金電極表面上で電子を受け取り吸着水素となる過程 (Volmer 過程) を示している。

### 6.5.10 バンドギャップと欠陥準位の問題

金属酸化物は触媒反応等，応用上重要であるが，構造や組成が複雑な場合が多く，また，本節の以下に述べるバンドギャップの問題もあり，金属酸化物表面の原子レベルでの研究は金属や半導体表面に比較して立ち遅れていた。$TiO_2(110)$ 表面は原子レベルで平坦な単結晶表面が得られる数少ない系であるため，酸化物表面の典型例としてよく研究が行われてきた。この表面においても，格子欠陥が反応において重要な役割を果たすことが指摘されてきたが，その原子レベルでの反応過程が，第一原理シミュレーションと実験との相補的な研究によって明らかになりつつある。次項では $TiO_2(110)$ 表面上での構造と電子状態，および化学反応過程の研究について紹介する。

LDA や GGA 近似による DFT 計算では，半導体や絶縁体のバンドギャップを半分程度か，それ以下に過小評価する[38]。ルチル構造のバルク $TiO_2$ では実験値が 3.0 eV であるのに対し，LDA 計算では 2.1 eV に過小評価する。さらに問題であるのは，表面の酸素欠陥は伝導帯の端から約 0.7 eV 下のバンドギャップ中に欠陥準位を作ることが知られているが[39-41]，DFT-GGA では表面の酸素欠陥準位は伝導帯の中に入り，空間的にも広がった状態になってしまい，実験とは定性的にも合わなくなってくる。正しいハートリー–フォック計算の交換相互作用を部分的に取り入れた B3LYP[42,43] と呼ばれるエネルギー汎関数を用いると，これらの問題が大幅に改善されることが示された[44]。

図 **6.16** に表面水酸基が吸着した $TiO_2(110)$ 表面バンド構造について，GGA による結果と B3LYP 汎関数を用いた結果を示す。図 6.16(c) は構造最適化，電子状態計算ともに B3LYP 汎関数を用いた結果で，バンドギャッ

6.5 表面・界面の第一原理計算 215

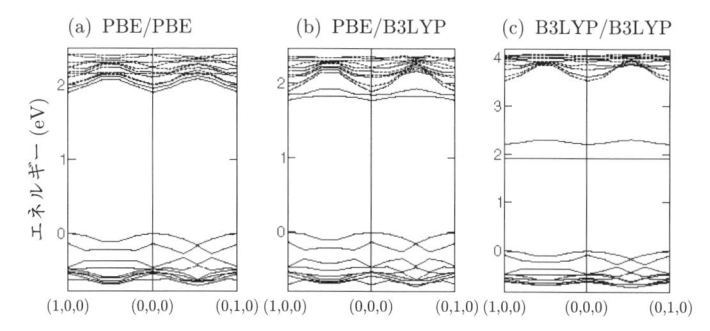

**図 6.16** 水素原子吸着した $TiO_2(110)$ 表面のバンド構造。(a)GGA によるセルフコンシステント計算，(b)B3LYP で最適化した構造を GGA でバンド計算，(c)B3LYP でセルフコンシステント計算[44]。

プは 3.4 eV で実験値に近くなり，バンドギャップ中に表面水酸基によるギャップ状態が再現されている．一方，図 6.16(a) は GGA で構造最適化し，電子状態計算も行った結果が示してある．バンドギャップが過小評価しているうえにバンドギャップ中の状態も消失している．図 6.16(b) は B3LYP で最適化した構造を用いて GGA で電子状態計算を行った結果である．伝導体の底のわずか下に水酸基によるギャップ状態が生じていることがわかる．これは，B3LYP による計算では，ギャップ中の状態が占有されることによって，表面構造がかなりひずみ，欠陥準位を欠陥の周りに局在化させるように働いたためである．しかしながら，局在化したギャップ状態に入った電子は自己相互作用が大きく，そのエネルギー準位はかなり伝導体に近くなってしまっている．B3LYP では部分的に正しい交換エネルギーを用いているために自己相互作用が小さくなり，ギャップ中の深いところに欠陥準位が出てきたと考えられる．欠陥準位は，光触媒において電荷を捕捉するサイトとして重要と考えられており，これらの関与する表面反応を調べるには，準位を精度良く再現することが必要であり，LDA や GGA レベルの近似では不十分であると考えられる．

### 6.5.11 $TiO_2(110)$ 表面上での蟻酸分解反応

蟻酸分子 (HCOOH) の分解反応は，酸化物表面上の触媒反応の典型的な系としてよく研究されてきた．しかしながら，その反応機構については問題となっていた．蟻酸（HCOOH）が $TiO_2$ 表面で分解する際に，

$$\text{HCOOH} \rightarrow \text{CO} + \text{H}_2\text{O}$$

$$\text{HCOOH} \rightarrow \text{CO}_2 + \text{H}_2$$

の2つの径路があり，反応条件によってスイッチすることが報告されている[45]。上の脱水反応について詳しく調べられた。$\text{TiO}_2$(110) 表面で蟻酸分子はプロトンとフォーメートに解離し，プロトンは2配位の表面酸素原子に結合し，水酸基を形成する。また，フォーメートは5配位の Ti 原子に橋架け状に吸着する。この状態は安定な吸着構造で，STM などを用いて観測されている。しかしながら，この状態からの脱水反応は反応の活性化障壁が 2 eV 以上になり，容易に反応が進まない。一方，$\text{TiO}_2$(110) 表面では酸素が抜けた欠陥が多数存在することが観測されているが，酸素欠陥に吸着したフォーメートは 1.3 eV 程度の活性化障壁で分解可能であることがわかった。このことから，蟻酸の分解には表面酸素欠陥が重要であることがわかる。しかしながら，フォーメートが酸素欠陥で CO と OH に分解すると，表面の

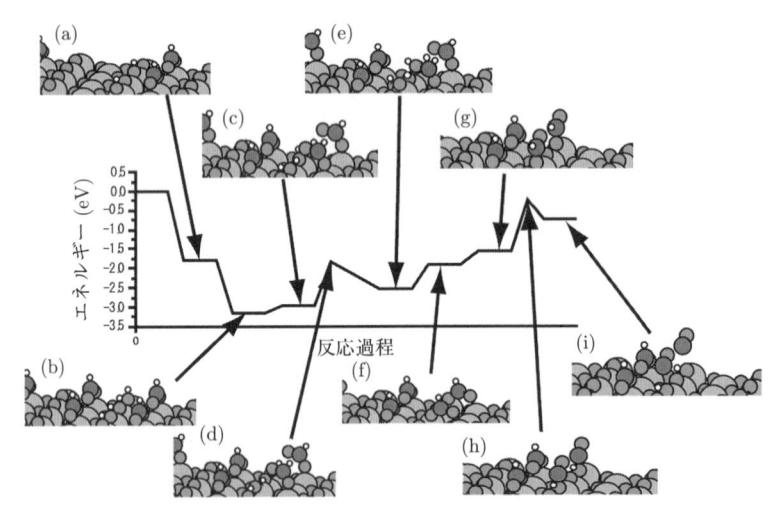

図 6.17 $\text{TiO}_2$(110) 表面での蟻酸分解反応の反応過程とエネルギーダイヤグラムを示す。(a)0.5ML のブリッジング フォーメート吸着構造，(b)1ML のブリッジング フォーメート吸着構造，(c) ユニデンテート状態，(d) 水脱離反応の遷移状態，(e) 水脱離後のユニデンテート フォーメート吸着構造，(f) 酸素欠陥に吸着したブリッジング フォーメート，(g) 酸素欠陥に吸着したユニデンテート フォーメート，(h)CO 脱離の遷移状態，(i)CO 分子脱離後の 0.5ML のブリッジング フォーメート吸着[46]。

酸素欠陥は消失する。触媒反応が進むためには常に新たに酸素欠陥が生成される必要がある。これは，隣り合う2つの水酸基 (OH) が反応して水が生成脱離することにより比較的容易に生じることがわかった。この反応の活性化障壁は 1.2 eV となり，室温付近で容易に起こり得ることがわかる。このように，触媒反応中に酸素欠陥が容易に生成・消滅を繰り返している可能性があることが示された。図 6.17 に反応全体のエネルギーダイヤグラムを示す。

## 6.6 まとめと今後の展望

本章では第一原理電子状態計算手法の基礎的理論を解説した後，清浄表面や分子吸着系の計算精度，そして物理吸着系，化学吸着系，さらに，触媒反応や電気化学反応等，より実用上重要な「実表面」についての研究例を示し，手法の有用性と限界を見てきた。良く規定された清浄表面および分子吸着については，かなり良く実験を再現する結果が得られており，精度が高いことを示している。しかしながら，いくつかの課題も明らかになっている。物理吸着系については半経験的なパラメータを導入することによってかなり精度良く取り扱うことが可能となってきたが，vdW 相互作用を十分な精度で，かつ計算負荷が軽い汎関数は今後の課題である。また，分子吸着の異なる吸着構造間の微妙なエネルギー差や，遷移金属酸化物のバンドギャップの問題等では，やはり計算精度の点で課題が残っている。

固体表面反応に関して，表面のテラスやステップ，キンク，格子欠陥など局所構造の安定性や反応性については，丹念に調べていけばかなり複雑な反応についても明らかにすることが可能である。さらに，雰囲気ガスや溶液との界面での反応など，複雑な環境下での反応もより現実的なモデルを用いてシミュレーションし，現実の反応と詳細に対応させることが可能となりつつあることを示した。「実表面」では，雰囲気ガスや温度，溶媒，電極電位等，環境によって表面の構造が変化し，それに伴って反応性も変化する。実際の表面の性質を予測するには，このような環境の影響を取り入れてやる必要がある。触媒反応解析の現状において，表面反応が反応環境下でどのような構造をとり，どのような局所構造が反応活性であるか (活性サイト) といった問題については第一原理シミュレーションを用いて明らかにすることが可能

となってきている。

　今後，物質設計の観点からの課題としては，これらの反応経路探索や物質設計をより効率的に行う手法を確立することが必要である．さらに，触媒反応性が高い局所的な組成や構造が明らかになったとして，それらをいかに効率的に作り出すかということも重要な問題となってくる。

## 6.A　付録

　化学反応過程の理論的予測において，福井謙一(1981年にノーベル化学賞を受賞)のフロンティア電子軌道は大きな転換点であり，その後の理論予測の進歩に大きな役割を果たしている。最も簡単な例として水素分子の相互作用について考える。2つの原子がそれぞれ孤立しているときのエネルギー準位 ($\varepsilon_0$) を簡単のためゼロとする。また，2つの原子の原子軌道をそれぞれ $\psi_1$, $\psi_2$ と表す。ある距離に2つの原子が近づくと波動関数に重なりが生じ，互いに相互作用をし始める。その重なり積分を $S = \langle \psi_1 | \psi_2 \rangle > 0$，相互作用の行列要素を $V = \langle \psi_1 | H | \psi_2 \rangle$ とする。2つの原子は等価なので，結合軌道を $|\psi_b\rangle$，反結合軌道を $|\psi_a\rangle$ とすると，

$$|\psi_b\rangle = \frac{1}{\sqrt{2(1+S)}}(|\psi_1\rangle + |\psi_2\rangle) \tag{6.50}$$

$$|\psi_a\rangle = \frac{1}{\sqrt{2(1-S)}}(|\psi_1\rangle - |\psi_2\rangle) \tag{6.51}$$

となる。そうすると，それぞれのエネルギー準位は，

$$\varepsilon_b = \langle \psi_b | H | \psi_b \rangle = \frac{\varepsilon_0 + V}{1+S} \cong \varepsilon_0 + V - SV \tag{6.52}$$

$$\varepsilon_a = \langle \psi_b | H | \psi_b \rangle = \frac{\varepsilon_0 - V}{1-S} \cong \varepsilon_0 - V - SV \tag{6.53}$$

となる。結合軌道のエネルギー準位 $\varepsilon_b$ の右辺第2項の $V$ は，軌道混成による安定化 ($V < 0$ に注意) を表し，第3項の $-SV$ はパウリ反発による不安定化を表す。3.6節で同様な2原子モデルを考慮したときは，重なり $S$ はゼロであると近似している。半定量的に吸着エネルギーを見積もるには $S$ の寄与が重要なので，ここでは $S \neq 0$ として話を進める。相互作用の行列要素の大きさ $V$ は近似的に2つの軌道の重なり $S$ に比例するので，パウリ反

発の項は $S^2$ に比例して増加すると考えてよい．重なりが小さいときには軌道混成による安定化 $V$ の方がパウリ反発による不安定化よりも大きいのでエネルギー準位は安定化するが，原子間距離が近くなって $S$ が大きくなってくると不安定化の方が大きくなり，エネルギー準位は不安定化するのである．一方，反結合軌道のエネルギー準位 $\varepsilon_a$ は軌道混成による第2項 $-V$ もパウリ反発による第3項 $-SV$ のどちらも不安定化する方向に働く．結合軌道および反結合軌道のエネルギー準位の $|V|$ 依存性を図 **6.18** に示す．$|V|$ が小さい領域が原子間距離が離れている場合，$|V|$ が大きい領域が原子間距離が近い場合に対応する．たとえば，水素原子は1個ずつ電子を持っている．水素分子では，上向きスピンと下向きスピンをもつ電子が1つずつ結合軌道を占有し，反結合軌道は空軌道となる．軌道混成による結合軌道の安定化により，分子として結合を作った方が水素原子として孤立している場合よりも安定になる．結合軌道のエネルギー準位が極小値をとる点が平衡の結合長に対応する．

　以上の考察により，軌道の混成によって原子間の結合が，ある平衡結合長のところで安定化することがわかった．次に，分子間の結合を考える．分子間の化学反応においては，占有されている分子軌道のうち，軌道エネルギーが最も高い軌道，すなわち最高被占軌道 (highest occupied molecular orbital, HOMO)，および空軌道のうち最も軌道エネルギーの低い軌道，すなわち最低空軌道 (lowest unoccupied molecular orbital, LUMO) が重要な役割を果たすことを福井謙一は指摘し，これら，HOMO と LUMO をフ

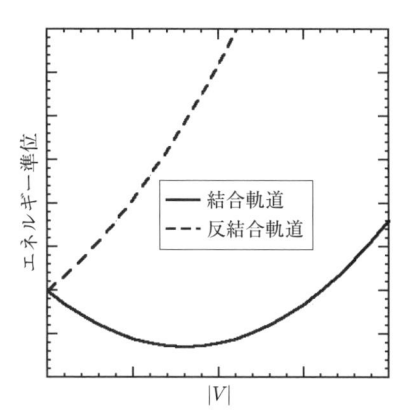

図 **6.18**　結合性軌道エネルギー $\varepsilon_b$ および反結合性軌道エネルギー $\varepsilon_a$ の $|V|$ 依存性．

ロンティア軌道と呼んだ。分子 A の HOMO を $\psi_A$，そのエネルギー準位を $\varepsilon_A$，分子 B の LUMO を $\psi_B$，そのエネルギー準位を $\varepsilon_B$，両軌道の相互作用の行列要素を $V$ とする。2 つの分子が結合する前は，分子 A の HOMO は 2 個の電子が占有しており，分子 B の LUMO は空軌道である。

これら 2 つの軌道が相互作用して $|\psi\rangle = c_A|\psi_A\rangle + c_B|\psi_B\rangle$ となったとすると，3.6 節で解説されているように，2 次の摂動論により結合軌道および反結合軌道のエネルギー準位 $\varepsilon_b$，$\varepsilon_a$ はそれぞれ，

$$\varepsilon_b \cong \varepsilon_A - \frac{|V|^2}{\varepsilon_B - \varepsilon_A} - SV \tag{6.54}$$

$$\varepsilon_a \cong \varepsilon_B + \frac{|V|^2}{\varepsilon_B - \varepsilon_A} - SV \tag{6.55}$$

となる。ただし，$\varepsilon_B > \varepsilon_A$ とした。ここで，2 つの軌道の重なり積分 $S$ がゼロでないとしたため，3.6 節での結果に $-SV$ の項がそれぞれ加わる。

このように，2 電子によって占有された分子 A の HOMO と空軌道である分子 B の LUMO が相互作用する場合にも軌道混成によって安定化し，結合が形成される。結合の強さを決めるポイントは 2 つあることがわかる。1 つは相互作用行列要素の大きさ $V = \langle \psi_A | H | \psi_B \rangle$ であり，もう 1 つのポイントは，2 つの軌道のエネルギー準位の差 $\varepsilon_B - \varepsilon_A$ である。占有された軌道のうち最も軌道エネルギーが高い軌道 (HOMO) と，空軌道のうち最も軌道エネルギーが低い軌道 (LUMO) の間の混成が化学反応にとって重要となる原因は，相互作用エネルギーの分母にある軌道のエネルギー差に由来していることがわかる。

# 引用・参考文献

[1] 金森順次郎, 米沢富美子, 川村清, 寺倉清之：現代物理学叢書 "固体構造と物性", (岩波書店, 2001).
[2] 笠井秀明, 赤井久純, 吉田博 (編)："計算機マテリアルデザイン入門", (大阪大学出版会, 2005).
[3] R. M. マーチン (著), 寺倉清之, 寺倉郁子, 善甫康成 (訳)："物質の電子状態 上・下", (丸善, 201 年).
[4] 赤井久純, 白井光雲 (編著)："密度汎関数法の発展 マテリアルデザインへの応用", (丸善, 2012).
[5] A. ザボ, N. S. オストランド (著), 大野公男, 望月裕志, 阪井健男 (訳)："新しい量子化学—電子構造の理論入門 (上)", (東京大学出版会, 1987).
[6] R. G. Parr and W. Yang: "Density-Functional Theory of Atoms and Molecules", (Oxford Univ. Press, 1989).
[7] B. G. Johnson, P. M. W. Gill and J. A. Pople: J. Chem. Phys. **98**, 5612 (1993).
[8] L. A. Curtiss, K. Raghavachari, P. C. Redfern and J. A. Pople: J. Chem. Phys. **112**, 7374 (2000).
[9] J. L. F. Da Silva, C. Stampfl and M. Scheffler: Surf. Sci. **600**, 703 (2006).
[10] J. Sun, M. Marsman, A. Ruzsinszky, G. Kresse and J. P. Perdew: Phys. Rev. B **83**, 121410 (2011).
[11] B. Hammer, L. B. Hansen and J. K. Nørskov: Phys. Rev. B **59**, 7413 (1999).
[12] P. J. Feibelman, B. Hammer, J. K. Nørskov, F. Wagner, M. Scheffler, R. Stumpf, R. Watwe and J. Dumesic: J. Phys. Chem. B **105**, 4018 (2001).
[13] P. Lazic, M. Alaei, N. Atodiresei, V. Caciuc, R. Brako and S. Blügel: Phys. Rev. B **81**, 045401 (2010).
[14] H. Ishii, K. Sugiyama, E. Ito and K. Seki: Adv. Mater. **11**, 605 (1999).
[15] H. Ishii and K. Seki: "Conjugated Polymer and Molecular Interfaces", W. R. Salaneck, K. Seki, A. Kahn and J.-J. Pireaux (Eds.), (Marcel Dekker, 2002), p.293.
[16] N. D. Lang: Phys. Rev. Lett. **46**, 842 (1981).
[17] P. S. Bagus, V. Staemmler and C. Wöll: Phys. Rev. Lett. **89**, 096104 (2002).
[18] Y. Morikawa, H. Ishii and K. Seki: Phys. Rev. B **69**, 041403 (R) (2004).
[19] K. Toyoda, Y. Nakano, I. Hamada, K. H. Lee, S. Yanagisawa and Y. Morikawa: J. Electron Spectrosc. Relat. Phenom. **174**, 78 (2009).
[20] K. Toyoda, I. Hamada, S. Yanagisawa and Y. Morikawa: Appl. Phys. Express **3**, 025701 (2010).
[21] K. Toyoda, I. Hamada, K.-H. Lee, S. Yanagisawa and Y. Morikawa: J. Chem. Phys. **132**, 134703 (2010).
[22] M. Dion, H. Rydberg, E. Schröder, D.C. Langreth and B. I. Lundqvist: Phys. Rev. Lett. **92**, 246401 (2004).
[23] S. Grimme: J. Comput. Chem. **27**, 1787 (2006).
[24] S. Yanagisawa and Y. Morikawa: Chem. Phys. Lett. **420**, 523 (2006).

[25] S. Yanagisawa, K. H. Lee and Y. Morikawa: J. Chem. Phys. **128**, 244704 (2008).
[26] S. Yanagisawa, I. Hamada, K. H. Lee, D. C. Langreth and Y. Morikawa: Phys. Rev. B **83**, 235412 (2011).
[27] J. Brede, N. Atodiresei, S. Kuck, P. Lazic, V. Cacius, Y. Morikawa, G. Hoffmann, S. Blugel and R. Wiesendanger: Phys. Rev. Lett. **105**, 047204 (2010).
[28] B. Hammer, Y. Morikawa and J. K. Nørskov: Phys. Rev. Lett. **76**, 2141 (1996).
[29] Y. Morikawa, J. J. Mortensen, B. Hammer and J. K. Nørskov: Surf. Sci. **386**, 67 (1997).
[30] K. Reuter and M. Scheffler: Phys. Rev. Lett. **90**, 046103 (2003).
[31] K. Reuter and M. Scheffler: Phys. Rev. B **68**, 045407 (2003).
[32] K. Reuter. D. Frenkel and M. Scheffler: Phys. Rev. Lett. **93**, 116105 (2004).
[33] P. Stoltze and J. K. Nørskov: Phys. Rev. Lett. **55**, 2502 (1985).
[34] A. Logadottir and J. K. Nørskov: J. Catal. **220**, 2 (2003).
[35] K. Honkala, A. Hellman, I. N. Remediakis, A. Logadottir, A. Carlsson, S. Dahl, C. H. Christensen and J. K. Nørskov: Science **307**, 555 (2005).
[36] M. Otani, I. Hamada, O. Sugino, Y. Morikawa, Y. Okamoto and T. Ikeshoji: J. Phys. Soc. Jpn. **77**, 024802 (2008).
[37] M. Otani, I. Hamada, O. Sugino, Y. Morikawa, Y. Okamoto, T. Ikeshoji: Phys. Chem. Chem. Phys. **10**, 3609 (2008).
[38] F. Aryasetiawan and O. Gunnarsson: Rep. Prog. Phys. **61**, 237 (1998).
[39] V. E. Henrich, G. Dresselhaus and H. J. Zeiger: Phys. Rev. Lett. **36**, 1335 (1976).
[40] V. E. Henrich and R. L. Kurtz: Phys. Rev. B **23**, 6280 (1981).
[41] Z. Zhang, S. -P. Jeng and V. E. Henrich: Phys. Rev. B **43**, 12004 (1991).
[42] A. D. Becke: J. Chem. Phys. **98**, 5648 (1993).
[43] C. Lee, W. Yang and R. G. Parr: Phys. Rev. B **37**, 785 (1988).
[44] C. DiValentin, G. Pacchioni and A. Selloni: Phys. Rev. Lett. **97**, 166803 (2006).
[45] H. Onishi, T. Aruga and Y. Iwasawa: J. Catal. **146**, 557 (1994).
[46] Y. Morikawa, I. Takahashi, M. Aizawa, Y. Namai, T. Sasaki and Y. Iwasawa: J. Phys. Chem. B**108**, 14446(2004).

# 索　引

**【欧字・数字】**

1 次イオン ……………………… 145
1 電子軌道 ……………………… 177
2PPE …………………………… 86
2 光子光電子分光 ……………… 87
2 次イオン ……………………… 145
　　——質量分析 ……………… 145
　　——生成 …………………… 146
2 次元空間格子 ………………… 36
2 次元ブラベー格子 …………… 36
2 次元分布 ……………………… 118
2 次中性粒子質量分析法 ……… 157
2 次電子 ………………………… 129
2 量体 …………………………… 43
3 次元分布 ……………………… 118
4 指数 …………………………… 29
AES ……………………………… 129
AFM ……………………………… 168
ALS ……………………………… 155
ARUPS …………………………… 119
Ar ガスクラスターイオン源 …… 152
BIS ……………………………… 136
CO 酸化反応 …………………… 210
DAS 構造 ………………………… 46
$\Delta$SCF 法 …………………………… 71
DSIMS …………………………… 150
DV-X$\alpha$ 法 ……………………… 76
D モード ………………………… 104
EELS ……………………………… 139
EXAFS …………………………… 124
Grotthuss 機構 ………………… 214
G モード ………………………… 104
hollow サイト …………………… 53
HOMO …………………………… 203, 219
HREELS ………………………… 96, 140
IPES ……………………………… 135
IRAS ……………………………… 96

ITR-2PP ………………………… 90
KKR 法 …………………………… 76
LEED ……………………… 41, 74, 132, 162
LEEM …………………………… 59
LUMO …………………………… 204, 219
luQWS …………………………… 89
ML ……………………………… 53
MS-X$\alpha$ 法 ……………………… 76
Na$_3$AlF$_6$ ………………………… 79
on top サイト …………………… 53
PEEM …………………………… 59, 90
p 偏光 …………………………… 122
RBS ……………………………… 158
RFA ……………………………… 132
RHEED ………………………… 162
SFG ……………………………… 96
SHG ……………………………… 98
SIMS …………………………… 145
SNMS …………………………… 157
SNOM …………………………… 97, 168
SPM ……………………………… 168
SPP ……………………………… 90
SSHG …………………………… 99
STM ……………………………… 97, 168
SW-X$\alpha$ 法 ……………………… 76
s 偏光 …………………………… 122
TED ……………………………… 46
TOF-MS ………………………… 149
TOF-SIMS ……………………… 151
UPS ……………………………… 119
Volmer 過程 …………………… 213
X$\alpha$ 法 …………………………… 68, 76
XAS ……………………………… 123
XPS ……………………………… 112
X 線吸収分光 …………………… 123
X 線光電子分光 ………………… 112

224　索　引

## 【あ】

圧電アクチュエータ……………………170
アトムプローブ…………………………151
アンモニア合成…………………………211
イオン結合性………………………47, 78
イオン結晶表面……………………………34
イオン散乱分光…………………………158
位相速度……………………………………83
一様電子ガス……………………………180
一般化密度勾配近似………………183, 187
イメージング……………………………152
ウッドの表記法……………………………38
エキシトン…………………………………95
エネルギー損失ピーク…………………117
エワルド球………………………………166
オージェスペクトル……………………117
オージェ電子………………………………66
　　──分光…………………………129
　　──放出強度…………………………131
オートスケーリング……………………155
押し戻し効果……………………………197
音響フォノン……………………………106

## 【か】

界面…………………………………………1
　　──活性剤………………………12
　　──張力…………………………11
　　──電気二重層…………………197
解離………………………………………206
化学シフト………………………………114
化学状態…………………………………4, 77
化学ポテンシャル……………7, 14, 80, 208
拡張X線吸収微細構造…………………124
拡張係数……………………………………11
角度分解紫外線光電子分光……………119
角度分解測定法…………………………118
重なり積分…………………………75, 218
ガスクラスターイオン…………………156
価電子………………………………130, 188
干渉型時間分解2光子光電子分光………90
緩和…………………………………………30
　　──過程………………………………131

幾何学的表面………………………………5
菊池電子…………………………………168
規定表面……………………………………3
軌道混成……………………………204, 219
擬波動関数………………………………189
ギブズ-トムソンの式……………………14
ギブズの吸着等温式………………………8
ギブズの自由エネルギー………………208
擬ポテンシャル…………………………189
基本構造……………………………………25
逆圧電効果………………………………170
逆格子………………………………………40
　　──ベクトル…………………75, 165
　　──ロッド…………………………165
逆光電子分光……………………………135
キャリア-フォノン相互作用……………102
吸着エネルギー……………………192, 205
吸着原子……………………………………12
吸着構造…………………………………127
急変近似……………………………………72
鏡像力ポテンシャル……………………197
共鳴積分……………………………………64
共有結合性…………………………35, 78
行列表記法…………………………………38
局在化…………………………………10, 73
局所スピン密度近似……………………187
局所非占有電子状態……………………125
局所・部分状態密度………………………65
局所密度近似………………………183, 187
極性表面……………………………………49
キンク…………………………………3, 12
金属-有機界面……………………………195
金属クラスターイオン…………………150
空間軌道…………………………………177
空間格子………………………………25, 36
クープマンズの定理……………67, 179, 186
クーロン-アモントンの法則……………18
クーロン積分………………………69, 178
クーロン力…………………………………18
屈折…………………………………………83
クラスター分子軌道計算…………………74
群速度………………………………………82
欠陥…………………………………………24

索　引　225

結合軌道……………………………218
結晶系………………………………26
結像モード…………………………171
ケミカルシフト……………62, 66, 77
ケルビン法…………………………82
原子間力顕微鏡……………………168
原子単位……………………………176
現実表面……………………………3
原子列欠損構造……………………51
交換エネルギー……………………179
交換項………………………………74
交換正孔……………………………179
交換積分…………………………69, 178
格子点………………………………27
格子面………………………………27
高周波モード………………………104
孔食…………………………………19
拘束条件付き探索…………………185
光電効果……………………………113
光電子………………………………113
　──回折………………………73, 117
　──顕微鏡……………………59, 90
　──分光………………………………56
高分解能電子エネルギー損失分光 96, 140
コーナーホール……………………46
コーン–シャーム方程式……………185
コーン–シャームポテンシャル……75
コヒーレントフォノン分光……101, 105

【さ】

最近接原子間距離…………………126
最高被占軌道…………………203, 219
最大静止摩擦力……………………18
最低空軌道……………………204, 219
散乱過程……………………………73
散乱波………………………………39
散乱ベクトル………………………39
シェイクアップ…………………72, 117
シェイクオフ………………………72
シェイクダウン……………………117
ジェリウムモデル…………………180
紫外光電子分光……………………119
時間領域測定………………………86

仕事関数………………57, 81, 113, 191
始状態………………………………113
　──エネルギー…………………120
実格子………………………………41
実表面………………………………217
射影…………………………………66
シャドーエッジ……………………167
遮蔽効果……………………………77
終状態………………………………113
　──エネルギー…………………120
周波数領域測定……………………86
主成分分析…………………………154
状態密度………………………63, 114
触媒…………………………………211
ショットキー極限…………………200
真空…………………………………20
　──準位…………………………81
シンクロトロン放射光……………119
浸漬ぬれ……………………………12
スーパーセル………………………76
スタティック SIMS………………147
スタティック限界…………………148
ステップ…………………………3, 24
スパッタリング……………………146
スピン軌道…………………………177
スピン分極 STM…………………203
スレーター行列式…………………177
スレーター–コンドンパラメータ……69
静止摩擦力…………………………18
清浄表面………………………3, 43
赤外反射吸収分光…………………96
積層欠陥……………………………47
絶縁物測定…………………………152
絶対位相制御パルス………………106
摂動…………………………………74
せん亜鉛鉱構造……………………47
遷移確率……………………………113
全電子状態密度……………………65
全面腐食……………………………19
相関エネルギー……………………180
走査型近接場光学顕微鏡………97, 168
走査型電子顕微鏡…………………59
走査型トンネル顕微鏡………59, 97, 168

走査型プローブ顕微鏡·················168
束縛エネルギー··················113
素反応過程····················211
素励起······················92

【た】

第一原理計算················175, 207
体拡散······················12
対称性······················31
体心立方格子···················31
帯電補正····················148
ダイナミックSIMS················147
第二高調波発生分光················98
ダイポール選択則·············125, 141
ダイポールマトリックス·············123
ダイマー····················43
ダイヤモンド構造·················43
多重項分裂··················70, 117
脱亜鉛腐食····················20
脱出深さ····················118
縦型光学····················94
多変量解析···················153
ダングリングボンド··········4, 35, 43, 78
単純格子·····················36
単色化·····················141
弾性散乱ピーク··················129
弾性率······················16
断熱近似·····················72
チャージアップ············116, 134, 148
中エネルギーイオン散乱··············159
超高真空················21, 43, 59
超高速イメージング················108
超高速時間分解X線回折··············105
超高速時間分解低速電子回折············106
超高速ダイナミクス················85
超短パルスレーザー···············85, 92
直交関数系····················73
疲れ限界·····················20
低指数面·····················29
低速電子回折············41, 74, 132, 162
低速電子顕微鏡··················59
定量分析····················117
テラス····················3, 24

電荷注入障壁···················196
電気双極子遷移··················66
電気二重層····················81
電極界面····················213
電子エネルギー損失分光··············139
電子状態·····················62
　　——密度···················63
電子親和力····················57
電子配置····················117
伝導帯······················73
電場阻止型エネルギー分析器············132
透過型電子回折··················46
透過電子顕微鏡··················59
動摩擦力·····················18
得点行列····················154

【な】

内殻電子··················130, 188
ぬれ·······················11
ネルンスト–アインシュタインの式······14
燃料電池····················212

【は】

バーディーン極限·················200
ハートリー–フォック近似··········67, 175
配位数······················32
配置間相互作用···············72, 182
パウリ反発···················218
バックドネーション················78
波動論······················83
バルク······················24
半球型分光器···················133
反結合軌道···················218
反射高速電子回折·················162
反射電子顕微鏡··················59
バンド間遷移················117, 141
バンドギャップ··················214
バンド計算····················74
バンド構造················119, 138
光テラヘルツ分光·················92
光励起····················85, 90
非局在化·····················73
飛行時間型SIMS·················151

| | |
|---|---|
| 飛行時間型質量分析計……………149 | ヘリングボーン構造………………51 |
| 非占有電子状態…………123, 136, 141 | ヘルムホルツの自由エネルギー……7, 80 |
| 非占有量子井戸準位………………88 | 偏光依存性測定……………………121 |
| 非対称ダイマー……………………44 | ペンタセン…………………………198 |
| 被覆率………………………………52 | 変分原理……………………………184 |
| 表面…………………………………1 | ポアソンスケーリング……………156 |
| ——エネルギー……………………191 | ポンプ–プローブ法…………………86 |
| ——拡散……………………………12 | 【ま】 |
| ——過剰モル数……………………6 | マーデルングポテンシャル………77 |
| ——緩和……………………………3 | 摩擦…………………………………18 |
| ——空孔……………………………12 | マトリックス効果…………………147 |
| ——再構成………………3, 30, 35 | マニピュレーションモード………171 |
| ——自由エネルギー………………7 | 密度汎関数……………………68, 183 |
| ——超格子…………………………35 | ミラー指数……………………28, 41 |
| ——張力……………………………7 | 面心格子……………………………36 |
| ——内殻準位シフト………62, 66, 78 | 面心立方格子………………………31 |
| ——熱力学…………………………5 | モノレイヤー………………………53 |
| ——プラズモン……………………90 | 【や】 |
| ファン・デル・ワールス相互作用……194 | ヤナックの定理……………………186 |
| フェルミ準位………………………79 | 【ら】 |
| フェルミレベル……………………115 | ラウエゾーン………………………167 |
| フォノン–フォノン間干渉…………103 | ラウエの式…………………………40 |
| 負荷量行列…………………………154 | ラザフォード後方散乱法…………158 |
| 複合弾性率…………………………16 | ラングミュアの吸着等温式………9 |
| 腐食…………………………………19 | ランプリング………………………34 |
| ——割れ……………………………20 | 理想表面………………………2, 30 |
| フタロシアニン……………………201 | 立方晶………………………………29 |
| 付着ぬれ……………………………12 | 粒界腐食……………………………20 |
| 物質情報……………………………62 | 量子井戸…………………………88, 95 |
| 物質設計……………………………218 | レーザー SNMS……………………157 |
| 物理吸着……………………………194 | レッジ………………………………3 |
| フラグメントイオン………………156 | 連続状態……………………………73 |
| プラズモンサテライト……………63 | ローンペアー………………………78 |
| プラズモン生成……………………92 | 六方晶………………………………29 |
| プラズモンピーク…………………129 | 【わ】 |
| ブラベー格子………………………26 | 和周波発生分光……………………96 |
| フロンティア電子軌道……………218 | |
| 分金…………………………………20 | |
| 分光モード…………………………171 | |
| 平均自由行程………………………118 | |

担当編集幹事

板倉 明子（いたくら あきこ）
1991年 学習院大学博士課程修了
理学博士
現　在　物質・材料研究機構　表面物理グループリーダー
専　門　表面物理学，表面物性

| | | |
|---|---|---|
| 現代表面科学シリーズ 2 | 編　集 | 日本表面科学会 ⓒ 2013 |
| **表面科学の基礎** | 発行者 | 南條光章 |
| Fundamentals of Surface Science | 発行所 | **共立出版株式会社** |
| 2013年6月25日 初版1刷発行 | | 東京都文京区小日向 4-6-19 |
| 2015年1月20日 初版2刷発行 | | 電話　03-3947-2511（代表） |
| | | 郵便番号　112-0006 |
| | | 振替口座　00110-2-57035 |
| | | URL http://www.kyoritsu-pub.co.jp/ |
| | 印　刷 | 大日本法令印刷 |
| | 製　本 | 協栄製本 |
| 検印廃止 | | 一般社団法人 |
| NDC 428.4 | | 自然科学書協会 |
| ISBN 978-4-320-03373-3 | | 会員 |
| | | Printed in Japan |

**JCOPY** ＜(社)出版者著作権管理機構委託出版物＞
本書の無断複写は著作権法上での例外を除き禁じられています．複写される場合は，そのつど事前に，(社)出版者著作権管理機構（電話 03-3513-6969, FAX 03-3513-6979, e-mail: info@jcopy.or.jp）の許諾を得てください．